HIRTˢ STICHWORTBÜCHER

# WIRTSCHAFTSGEOGRAPHIE IN STICHWORTEN

von

Klaus Arnold

FERDINAND HIRT
in der Gebrüder Borntraeger Verlagsbuchhandlung
BERLIN · STUTTGART · 1992

## Über den Verfasser

Ass. Prof. Univ. Doz. Dr. KLAUS ARNOLD (geb. 1942): Studium der Geographie und Geschichte an der Universität Wien, Schüler von Frau Prof. Lichtenberger, Prof. Troger und Prof. L. Scheidl. Seit 1969 als Assistent am Institut für Wirtschafts- und Sozialgeographie der Wirtschaftsuniversität Wien beschäftigt. 1972 Promotion mit einer Dissertation über den *Bergbauernraum der östlichen Sattnitz in Kärnten*. Die Habilitation über *„industrielle Entwicklung in Kern-Peripherie Systemen am Beispiel von Niederösterreich"* wurde 1987 angenommen. Das Buch WIRTSCHAFTSGEOGRAPHIE gibt die Erfahrungen einer 20jährigen Lehrtätigkeit wider.

Herausgeber der *„Wiener Geographischen Schriften"* und der *„Wirtschaftsgeographischen Studien"*. Mitglied in nationalen wissenschaftlichen Gesellschaften, seit 1989 Präsident der Österreichischen Gesellschaft für Wirtschaftsraumforschung (ÖGW).

**Die Deutsche Bibliothek – CIP-Einheitsaufnahme**

**Arnold, Klaus:**
Wirtschaftsgeographie in Stichworten / von Klaus Arnold. –
1. Aufl. – Berlin ; Stuttgart : Hirt in der Gebr. Borntraeger
Verlagsbuchhandlung, 1992
(Hirts Stichwortbücher)
ISBN 3-443-03102-1

1. Auflage 1992

ISBN 3-443-03102-1

**Redaktion:** S. Hirt-Reger/VERLAG FERDINAND HIRT
**Kartographie:** H. Slavik, Wien
**Herstellung:** TUTTE Druckerei GmbH, Salzweg

## Vorwort

In den letzten Jahren ist eine größere Anzahl von Wirtschaftsgeographischen Lehrbüchern erschienen, die teilweise den theoretischen Bezug, teilweise die Darstellung einzelner Wirtschaftssektoren betonen. Der vorliegende Band WIRTSCHAFTSGEOGRAPHIE IN STICHWORTEN soll diese Publikationen ergänzen und wendet sich besonders an Leser (Lehrende und Lernende), die sich einen raschen Überblick über die wichtigsten raumwirtschaftlichen Erscheinungen, Problemstellungen und Entwicklungen verschaffen wollen bzw. einen in Grundzügen bereits bekannten Wissensstoff auffrischen wollen.

Bei der Konzipierung dieses Bandes standen für mich folgende Zielsetzungen im Vordergrund:

1. Es sollte eine auch für den interessierten Laien leicht faßliche Verbindung zwischen theoretischem Bezug und anwendungsorientiertem Wissensstoff sein. Der theoretische Bezugsrahmen (Kern-Peripherie Theorie und die Entwicklungsstufentheorie) sollte dabei den Leitfaden für den systematischen Aufbau darstellen.

2. Es sollten gesetzmäßige räumliche Phänomene in den Vordergrund gerückt und durch Fallstudien ergänzt werden, selbst wenn dadurch, infolge des begrenzten Umfanges, Schwerpunkte gesetzt und Lücken in Kauf genommen werden müssen.

3. Die Behandlung der einzelnen Wirtschaftssektoren sollte annähernd ihre heutige Bedeutung widerspiegeln, d. h. die so beliebte Schwerpunktbehandlung des primären und sekundären Sektors und die relative Vernachlässigung des tertiären Sektors sollte vermieden werden.

Graphische Darstellungen und Tabellen ergänzen den Text. Auf Karten wurde verzichtet, da in den heutigen Atlanten ausreichend vielfarbige thematische Karten zur Wirtschaft enthalten sind. An einzelnen Stellen habe ich auf derartige Karten verwiesen und dabei den Diercke-Weltatlas, Ausgabe 1988, zugrundegelegt. Selbstverständlich können und sollten aber auch andere Atlanten als Arbeitsmittel herangezogen werden.

Die *Tabellen* sind besonders bei den Prozentzahlen gerundet. Um die Lesbarkeit im Text zu erhöhen, wurden dort die meisten Zahlenangaben ebenfalls gerundet; zwischen Text- und Tabellenangaben können daher in Einzelfällen Abweichungen auftreten. Quellen zu den verwendeten Statistiken stehen unter den Tabellen, aber auch im Literaturverzeichnis.

*Schließlich noch ein Hinweis:* Angaben zur DDR und zur UdSSR beziehen sich auf das Staatsgebiet der ehem. DDR und der ehem. UdSSR.

Ich hoffe, daß die WIRTSCHAFTSGEOGRAPHIE IN STICHWORTEN für den Studenten, den Lehrer und den wißbegierigen Laien eine wertvolle Hilfe darstellt!

Klaus Arnold

# Inhalt

# 1 DIE WIRTSCHAFTSGEOGRAPHIE

## 1.1 Aufgaben und Gliederung der Wirtschaftsgeographie

Wirtschaftsgeographie ist die Wissenschaft von der räumlichen Ordnung und Organisation der Wirtschaft (SCHÄTZL 1988). Ihre wichtigsten Aufgaben sind die Beschreibung, Erklärung und Bewertung des Wirtschaftsraumes. Dieser besteht aus drei Komponenten:

*Elementen und Aktivitäten (Strukturen),*

*Beziehungen (Interaktionen),*

*Verhaltensweisen und Veränderungen (Prozessen).*

Die Wirtschaftsgeographie kann gegliedert werden nach:

**dem räumlichen Bezug**

- Allgemeine Wirtschaftsgeographie
- Regionale Wirtschaftsgeographie

**Produktionszweigen bzw. Wirtschaftssektoren**

- Agrargeographie,
- Geographie des Bergbaues, der Energiewirtschaft und Industriegeographie,
- Dienstleistungsgeographie, Geographie des Welthandels, Verkehrsgeographie, Fremdenverkehrsgeographie.

**methodischen Inhalten** in

- Theorie,
- Empirie,
- Wirtschaftspolitik, Regionalpolitik.

Im vorliegenden Band erfolgt eine Gliederung nach Wirtschaftssektoren.

## 1.2 Die Stellung der Wirtschaftsgeographie im System der Wirtschafts- und Sozialwissenschaften

Innerhalb der Wirtschafts- und Sozialwissenschaften befaßt sich die Wirtschaftsgeographie mit den räumlichen Dimensionen wirtschaftlichen Handelns. Objekt der Wirtschaftsgeographie ist der Wirtschaftsstandort bzw. Wirtschaftsraum.

**Wirtschaftsstandort** ist Standort eines Einzelbetriebes (mikroräumliche Ebene),

**Wirtschaftsraum** ist Teil der Erdoberfläche mit bestimmten wirtschaftlichen Strukturmerkmalen und funktionalen Verflechtungen (makroräumliche Ebene).

## 1.3 Die Entwicklungsgeschichte der wirtschaftsgeographischen Forschung

Bis um 1850 wurden wirtschaftsgeographische Fragen eingebettet in länderkundliche Beschreibungen. Das Verhältnis des wirtschaftenden Menschen zur natürlichen Umwelt wird durch RITTER (1779–1859) und ALEXANDER v. HUMBOLDT (1769–1859) betont. Seither Entwicklung der wirtschaftsgeographischen Forschung in 3 Phasen.

**Phase des Naturdeterminismus** (1850 bis ca. 1920): Weiterentwicklung der Wirtschaftsgeographie als einfache Produktenkunde, Darstellung von Welthandelsbeziehungen und Verbreitung agrarischer und bergbaulicher Rohstoffe. Gegen Ende 19. Jh. bilden sich zwei geographische Hauptforschungsrichtungen:

a) Physiogeographie mit F. v. RICHTHOFEN als Hauptvertreter,
b) Anthropogeographie mit F. RATZEL.

Zunächst physisch-geographische Forschungsrichtung dominierend. Dominanz der naturwissenschaftlichen Betrachtungsweise prägt auch Entwicklung der Anthropogeographie und Wirtschaftsgeographie. *Naturdeterminismus*, d.h. Abhängigkeit der wirtschaftlichen Erscheinungen vom Naturraum, wird betont, in der Wirtschaftsgeographie v.a. die „wirtschaftliche Geographie“ (W. GÖTZ 1882): Verbreitung von Produkten in Abhängigkeit von physisch-geographischen Faktoren. Daher zunächst Beschreibung der naturräumlichen Voraussetzungen entscheidende Aufgabe.

Erste Ansätze zur Überwindung dieser einseitigen Betrachtungsrichtung durch RATZEL: stellte Fähigkeit des Menschen zur Anpassung an natürliche Gegebenheiten in den Vordergrund, kein reiner Determinismus. VIDAL DE LA BLACHE (1845–1918): Der wirtschaftende Mensch kann aus alternativen Möglichkeiten, welche die Natur bietet, auswählen. Inwertsetzung der naturräumlichen Grundlagen eines Raumes erfolgt nicht durch Individuen sondern durch soziale Gruppen. Daraus wurde später durch BOBEK Basis der Sozialgeographie entwickelt.

**Phase der Verselbständigung der Wirtschaftsgeographie (1920–1945)**. In Zwischenkriegszeit entwickelt Wirtschaftsgeographie zusehends eigene Fragestellung, soziale und ökonomische Zusammenhänge stärker betont. Wichtige methodische Fortschritte durch RÜHL, WAIBEL, KRAUS, LÜTGENS.

RÜHL (1918) fordert stärkere Berücksichtigung ökonomischer raumwirksamer Aktivitäten; Wichtige Grundlage für Selbständigkeit der Wirtschaftsgeographie. Dabei drei Trends:

a) Entwicklung von der naturdeterministischen Richtung zum ***Prinzip der Wechselwirkung*** (LÜTGENS 1921): Wirtschaftsgeographie untersucht Wechselbeziehungen zwischen Naturraum und wirtschaftenden Menschen. Weiterführung durch KRAUS (1957), der die natürliche Voraussetzungen nur noch als Kostenfaktor betrachtet bei grundsätzlich freier Entscheidung des Menschen.

b) ***Entwicklung des wirtschaftsgeographischen Untersuchungsobjektes***

- von der ***Wirtschaftslandschaft***, d.i. die vom wirtschaftenden Menschen geprägte Naturlandschaft (LÜTGENS 1921) ausgehend
- über die ***Wirtschaftsformation*** (WAIBEL 1933): Neben physiognomisch faßbaren Merkmalen werden auch gegenseitige Abhängigkeiten, Beziehungsfelder, das Kräftefeld, das einen Raum gestaltet, betrachtet. Wirtschaftsformation ist nicht individuelle, einmalige Erscheinung, sondern ein mehrfach wiederkehrender Typus (z.B. Bewässerungsgebiet, Obstbaugebiet).
- bis zum ***Wirtschaftsraum*** (KRAUS 1933): Raum der durch bestimmte Strukturmerkmale und wirtschaftsräumliche Verflechtungen abgegrenzt ist. Weitergeführt von OTREMBA (1960, 1976).

c) Stärkere Betonung der ***nomothetischen*** (gesetzsuchenden) ***Betrachtungsrichtung*** neben der idiographischen (beschreibenden). Erforschung der Genese und Funktionsweise von Raumtypen. Dazu Entwicklung von *Modellen* und *Theorien.*

Wirtschaftsgeographie übernimmt Theorien und Methoden der Wirtschafts- und Sozialwissenschaften. Beitrag der Wirtschaftsgeographie: *Empirische Überprüfung*. So wurde die Standorttheorie von THÜNEN (1826) über die räumliche Gliederung von Agrarräumen um einen zentralen Markt durch OBST (1926), RÜHL (1929) und WAIBEL (1933) empirisch getestet. Übernahme der industriellen Standorttheorie von Alfred WEBER (1909), weiterentwickelt durch Marktflächentheorie von LÖSCH (1944), ergänzt durch Theorie der Zentralen Orte von CHRISTALLER (1933). *Dennoch* ist die Wirtschaftsgeographie dieser Phase noch fast ausschließlich deskriptive Wissenschaft, d.h. Beschreibung von Teilräumen und Verbreitungsphänomenen.

**Phase der Diversifizierung** (seit 1945). Seit 2. Weltkrieg zunehmend stärkere Diversifizierung der Wirtschaftsgeographie:

a) Enge Verbindung zu Wirtschaftswissenschaften, v.a. zur Nationalökonomie. Aus dieser die abstrakten theoretischen Modelle übernommen und an konkreten Räumen überprüft. Erkenntnis der Unzulänglichkeiten bestehender Modelle, die ein „Wunderland ohne räumliche Dimensionen" (ISARD 1956) vorspiegeln. Nationalökonomie berücksichtigt zusehends räumliche Dimensionen in ihren deduktiven Ansätzen.

b) Entwicklung eigener Theorien: Wirtschaftsgeographie entwickelt aus Fülle empirischer Arbeiten eigenständige induktive Theorien, d.h. ausgehend von empirischen Befunden Suche nach allgemeinen Gesetzmäßigkeiten.

c) Stärkeres Engagement der Wirtschaftsgeographie in der Regionalplanung: Erarbeiten von Planungsgrundlagen und Entscheidungshilfen.

Aus dem großen Feld der Theorien seien zwei herausgenommen, die in den folgenden Kapiteln immer wieder zugrundegelegt werden:

- *Stufen wirtschaftlicher Entwicklung* von Räumen nach ROSTOW als grundlegende historische Beziehung,
- *Kern-Peripherie-System* als Grundprinzip wirtschaftsräumlicher Ordnung.

## 1.4 Stufen wirtschaftlicher Entwicklung von Räumen

Gesetzmäßigkeiten von historischen Abläufen in der Wirtschaftsentwicklung haben stets die wissenschaftliche Forschung angeregt. Zahlreiche Autoren haben im 19. Jh. die Aufeinanderfolge einzelner Wirtschaftsstufen im Sinne evolutionärer Entwicklung dargestellt. Von Seiten der Nationalökonomie hat der amerikanische Nationalökonom WALT WHITMAN ROSTOW in seinem Werk „The stages of economic growth“ (1960) eine für die Wirtschaftsgeographie besonders wichtige Entwicklungstheorie aufgezeigt.

Nach ROSTOW (Abb. 1) Entwicklung in 5 Stufen:

**1) Stufe der traditionellen Landwirtschaft**. Land- und Forstwirtschaft ist wichtigster Wirtschaftssektor. Wissenschaft und Technologie auf niedrigem Niveau („Vor Newton“), Transporttechnologie einfach, Transportkosten hoch. Daher disperse (gestreute) Siedlungs- und Wirtschaftsstruktur. Großstädte und Ballungsräume fehlen, ihre Bevölkerung könnte nicht versorgt werden. Sozialstruktur gekennzeichnet durch straffe hierarchische Gliederung, kleine Oberschicht hat Verfügungsgewalt über Produktionsmittel (→ 2.3.1.4: BOBEKS „Rentenkapitalismus“).

**2) Phase der Vorstufe zum „Take-off“ (Pre-take off)**. Erste Veränderungen in der Wissenschaft: Entscheidende Schritt zum Erkennen der Naturgesetze (Newton!). Erste Maschinen und verbesserte Transportsysteme (Bahn, Auto), Entwicklung eines Kapitalmarktes (Banken, Versicherungen), rasche Expansion des Güteraustausches, Entwicklung der Welthandelsbeziehungen.

**3) Phase des „Take off“ (Aufschwung, Absprung)**. Entscheidende Zäsur in Entwicklung jeder Nation. Für ROSTOW erkennbar, wenn Investitionsrate, die bisher stets unter 5 % des Brutto-Sozialprodukts (BSP), durch produktives Reinvestieren eines Teiles der Gewinne in die Wirtschaft auf über 10 % ansteigt (BOBEK: „Produktiver Kapitalismus“). Meist rasche Entwicklung eines einzigen Industriesektors: Rüstungsindustrie, Textilindustrie oder Bahnbau. Ausgehend von diesem „Leitsektor“ werden durch Vor- und Rückwärtsverflechtungen (→ 6.4.1) weitere Sektoren in rasches Wachstum einbezogen. Gleichzeitig Kommerzialisierung der Landwirtschaft: Ersetzen von Arbeitskraft durch Maschinen. Freiwerdende Arbeitskräfte finden in rasch wachsenden Städten und im Industriesektor Beschäftigung. Unbedingt notwendig ist Beseitigung eines Engpasses:

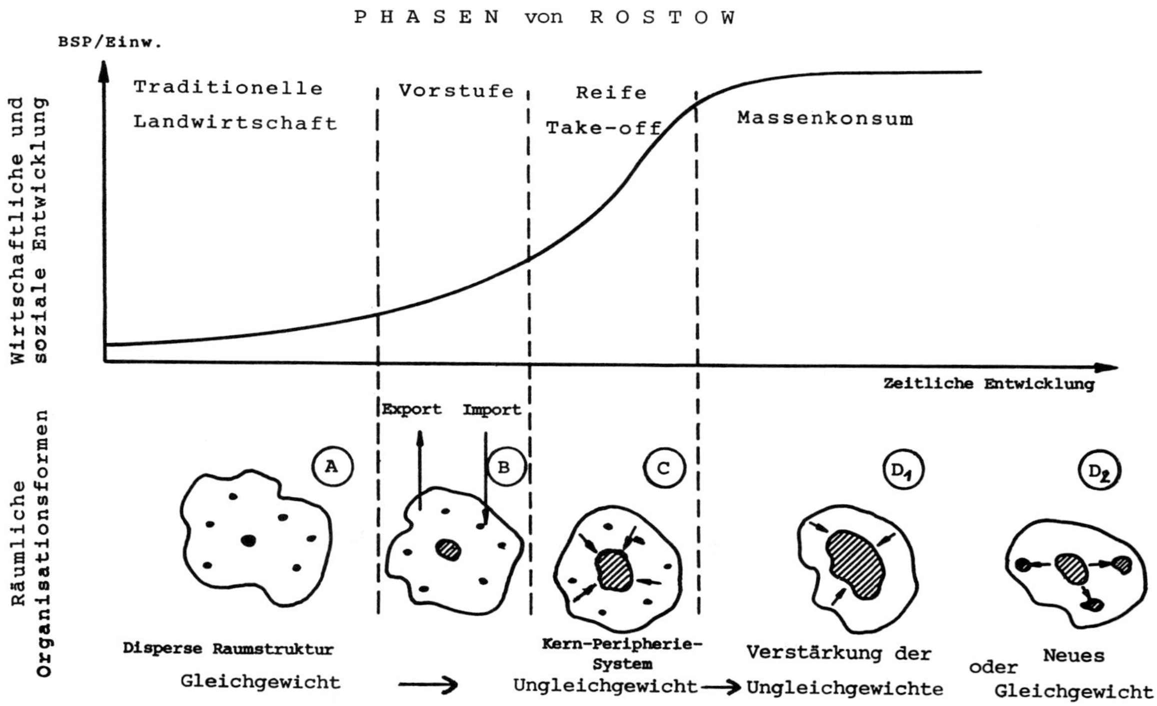


*Abb. 1:* ROSTOW's *Entwicklungsstufen und Herausbildung von Kern-Peripherie-Systemen*

Überwindung der starren Sozialordnung der traditionellen Gesellschaft durch Revolution oder Evolution.

**4) Reifephase**. Industrialisierungsprozeß ergreift alle Branchen. In der Spätphase erste strukturelle Veränderungen: Einzelne Industriezweige der ersten Stunden schrumpfen, machen Ressourcen für dynamischere Bereiche frei. Insgesamt rasches wirtschaftliches Wachstum, übertrifft Bevölkerungsentwicklung, daher steigendes Pro-Kopf-Einkommen.

**5) Phase des Massenkonsums**. Verlagerung der industriellen Produktion auf hochwertige Konsum- und Investitionsgüter. Industrien des Take off, wie Stahl- und Textilindustrie, verlieren an Bedeutung. Konsumverhalten der Bevölkerung tendiert zur Inanspruchnahme von Dienstleistungen. Freizeit und Bildung gewinnen zunehmend höheren Stellenwert. Hohes wirtschaftliches Wachstum verbunden mit hohen Staatseinnahmen führt zum Aufbau eines sozialen Netzes durch den Staat und damit zum „Wohlfahrtsstaat“.

Nach ROSTOW durchlaufen alle Staaten, sofern sie in wirtschaftlichen Wachstumsprozeß eintreten, diese Entwicklung. Allerdings kann Entwicklungspfad gehemmt oder blockiert sein, bzw. können einzelne Stufen übersprungen werden. Fragen der postindustriellen Gesellschaft oder Krisen des modernen Wohlfahrtsstaates wurden von ROSTOW nicht mehr betrachtet.

## 1.5 Das Kern-Peripherie-Modell

Basierend auf Ansätzen früherer Autoren wird Entwicklung des Kern-Peripherie-Modells auf grundlegenden Arbeiten des Amerikaners FRIEDMANN (1972, 1975) zurückgeführt. Es besticht durch seine Einfachheit und kann für alle raumwirtschaftlichen Betrachtungen herangezogen werden. Eines der Basismodelle der Wirtschaftsgeographie!Industriestaaten sind durch starke räumliche Unterschiede (Disparitäten) gekennzeichnet, die erst durch den Industrialisierungsprozeß entstanden (Abb. 1).

Am Beginn hat Raum eine gleichförmige Verteilung von Bevölkerung und Wirtschaft (A). Industrielle Entwicklung führt auf Grund von Agglomerationseffekten (→ 6.4.1) – zur Konzentration im Raum (B). Es entstehen industrielle Kernräume, die von Randgebieten (peripheren Räumen) umgeben sind.

**Kern** und **Peripherie** sind zwei Raumtypen eines zusammengehörenden Raumsystems. Sie unterscheiden sich hinsichtlich dreier Merkmalsbereiche:

- ***Strukturunterschiede***. Im Kernraum Konzentration von Industrie, Dienstleistungen und Bevölkerung, hochentwickelte Infrastruktur, hohes Einkommen.

In der Peripherie Landwirtschaft stärker, disperse Verteilung der Bevölkerung und Produktionsstandorte, wenig entwickelte Infrastruktur.

- ***Ungleiche Austauschbeziehungen.*** Kernraum liefert an seine Peripherie Kapital, Knowhow und industrielle Fertigprodukte bzw. hochwertige Dienstleistungen. Peripherie liefert Rohstoffe und Arbeitskräfte.
- ***Abhängigkeitsbeziehungen.*** Im Kernraum Konzentration der Entscheidungsmacht (Regierungsstellen, Headquarters (Zentralverwaltungen) der Industrie, des Kapitalapparates usw.). Entwicklung der Peripherie weitgehend von Entscheidungen im Kernraum abhängig: Abhängigkeits oder Dependenz-Beziehungen.

Kern-Peripherie-System und die Entwicklungsstufen von ROSTOW werden in der Folge zugrundegelegt. Kernraum und Peripherie sind zwei immer wiederkehrende Raumtypen jeder Größenordnung. Im globalen Kern-Peripheriesystem sind alle Industriestaaten der Erde der Kernraum, die zugehörige Peripherie sind die Entwicklungsländer.

Entscheidend ist die Frage, in welche Entwicklungsrichtung Kern-Peripherie-Systeme in Zukunft tendieren, vorausgesetzt, daß der Mensch nicht lenkend eingreift (z.B. durch Förderungen): Weitere Vergrößerung der Kernräume zu Lasten der Peripherie oder regionaler Ausgleich durch die Auslagerung von Kapital, Entscheidungskompetenz und Knowhow.

# 2 DIE LANDWIRTSCHAFT

Größte räumliche Verbreitung aller Wirtschaftssektoren, daher Formalstruktur besonders wichtig. Landwirtschaft ist stark von natürlichen Vorausetzungen abhängig, im Zuge des Wirtschaftswachstums nur unterdurchschnittliche Entwicklung: Rückgang der Beschäftigten und unterdurchschnittliche Steigerung der Produktion. Eigentliche Bedeutung aber viel größer: Soziale, politische, wirtschaftliche Schlüsselstellung in den Planwirtschaftländern und den Entwicklungsländern. Hoher Stellenwert im Außenhandel von USA und EG.

Drei Hauptgruppen von Ordnungsprinzipien für räumliche Anordnung der landwirtschaftlichen Nutzung:

1) *Natürliche Voraussetzungen*, weltweit vor allem das Klima,
2) *Ökonomische Gesetzmäßigkeiten*, insbesondere das Thünensche Prinzip,
3) Unterschiedliche *gesellschaftpolitische und historische Voraussetzungen.*

## 2.1 Die natürlichen Voraussetzungen: Das großräumige Ordnungsprinzip in der Landwirtschaft

Global bestimmt das **Klima** wesentlich die Voraussetzungen für die landwirtschaftliche Produktion. Landwirtschaft muß auf die „Herausforderung" des Klimas reagieren und sich anpassen. Die unterschiedlichen Anpassungsstrategien erzeugen differenzierte Nutzungsformen. Klima erfährt parallel zum Äquator gesetzmäßige Abwandlung gegen die Pole zu, so daß **Klimazonen** (Abb. 2) entstehen.

Vom Klima hängt die biotische Sphäre (Pflanzen, Tiere) und v.a. die natürliche Vegetation stark ab. Den einzelnen Klimazonen entsprechen daher **Vegetationszonen**. Sie sind meist so charakteristisch, daß Klimazonen danach abgegrenzt und benannt werden (z.B. Steppenklima, Tundrenklima).

Auch die Nutzpflanzen haben – trotz gewisser Standortvariabilität – vom Klima abhängige Verbreitungsbereiche, den Klimazonen entsprechen daher **Landbauzonen** der Bodenproduktion bzw. unter Einbeziehung der davon abhängigen Viehhaltung die **Agrarzonen**.

In weltweitem Zusammenhang somit eine zumeist breitenparallele Überlagerung von 3 Zonen: *Klimazonen, Vegetationszonen und Agrarzonen.* Schlüssel zum Verständnis sind die Klimazonen.

Vom Äquator zu den Polen ***5 Klimazonen***, die zumeist in mehrere ***Klimabereiche*** zerfallen. (Abb. 2). Großräumige Wandel der Landwirtschaft dabei in erster Linie durch die Niederschläge (Höhe und Verteilung über das Jahr, bzw. jährliche

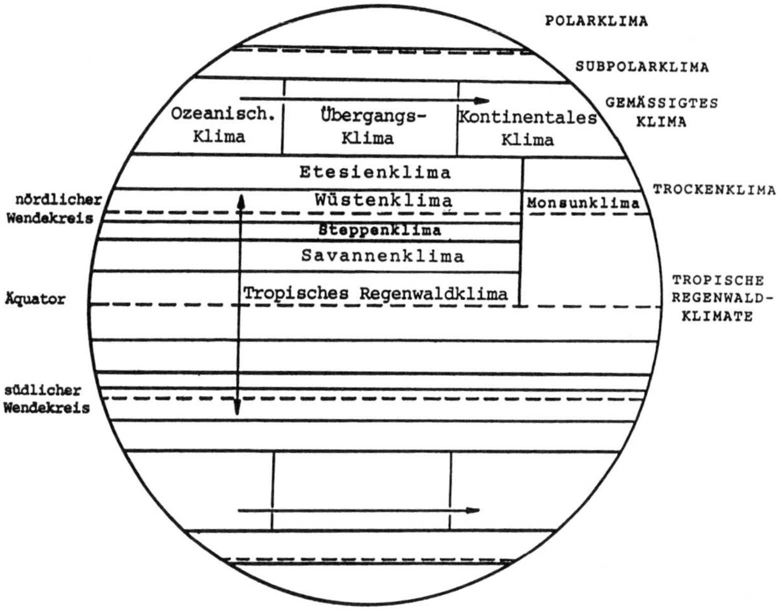


*Abb. 2: Schema der Klimazonierung der Erde*

Schwankungen) bestimmt. Niederschlagsverteilung der Erde hat 2 Charakteristika:

- Am Äquator höchste Niederschläge, mit Abnahme polwärts bis zu den Wendekreisen bei 23,5° n. und s. Breite,
- von den Wendekreisen polwärts wieder höhere Niederschläge. Im Bereich der Gemäßigten Klimate aber W–E Differenzierung.

## 2.1.1 Die agrarische Nutzung im Bereich der tropischen Regenklimate

### 2.1.1.1 Klima und Vegetation

Gebiet der tropischen Regenklimate nimmt rd. ein Drittel des Festlandes der Erde ein. Sonne steht mindestens einmal im Jahr im Zenit, daher stärkste Sonneneinstrahlung auf der Erde. In tieferen Lagen ganzjährig hohe Lufttemperatur: Jahresmittel auf Meeresniveau 25°–30 °C, geringe Jahresamplitude (= monatliche Schwankungen der Temperaturmittel), daher Fehlen thermischer Jahreszeiten (kein Winter!), ganzjähriges Wachstum der Pflanzen.

Nach den vom Äquator abnehmenden Niederschlägen unterscheidet man zwei Klimabereiche:

***Tropische Regenwaldklima, Immerfeuchte oder Innere Tropen.*** Höchste Niederschläge von 1500–4000 mm im Jahr, 2 Regenzeiten, daneben tägliche Zenitalregen, kein Monat unter 60 mm Niederschlag, relative Luftfeuchte fast durchwegs über 90 %.
*Natürliche Vegetationsform:* Immergrüner tropischer Regenwald
*Hauptverbreitung:* Amazonas, Kongobecken, Teile Westafrikas, Malaysia, Indonesien, Philippinen, Neuguinea.

***Savannenklima, Wechselfeuchte Tropen oder Äußere Tropen.*** Niederschlag unter 1500 mm, konzentriert auf eine Regenzeit im Sommer (Sonnenhöchststand), im Winter Trockenzeit mit Laubabwurf.
*Natürliche Vegetationsform:* Feuchtsavanne mit Langgräsern, Galeriewäldern entlang der Flüsse.

### 2.1.1.2 Landwirtschaftliche Nutzung

Die Landwirtschaft ist an die extremen klimatischen Bedingungen angepaßt. Der Mensch antwortet auf die Herausforderung des tropischen Klimas mit einer sehr charakteristischen landwirtschaftlichen Nutzung.

***a) Ausschließlich Nutzpflanzen***, die hohe Niederschläge und Temperaturen brauchen, weltweit daher nur in den Tropen vorkommen und bedeutende Welthandelsprodukte darstellen. Die wichtigsten in ihrer Verbreitung:

**Kaffeepflanze:** ursprünglich aus dem abessinischen Hochland („Kaffa"), durch Kolonialstaaten nach Mittel- und Südamerika gebracht, wo heute 2/3 der Weltproduktion. Brasilien (26 %) und Kolumbien (12 %) sind die weitaus bedeutendsten Produzenten.
(alle Prozentsätze sind Anteile an der Weltproduktion für 1989, auf- bzw. abgerundet, nach FWA 1992).

Mit weitem Abstand folgen Mexiko (4 %) und die mittelamerikanischen Staaten. Nur noch 1/3 der Welterzeugung entfällt auf Afrika, insbesondere die Elfenbeinküste (4 %), Uganda, Äthiopien und Kenia. Zu einem der mächtigsten Produzenten entwickelten sich Indonesien (7 %) und einige weitere asiatische Länder (Indien, Philippinen).

**Kakao:** Heimat im tropischen Amerika, wo heute aber nur noch 1/3 der Produktion, insbesondere in Brasilien (16 %) und Ecuador (4 %). Der größte Teil der Produktion verlagerte sich nach Westafrika (70 %), v. a. in die Länder am Golf von Guinea. Starke regionale Verschiebungen: Die Elfenbeinküste (29 %) verdrängte Ghana (17 %) von der Rolle des Hauptproduzenten. Kamerun (5 %) und Nigeria (7 %) weitere wichtige Erzeugerländer. Aber auch bei diesem Produkt Ausweitung auf Asien: Malaysia mit 10 % zu größtem Erzeuger und Exporteur.

**Zuckerrohr:** gedeiht zwar bei genügend Niederschlägen oder künstlicher Bewässerung auch außerhalb der Tropen, aber weltwirtschaftlich wenig bedeutend, so an Spaniens Costa del Sol 0,1 % der Weltproduktion, in Louisiana allerdings 5 %. Indien, Brasilien und Kuba sind die größten Produzenten an Rohrzucker.

**Erdnuß:** Hauptanbaugebiete in Asien mit den weitaus größten Erzeugern Indien (36 %) und VR China (23 %) und in Afrika (Senegal, Nigeria). Drittgrößter Produzent der Erde sind die USA (8 %), deren Erträge besonders stark angestiegen.

**Kokospalme:** Nutzung als Fett- und Faserpflanze. Im Handel als Kopra (= Kokosfett = Kernfleisch der Kokosnuß), Kokosöl (aus Kopra gepreßt) und Kokosfaser. Von der Weltproduktion von über 5 Mil. t Kopra entfallen mehr als 90 % auf Asien und Ozeanien, insbesondere auf die Philippinen (39 %) und Indonesien (24 %).

**Ölpalme:** Aus Samen und Fruchtfleisch werden die beiden Endprodukte Palmkernöl und Palmöl gewonnen. Der Ölertrag je ha bei weitem größer als bei anderen tropischen Ölpflanzen. Früher mehr als die Hälfte der Weltproduktion auf Tropisch-Westafrika, v. a. Nigerien (8 %), die Elfenbeinküste (1 %) und Kamerun (1 %). In letzten Jahren hat SE-Asien sehr stark an Bedeutung gewonnen: Malaysia (59 %) und Indonesien (12 %).

**Kautschuk:** Naturkautschuk im Milchsaft zahlreicher tropischer Pflanzen, v. a. der hevea brasiliensis (Parakautschuk). Obwohl *Naturkautschuk* stark an Bedeutung gegenüber dem *synthetischen Kautschuk* verloren hat (Anteil an gesamten Kautschukproduktion 1939 noch 99 %, 1955 56 %, 1965 38 %, 1990 35 %), steigt Weltproduktion ständig an. In letzten Jahren auch leichte Marktanteilsgewinne, da für einige Anwendungsbereiche (z. B. Winterreifen) günstiger. Die Produktion hat sich fast ganz nach SE-Asien verlagert: West-Malaysia, wo fast die Hälfte der Produktion aus Großplantagen, konnte Produktion stark ausweiten (29 %), daneben Indonesien (26 %) und Thailand (19 %).

**Banane:** Früchte als Obst in Welthandel oder Mehl als Grundnahrungsmittel neben den Wurzelfrüchten. Anbau über gesamten Tropen verbreitet, doch dominieren Lateinamerika, insbesondere Brasilien (12 %) und Süd- und SE-Asien (Indien, Philippinen).

**Ananas:** Starke räumliche Veränderungen. Hauptproduktionsgebiet nicht mehr Hawaii (5 %), wo Ananas bei nur 650 mm Niederschlag künstlich bewässert wird und in Plantagen geerntet, sondern SE-Asien: Philippinen (12 %), Thailand (20 %).

**Faserpflanzen der Tropen:** Wegen der Sprödigkeit der Fasern nicht zu Geweben, sondern zu Seilen, Matten und Bindfaden (Spagat) verarbeitet. Typisch etwa

- ***Manilahanf*** aus den Blattscheiden der Faserbanane, vorwiegend auf den Philippinen,
- ***Sisalhanf*** aus den Blättern der Sisalagave mit Hauptanbaugebieten in Brasilien (52 %), Mexiko (Henequen in Yukatan, 12 %) und Ostafrika (Kenia und Tansania zus. 19 %).

***b) Absolute Dominanz der landwirtschaftlichen Primärproduktion*** (= Bodennutzung). *Landwirtschaftliche Sekundärproduktion* (= Viehhaltung) wird durch tropische Seuchen (Tse-Tse-Fliege), fehlende Tradition und geringen Anbauspielraum (Viehhaltung besonders verlustreicher Prozeß) behindert.

***c)*** Innerhalb der Bodenproduktion überwiegen ***Baum- und Strauchkulturen***, die als „Dauerkulturen" mehrere Jahre auf dem Feld verbleiben. Entscheidung zur Auspflanzung eines Bananenfeldes ist Festlegung von Kapital für viele Jahre: Erst nach 4–6 Jahren erste Erträge, mehrere Jahrzehnte in Ertrag, erst danach Rodung ökonomisch sinnvoll. Damit volle Abhängigkeit von den Weltmarktpreisen, geringe Produktionselastizität.

***d)*** Starke Bedeutung der ***Produktion von „cash crops"*** für den Weltmarkt. Hoher Anteil der gesamten Produktion wird exportiert, so bei Kakao 65 %, Kaffee 71 %, Naturkautschuk fast 90 % der gesamten Ernte. Dafür müssen vielfach Nahrungsmittel importiert werden. Somit extreme Abhängigkeit tropischer Länder von ihren landw. Exportprodukten. Dazu noch einseitige Exportstrukturen mit starker Abhängigkeit von einem einzigen Gut: z. B. entfallen 50 % der Exporte von Ruanda Burundi auf Kaffee, 70 % der Exporte von Uganda auf Kaffee, 60 % von Ghana auf Kakao.

***e) Großbetriebliche Organisation*** (Plantagen, Hazienda). Viele Baum- und Strauchkulturen werden, weil ihre Produkte infolge hoher Transportempfindlichkeit und Verderblichkeit rasche Verarbeitung erfordern, in Plantagen angebaut und verarbeitet. Die Verarbeitungsanlagen (Dekortikator bei der Sisalagave, Zuckermühle beim Zuckerrohr) besitzen aber gewisse Mindestkapazitäten.

So hat der Dekortikator einer Sisalplantage z. B. eine jährliche Mindestkapazität von 1500 t Fasern. Da 1 ha innerhalb des Wachstumszyklus einer Sisalpflanze von 9 Jahren insgesamt 12 t Fasern liefert, müssen zur gleichmäßigen Belieferung 9 Felder mit verschieden alten Sisalpflanzen zu je 125 ha Größe bereitgestellt werden. Die Versorgungsfläche dieser Fabrik beträgt rd. 1200 ha. Dabei hohe Transportkosten, da Sisalpflanze typischer „Gewichtsverlustrohstoff": Faserausbeute nur 3-4 % des Blattgewichtes. Für 1500 t Fasern müssen 40000 t Blatt transportiert werden! *Folge:* Fabrik im Zentrum, Felder in Monokultur um diese „agrarische Aufbereitungsindustrie", Erschließung durch Infrastruktur (Straßen, Feldbahnen).

Typische Plantagenkulturen sind Sisal, Zuckerrohr, Ananas und Exportbananen. Dagegen Ölpalme, Kokospalme und Kakao in erster Linie in bäuerlichen

Kleinbetrieben. Industrielle Verarbeitung durch genossenschaftlichen Zusammenschluß geregelt. Andere Kulturen finden sich sowohl im Groß- als auch im Kleinbetrieb (Kaffee, Kautschuk).

***f) Brandrodungsfeldbau*** als extrem angepaßte Nutzungsform der tropischen Subsistenzwirtschaft. Wichtigstes Ackerbausystem der Feuchttropen ist noch heute das System der Feld-Wald-Wechselwirtschaft (Brandrodungsfeldbau, shifting cultivation): Waldstück wird gerodet, Holz verbrannt, Asche düngt den Boden, dann Anbau durch ein bis einige wenige Jahre. Rascher Rückgang der Erträge, Feld der Wiederbewaldung („Sekundärvegetation") überlassen und an anderer Stelle neue Rodung; bedingt Wanderfeldbau. Heute noch von rd. 5 % der Erdbevölkerung auf ca. 20 % der festen Erdoberfläche in den Tropen praktiziert.

Extrem extensives System, nur geringe Bevölkerungsdichten, da zum Anbau große Flächen notwendig: Für 1 ha Anbaufläche 5–10 ha Wald. Daher in Gebieten mit Waldbrandwirtschaft nur 7–30 % der Fläche für die Ernte genutzt. Trotz der Extensität aber in Tropen eine ökologisch angepaßte Form: **Tropische Regenwald bildet Ökosystem**, bei dem hohe Temperaturen und Niederschläge die Zersetzung absterbender Pflanzenteile so stark beschleunigen, daß Nährstoffe sofort von lebenden Biomasse aufgenommen werden. Eine Speicherung und allmähliche Nachlieferung von Nährstoffen durch den Bodenhumus findet nicht statt. Durch Störung dieses Kreislaufes, indem Pflanzennährstoffe mit der Ernte entnommen werden, und durch starke Auswaschung der Böden rasche Verarmung der an sich wenig nährstoffreichen tropischen Böden. Kali und Phosphor fehlen fast ganz, Stickstoff nur in organischer Form. Nur Vulkanböden sind fruchtbarer.

Dieses System so lange sinnvoll und bodenschonend wie Bevölkerungsdichte gering ist. Mit steigender Bevölkerung Übergang vom *Wanderfeldbau* (Siedlung und Flur wandern) zur *Landwechselwirtschaft* (Siedlung permanent, nur Flur wandert). Gleichzeitig Verkürzung der Umtriebszeiten und damit laufende Degradierung der Böden.

## 2.1.2 Die agrarische Nutzung im Bereich der Trockenklimate

### 2.1.2.1 Klima und Vegetation

Mit zunehmender Entfernung vom Äquator Abnahme der Niederschläge bei immer längerer Trockenzeit und steigender Variabilität der Niederschlagsmengen. Anpassung an Trockenheit damit entscheidende Frage landwirtschaftlicher Nutzung. Grobe Grenze, ab der sich Landwirtschaft an Trockenheit anpassen muß, bei ca. 500 mm Jahresniederschlag (→ Abb. 3).

Es folgen aufeinander:

***Steppenklima*** mit unter 500 mm Niederschlag und semiariden Voraussetzungen (Niederschlag nur 3–4 Monate im Jahr). Kurzgrassteppe (Trockensavanne), seltener Trockenwald

***Wüstenklima*** mit Wüstengürtel der Erde im Bereich des subtropischen Hochdruckgürtels (ca. 23° n. und s. Breite). Wüstengürtel der *Nordhemisphäre*: nordamerikanische Wüsten (Mojave, Gila, Death Valley), Sahara (9 Mio qkm), arabische Wüsten (Nafud, Rub al Khali) und iranische Wüsten (Kawir, Lut, Dascht). *Südhemisphäre:* Atacama, Namib, australische Wüsten (Victoria Desert, Gibson Desert).

***Mittelmeerklima (Etesienklima)*** mit trockenen, heißen Sommern und warmen, niederschlagsreichen Wintern. Hartlaubvegetation (Macchie, Garrigue).

### 2.1.2.2 Landwirtschaftliche Anpassungsstrategien

Um die Landwirtschaft den Gegebenheiten anzupassen, hat der Mensch drei Reaktionsmöglichkeiten *Extensivierungsstrategie, Intensivierungsstrategie* und *Baum- und Strauchkulturen.*

***Extensivierungsstrategie***

Mit zunehmender Trockenheit ändert sich das gesamte Betriebssystem:

- Wasser wird zum ertragsbegrenzenden Minimumfaktor. Der Rohertrag je Flächeneinheit (= Flächenproduktivität) sinkt
- Während die Produktionsfaktoren Arbeit und Kapital gleich hoch bleiben bzw. wegen Marktferne steigen, sinkt der konkurrenzierende Druck am Bodenmarkt. Boden wird zum Billigfaktor und daher immer stärker eingesetzt. Je trockener es ist, desto größer die Betriebe.
- Betriebswirtschaftliche Leistung des Farmers liegt darin, die mit zunehmender Trockenheit immer stärker abnehmenden Roherträge durch Senkung der Betriebsausgaben zu kompensieren, so daß nach wie vor eine Differenz als Betriebsgewinn ausgewiesen werden kann: Abnahme des Arbeitskräftebesatzes, Verzicht auf Düngung, keine Ställe usw.

Weltweit mit zunehmender Trockenheit charakteristische Abfolge von Betriebsformen der Extensivierungsstrategie:

a) Unter 500 mm meisten Ackerpflanzen nicht mehr im Regenfeldbau kultivierbar. Weizen und Gerste werden immer mehr zu wichtigsten Ackerpflanzen. Vielfach in Form der Getreide-Brache-Wirtschaften ***(Trockenfarmsystem*** oder ***„dry farming system“)*** angebaut. Dabei Wechsel von Anbaujahren und Brachejahren: Nach der Getreideernte Feld mindestens ein Jahr nicht bestellt. Aber durch kulturtechnische Maßnahmen gesichert, daß Boden möglichst viel Niederschlagswasser zurückhält: Pflügen vor Einsetzen der Niederschläge, so daß Boden möglichst viel Wasser aufnimmt und Eggen zum Verschließen der Bodenporen nach Ende der Niederschlagsperiode, um Verdunstung herabzusetzen. Damit höhere Erträge erzielbar als bei ständiger Getreideproduktion, obwohl Getreideerträge niedrig (bis ca. 500 kg Weizen je ha).

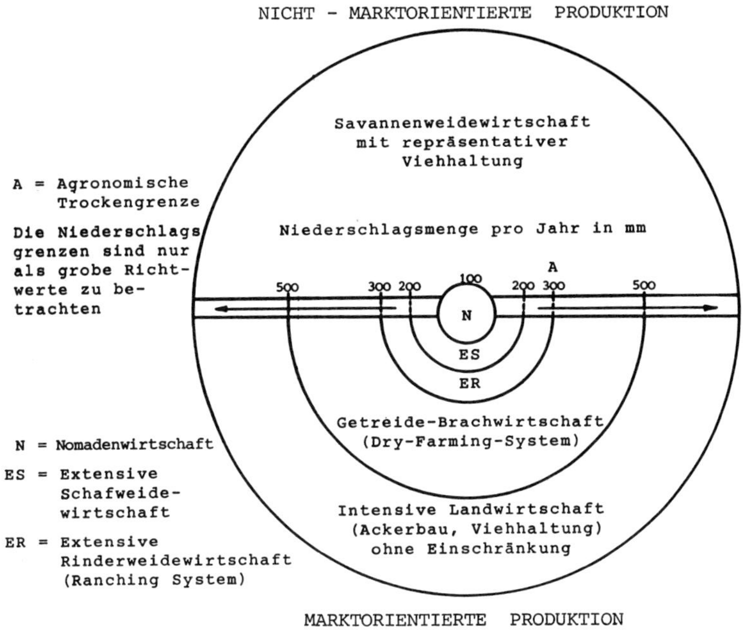


***Abb. 3:*** *Anpassungsformen der Landwirtschaft an die Trockenheit*

Durch Vollmechanisierung über Großmähdrescher müssen Trockenfarmer in den USA nur mehr 5–10 Arbeitskraftstunden je ha aufwenden, d.h. eine Arbeitskraft kann, bei vollkommenem Arbeitsausgleich über das Jahr, theoretisch 200–400 ha bewirtschaften. Daher Großflächenwirtschaften mit durchschnittlichen Betriebsgrößen von mehreren 100 ha, z.B. im Columbiabecken der USA bei rd. 300 mm Niederschlag rd. 700 ha große Betriebe, in Dakota 260 ha, in Oklahoma 650 ha, in Argentinien 150–400 ha.

Grenze des Trockenfarmsystems an der *Agronomischen Trockengrenze* (= Grenze des Regenfeldbaues) bei rund 300 mm Jahresniederschlag. Allerdings nur grober Faustwert, da auch starke Abhängigkeit von anderen Klimafaktoren, wie Temperatur, relativen Luftfeuchte, Sonneneinstrahlung, Wind usw., Bestimmung grob durch die Formel $N = 15t$ ($N$ = Jahresniederschlag in mm, $t$ = Jahresmittel der Temperatur).

b) Mit Annäherung an die Agronomische Trockengrenze gewinnt die ***extensive Rinderweidewirtschaft (ranching System)*** an Bedeutung. Auf Basis der Kurzgrassteppen des Steppenklimas tritt hier Viehhaltung in den Vordergrund, teilweise im Wettbewerb mit den Getreide-Brache-Wirtschaften.

Extensive Weidewirtschaft nutzt Naturweideflächen mit geringem Ertrag unter möglichster Einsparung von Betriebsmitteln, bei geringstem Arbeitsaufwand (2–3 AKh je ha und Jahr bzw. unter 0,1 AK je 100 ha LN) durch anspruchslose Weidetiere unter Einsatz riesiger Flächen: In Namibia 6000 ha als Mindestgröße für eine Familie, in nördlichen Großen Ebene der USA Durchschnittsgröße einer Rinderweidewirtschaft über 1800 ha. Dieses extensive Viehhaltungssystem wird als „ranching" bezeichnet. Entwickelte sich im 19. Jahrhundert mit halbwilden Rindern, freien, nicht eingezäunten Weiden („open range") und halbnomadischem Charakter, mit Häuten und Wolle, später auch Fleisch als Hauptprodukt. Vorteil: Vieh wandert selbst zum Markt (z. B. Viehtriebe Texas-Chicago 1867–80).

c) Bei noch größerer Trockenheit (ca. unter 200 mm) zunehmend durch die ***extensive Schafweidewirtschaft*** ersetzt. Extensivstes agrarisches Betriebssystem mit Marktorientierung. Wegen Marktferne vor allem auf leicht transportierbare Produkte, wie Wolle und Häute, erst bei geringerer Marktentfernung Fleisch als Produktionsziel.

***Trockenfarmsystem und Ranch-System*** sind Ergebnisse der großen ökonomischen und technologischen Entwicklungen des 19. Jh.:

- *Absatzmarkt* durch starkes Bevölkerungswachstum in östl. USA und westl. Europa und geänderte Konsumgewohnheiten (Weizen statt Roggen und zunehmend Fleisch),
- *Abnahme der Schiffsfrachtkosten*, so daß Überseegebiete ihre niedrigeren Produktionskosten voll ausspielen können. Kühltechnik (Gefrierschiffe seit 1875) und Verarbeitungstechnik (seit 1860 Herstellung von Fleischextrakt, fabrikmäßige Erzeugung von Büchsenfleisch seit 1880),
- durch *Bahnbau* kostengünstige Transporte im Inneren der Kontinente,
- *Frühe Vollmechanisierung* der Ernte bei Weizen (Um 1830 McCormick's Erntemaschine, Dampfdreschmaschine um 1830, automat. Bindemäher 1870) ermöglicht Senkung des Arbeitsaufwandes.

Weltweit Ausdehnung beider Systeme zwischen 1850 und 1930, seit 1930 nur noch in der SU starke Ausweitung des Trockenfarmsystems. In übrigen Gebieten beide Systeme, die ursprünglich Monokulturen, heute im Rückzug:

- In feuchteren Teilen Aufkommen von Mischfarmen mit Viehhaltung und Weizen,
- in trockeneren Gebieten Intensivierung der Ranch-Wirtschaft durch höheren Kapitaleinsatz (Bau von Brunnen, Einzäunung, Umstellung auf Zuchtrinder) bei gleichzeitiger Ausdehnung auf Kosten der Trockenfarmgebiete.

Dennoch spielen beide Systeme weltwirtschaftlich noch große Rolle: Auf sie kommen 23 % der gesamten Weltexporte an Vieh und Fleisch, sind größte Getreideüberschußproduzenten der Erde.

***Savannenweidewirtschaft mit repräsentativer Viehhaltung und Nomadenwirtschaft.*** Im Bereich des Steppenklimas als nichtmarktorientierte agrare Produktionsform, bei der Rind weniger aus wirtschaftlichen Gründen sondern primär aus rituellen, sozialen, religiösen und Prestigegründen gehalten wird. Zahl der Rinder und nicht Milch- oder Fleischleistung entscheidet über Sozialprestige. Daraus latenter Trend zur Ausweitung der Herden und damit Überbeanspruchung des Bodens (z.B. Sahelzone).

Unter 100 mm Jahresniederschlag ist in der Regel auch die Schafweidewirtschaft nicht mehr möglich. An ihrer Stelle halbnomadische und nomadische Wanderweidewirtschaft der Wüsten. *Nomadische Viehhaltung* durch Zwang zum Futterausgleich notwendig. Häufigste Nutzviehart sind Schafe und Ziegen. Prestigetier ist in der Sahara und in Arabischen Wüste das Kamel, in den Wüsten Turkestans und in der Mongolei das Pferd. Marktwirtschaftliche Verflechtungen gering, Selbstversorgung und regionaler Tauschhandel überwiegen. Symbiose zwischen Weidenomaden und Oasenbauern.

Zahl der Hirtennomaden im 20. Jh. stark zurückgegangen, schätzungsweise noch 15 Mio. auf einer Fläche, die fast doppelt so groß wie die kultivierte Fläche der Erde. *Extrem niedrige Bevölkerungsdichten:* Mongolei und Sahara 0,5 Einw. je qkm. In einzelnen Ländern der Erde (z.B. Somalia, Sudan, Afghanistan) spielen sie aber noch große Rolle.

*Äußerst geringe Flächenproduktivität*, für 1 Großvieheinheit (GV) bei 50–100 mm Niederschlag rd. 50 ha Land notwendig (in mitteleuropäischen Grünlandwirtschaften rd. 0,5 ha). Soziale Organisation in Form von Familienverbänden, zu Stämmen zusammengeschlossen, Wanderungseinheiten sind aber meist wenige Familien. Als Lebensunterhalt einer Familie rd. 25–60 Schafe oder Ziegen und 10–25 Kamele.

Wenn auch die Weidenomaden weltwirtschaftlich heute bedeutungslos, so spielten sie historisch durch ihre hohe Mobilität und ihr aggressives Verhalten in Asien und Europa eine große Rolle (Hunnen, Mongolen). Heute werden sie in ihren Lebensgewohnheiten durch das Bestreben der Regierungen, sie zur Seßhaftigkeit zu bringen, stark eingeschränkt (z.B. Massai in Kenia, Kolchosierung, d.h. zwangsweise Schaffung von Genossenschaften der Weidenomaden in der SU und Mongolei).

### *Intensivierungsstrategie*

Entstehen der intensivsten Agrarlandschaften der Erde nur möglich, wo ausreichend Wasser. Künstliche Bewässerung gibt es in allen Klimazonen. Selbst im Gudbrandsdal in Norwegen Feldberieselung zur Überwindung der Frühjahrstrockenheit, ebenso im Wallis und in Südtirol, wo Wiesen und Sonderkulturen bewässert werden. Hauptgebiet der künstlichen Bewässerung ist aber die subtropische Zone, wo Wasser Minimumfaktor.

Die weitaus größten Bewässerungsflächen der Erde (71 %) liegen in *Asien*, v.a. am Hwangho, Jangtsekiang und Hsikiang in China, ferner in der Indus- und Gangestiefebene in Indien und Pakistan.

Große Bedeutung besitzt die Bewässerung im *Mittelmeerraum*. Auf Bewässerungskulturen in Griechenland, Türkei und im Libanon werden 20–30 % des landw.

Produktionswertes dieser Staaten erzeugt, in Spanien, wo 10% des Ackerlandes bewässert werden („campo regadio"), sogar 50%.

Allerdings zeigte sich in allen Bewässerungsgebieten ein ***großes ökologisches Problem:*** In ariden Gebieten ist Verdunstung größer als Niederschlag, daher aufwärts gerichteter Strom des Bodenwassers. Flußwasser enthält meist geringe Mengen an gelösten Salzen, v. a. Natriumsalze (0,01 %), in Trockengebieten meist höher (z.B. im Indus 0,03%). Nach Verdunstung des Wassers bleibt Salz oberflächlich zurück. Bei reichlicher Wasserzufuhr auf die Felder Salzzufuhr bis zu 4t je ha und Jahr!

Seit ca. 1930 Ausbau des *Indus* durch Staudämme (z.B. Sukkur, Gudu, Lower Sind) eine der größten Bewässerungsflächen der Erde geschaffen. Heute schwere ***Versalzungsschäden***. Bildung von Salzkrusten und Versumpfung durch zu hohen Wasserstand auf rd. 2,6 Mio. ha Nutzfläche, jährlich müssen rd. 500 qkm aufgegeben werden (→ SPIELMANN: Agrargeographie in Stichworten, S. 119).

***Baum- und Strauchkulturen***

Wie in den Tropen sind auch im Bereich der Trockenklimate Baum- und Strauchkulturen eine der Anpassungsformen des Menschen, hier allerdings nicht die einzige und zudem aus einem anderen Grund: Tiefreichende Wurzelsystem ermöglicht Baum- und Strauchkulturen Überleben auch im Trockenfeldbau (Ölbaum, Dattelpalme, Wein). In allen Fällen sind allerdings Erträge bei Bewässerung höher und sicherer (z. B. Weinbau), manche können nur bei Bewässerung existieren (Zitrusfrüchte).

Insbesondere für das Mittelmeerklima sind Baum- und Strauchkulturen charakteristisch. Einige der wichtigsten sind:

**Weinbau**. Rd. 2/3 der Weltweinerzeugung entfallen auf Gebiete mit Mittelmeerklima, insbesondere im europäischen Mittelmeerraum mit den beiden größten Weinbauproduzenten der Welt: Italien und Frankreich (zus. 40% der Weltproduktion). Spanien erzeugt seinen Wein auf großen Flächen im Trockenfeldbau mit relativ geringen Erträgen (11 %). Auch der kalifornische und südafrikanische Wein kann dem Mittelmeerklima zugerechnet werden.

**Ölbaum:** über 95% der Weltolivenernte kommen aus dem Mittelmeerraum, Charakterbaum des Mittelmeerklimas. Bedeutung der Ölbaumkulturen durch Ölgewinnung und Kraftfuttererzeugung: Aus 100 kg Oliven 17 kg Öl und 40 kg Preßrückstände. Ertrag bis zu 2 t Oliven je ha. Geringer Arbeitsanspruch von nur 70 Arbeitskraft-Tagen je ha und Jahr, zudem arbeitsausgleichend, da fast nur Herbst- und Winterarbeit.

**Zitruskulturen** (Orangen, Zitronen, Mandarinen): Bedeutend höhere Wasseransprüche, da aus monsunalem Klimaraum SE-Asiens mit starken sommerlichen Niederschlägen stammend, durch Portugiesen in den Mittelmeerraum gebracht.

Sommerliche Trockenperiode muß durch Bewässerung ausgeglichen werden. Hohe Arbeitsintensität von 200 AK-Tagen je ha und Jahr ähnlich dem Tafeltraubenbau. Hauptproduktionsgebiete sind Italien, Spanien, Israel und Griechenland. Die bedeutendsten geschlossenen Zitrusanbaugebiete der Erde aber Florida mit dem Gebiet um den Okeechobee-See, pazifische Küstenregion und San Joaquintal in Kalifornien. Als 3. Hauptproduktionsgebiet entwickelte sich das südliche Brasilien (Sao Paulo-Curitiba). Brasilien ist bereits bei Orangen größter Produzent der Erde (31 %).

**Baumwolle:** Eine der Leitkulturen der Tropen und Subtropen, zumeist im Bewässerungsfeldbau, wo Erträge wesentlich höher. Größter Produzent ist VR China (24 %) mit den großen Baumwollgebieten am Hwangho und Jangtsekiang, gefolgt von SU (17 %) mit Baumwollanbau im südlichen Kaukasusvorland (Kuraebene) und entlang der Flußläufe von Amu-darja und Syr-darja, ferner die USA (14 %) mit dem cotton belt im Süden.

## 2.1.3 Die agrarische Nutzung im Bereich des Monsunklimas

Monsunklima ist azonaler Klimatyp, d. h. in allen Klimazonen zu finden, tritt aber v. a. im tropischen und subtropischen Bereich auf. Hier wegen der Bedeutung der Landwirtschaft gesondert dargestellt.

### 2.1.3.1 Klima und Vegetation

*Monsun* = Winde, die jahreszeitlich aus verschiedenen Richtungen wehen (arab. „Mausim" = Jahreszeit). Bei Monsunklima muß Winkel zwischen den jahreszeitlich unterschiedlichen Windrichtungen mindestens 120 Grad betragen („Monsunwinkel").

Kennzeichen des Monsunklimas sind:

- *Warme, sehr feuchte Sommer,*
- *trockene, kühlere Winter.*

Typische Monsunländer sind Indien, SE-Asien und Südchina. Vegetationsform ist der Monsunwald, ähnlich dem Tropischen Regenwald.

### 2.1.3.2 Landwirtschaftliche Anpassungsstrategien

Zusammenfallen hoher Temperaturen und Niederschläge im Sommer für pflanzliches Wachstum sehr günstig, daher Anbau aller tropischen und subtropischen Nutzpflanzen möglich, vielfach mehrere Ernten pro Jahr, z. B. Bewässerungsfrüchte im Sommer und Trockenfrüchte im Winter. Wie in Tropen Dominanz der Bodenproduktion, zumal Raum mit hoher Bevölkerungsdichte. Besonders charakteristisch sind Reisbau, Zuckerrohr und Tee.

**Reis:** Nach Weizen wichtigste Getreideart, starke Steigerung der Produktion (1976 rund 300 Mio. t, 1987 460 Mio. t), insbesondere in den Hauptverbrauchsländern: Indien, VR China und Indonesien – nicht zuletzt Ergebnis der Grünen Revolution (→ 2.3.1.4). Starke Konzentration der Produktion auf S- und E-Asien (91 %). VR China (39 %) und Indien (16 %) sind die weitaus größten Produzenten der Erde, gefolgt von Indonesien (9 %). Größere Produktionsflächen außerhalb Asiens nur noch in Brasilien (2 %) und USA (Sacramentogebiet, Mississippidelta, 1 %). In Europa Reisbau auf kleinen Flächen (Poebene, Ebrodelta. Rhonedelta, Marismen des Guadalquivir, Vega von Valencia usw.).

*Reis ist typische Bewässerungskultur.* Trockenreis ist weltwirtschaftlich unbedeutend. Naßreis muß 2/3 der Wachstumsperiode in langsam fließendem Wasser stehen. *Ergebnis:* Einzigartige Formalstruktur der Reisbaulandschaften der Erde mit kleinen, unregelmäßigen Feldern, von Erdwällen umgeben, Reisterrassen wegen der hohen Kosten nur an wenigen Stellen der Erde (südl. China, Japan, Sri Lanka, Java). Typisch für die ***südostasiatischen Reisbaugebiete*** sind:

- *Kleinstbetriebliche Strukturen:* Betriebe 1–2 ha, starke Flurzersplitterung. Nur in jüngeren Reisbaulandschaften des Irawadi, Menam und Mekong Deltas Betriebe größer (4–6 ha).
- *Höchste Flächenproduktivität,* da Boden durch hohen Bevölkerungsdruck sehr teuer. Ebenso geringer Kapitaleinsatz, kaum Maschinen. Arbeitsintensiv: je ha 600–1200 AKh notwendig, arbeitsaufwendige Methode mit Erziehung der Setzlinge auf dem Saatbeet, händische Verpflanzung auf das Feld, Ernte mit Sichel, Ausdreschen mit Dreschschlitten.
- Vor „Grünen Revolution" *geringer Einsatz ertragssteigender Betriebsmittel* (Dünger, Pflanzenschutz, Saatgut), daher Erträge mit 2 t/ha in SE-Asien gering. Nur in Japan, Taiwan und Korea höher (3–5 t), da hier hohe Düngergaben.
- Hoher Prozentsatz der Fläche dient dem Eigenverbrauch. Betonte Marktproduktion nur in den im 19. Jh. unter europäischem Einfluß entstandenen jüngeren Naßreisgebieten.
- Infolge der hohen Flächenproduktivität Gebiete *höchster Bevölkerungsdichte.*

Ganz andere Faktorenkombination setzt der ***amerikanische Reisbau*** ein, um zu demselben Ziel zu gelangen:

- *Boden billig*, da nur die schweren, nassen Böden des Sacramentotales und Mississippideltas, die anders nicht genutzt werden können. Daher große Betriebe mit 70–250 ha
- *Kapital in Relation zur Arbeitskraft billig*, daher höchste Arbeitsproduktivität durch starken Maschineneinsatz. Aussaat, Düngung und Pflanzenschutz mit Flugzeug, Einsatz von Großmähdreschern mit 6 m Breite und Ernteleistung bis 400 ha pro Jahr.
- durch *starke Düngung und Verwendung von Pflanzenschutzmittel* und *Saatgut* hohe Erträge von 5 t pro ha und Jahr bei geringer Arbeitsintensität (20–30 AKh je ha und Jahr).

– Ausschließliche *Marktbelieferung*. USA nach Thailand zweitgrößter Exporteur der Erde!

**Tee:** Wie Reisanbau stark auf Asien konzentriert (80 %). Die wichtigsten Anbauzentren in 1000–2300 m Höhe in NE-Indien (Assam, 27 %), VR China (21 %) und Sri Lanka (9 %). Tee hier überwiegend als Plantagenkultur in Betrieben über 500 ha. Nach 1960 Teeanbau auch in den Bergländern im östlichen Afrika (Kenia: 6 %) stark ausgeweitet.

## 2.1.4 Die agrarische Nutzung im Bereich der gemäßigten Klimate

### 2.1.4.1 Klima und Vegetation

Vorherrschen der Westwinde zwischen 35° und 65° n. Br., laden sich über dem Meer mit Feuchtigkeit auf und geben sie in Form zyklonaler Niederschläge ab. Einzige Klimazone, in der daher deutliche W-E Differenzierung. Nach E, ins Kontinentinnere,

– *Abnahme der Niederschläge*,
– *Verschärfung der Temperaturgegensätze* zwischen wärmstem und kältestem Monat, d. h. zunehmende „Kontinentalität".

Daher lassen sich in W-E Abstufung 3 Klimabereiche unterscheiden:

***Ozeanisches Klima*** entlang Küste, sehr gleichmäßig verteilte Niederschläge mit über 750 mm im Jahr. Wegen temperaturausgleichender Wirkung des Meeres (= „Maritimität") feucht-kühle Sommer und milde, feuchte Winter.

***Übergangsklima*** mit abnehmenden Niederschlägen bis auf 500 mm, v. a. auf Sommerhalbjahr konzentriert, wärmere Sommer, kältere Winter

***Kontinentales Klima*** mit Niederschlag unter 500 mm und hoher Temperaturamplitude. Modifizierung dort, wo sich Gebirge den Westwinden entgegenstellen und damit Steigungsregen auftreten: Höchste Niederschläge, 1000–4000 mm im Jahr (Küstengebirge Nordamerikas, Alpen, Anden). Wo im Inneren der Kontinente eine Gebirgsumschließung die letzte Feuchtigkeit zum Abregnen zwingt, treten im Lee der Gebirge in 40–50° n. Br. neuerlich Wüsten auf, z. B. im Lee des Tienschan und Pamir die Wüste Takla Makan, Gobi im Lee des Altai Gebirges.

### 2.1.4.2 Landwirtschaftliche Anpassungsstrategien

Keine andere Klimazone bietet so breiten Spielraum für landwirtschaftliche Nutzung! Zudem befinden sich hier die Länder mit der höchsten sozialen und wirtschaftlichen Entwicklungsstufe; vielfach sind die wirtschaftlichen, sozialen und politischen Rahmenbedingungen für die Landwirtschaft entscheidender als die natürlichen Voraussetzungen. Daher ist es schwer, Gesetzmäßigkeiten über die Grenzen eines Staates hinweg zu finden.

**Nutzungsvielfalt.** Mit Ausnahme tropischer Pflanzen bestehen für alle wirtschaftlich nutzbaren Pflanzen und Tiere günstige natürliche Voraussetzungen. Daher ***„Verbundproduktion"*** charakteristisch, die harmonische Integration mehrere Betriebszweige, die sich arbeits- und düngerwirtschaftlich und hinsichtlich Fruchtfolge und Risiko ergänzen. Betriebswirtschaftlich dominiert die landwirtschaftliche Sekundärproduktion mit 70–85% des landwirtschaftlichen Produktionswertes. Großteil der Bodenproduktion dient der *Veredelungswirtschaft* durch die Viehhaltung, nur ca. 1/4 des Ackerlandes im westlichen Europa direktem menschlichem Konsum; selbst Getreide wird verfüttert, in Staaten besonders hochentwickelter Viehhaltung wie Dänemark rd. 90%. Neben den Faktoren, die Verbundproduktion stützen, wirken aber auch differenzierende Kräfte. Bestimmte Produktionsrichtungen haben damit komparative Kostenvorteile:

a) ***Die Maritime Futterbauzone:*** In der Küstenzone am Ärmelkanal und an der Nordsee begünstigt der Niederschlagsreichtum das Dauergrünland (über 60% der LN). Fast ausschließlich Weiden, Zone starker Rinderhaltung, teilweise mit ganzjährigem Weidegang (Normandie). Im winterkälteren deutschen Marschengürtel dagegen Stallhaltung. Durch hohen Anteil an Weideflächen aber Winterfutterknappheit. Betriebliche Anpassung durch Verkauf eines Großteils der Rinder als „Einsteller" (Einstellrinder werden für die Endmast von anderen Betrieben zugekauft) im Herbst. In Nordamerika „Milchwirtschaftsgürtel".

b) ***Hackfrucht-Getreidewirtschaftszone:*** Im Bereich des Mitteleuropäischen Übergangsklimas sehr intensiver Ackerbau. Neben Wintergetreide (Anbau im Herbst, nützt zum Wachstum die Frühjahrsfeuchtigkeit) Hackfrüchte (Zuckerrübe, Futterrübe, Kartoffel) als arbeitsmäßig dominierende Bodennutzungsformen. Dienen der Schweine- und Rindermast, die durch intensiven Feldfutterbau (Klee, Luzerne usw.) gestützt wird. In Nordamerika „Maisgürtel".

c) ***Weizenbauzone:*** Im kontinentalen Klimabereich tritt Viehhaltung stark zurück. Klima für fast alle Blattfrüchte zu trocken, daher Trockenfeldbau meist auf dürreresistenten Weizen und Gerste. Neben Steppenklima und Mittelmeerklima die 3. große Weizenbauzone der Erde! Entspricht in Nordamerika dem „Weizengürtel".

d) ***Montane Futterbauzone:*** Kürze der Vegetationszeit (120–180 Tage) und hohe Niederschläge begünstigen in Gebirgen Futterbau. Im Gegensatz zur maritimen Futterbauzone hier intensive Wiesenwirtschaft, ergänzt durch Almweiden. Daher jahreszeitlicher Futterausgleich mit sommerlichen Hochweiden im Almenbereich und winterlicher Stallviehhaltung auf Basis der Futterwerbung (= Futter, das durch Mahd bereitgestellt wird) auf den Heimwiesen. Rinderhaltung mit Milchwirtschaft und Rinderzucht. Verzicht auf kleine Restackerflächen („Vergrünlandung") und Übergang zum reinen Gründlandbetrieb als extreme Form der Betriebsvereinfachung.

**Hohe Kapitalintensität.** Industrialisierung hat nachhaltigen Einfluß auf Faktorkombination: Abwanderung aus der Landwirtschaft, daher Arbeitskräfte teuer, industrielle Erzeugnisse relativ billig. Hoher Druck auf den Bodenmarkt. *Reaktion der Landwirte:* Arbeitskraft wird durch aufwendige Mechanisierung ersetzt, hoher Maschinenbestand, selbst bei kleinbetrieblicher Struktur wie in Europa.

**Kleinbetriebe.** Marktnähe zu Verdichtungsräumen und lange historische Tradition ließen kleinbetriebliche Struktur entstehen; zudem Produktionsfaktor Boden teuer und sparsam eingesetzt, dafür aber hohe Flächenproduktivität angestrebt. Dazu starker Einsatz ertragssteigender Betriebsmittel: Dünger, Pflanzenschutzmittel, Kraftfutter, Saatgut. Erträge, die zu höchsten der Welt gehören, Tendenz zur Überproduktion und Umweltbelastung.

**Milchviehwirtschaften.** Seit etwa 1850 in Zusammenhang mit der Industrialisierung Verlagerung des betrieblichen Schwergewichtes auf die Viehhaltung. Dabei hat Milchviehhaltung wegen ihrer hohen Arbeitsintensität (1 Milchkuh benötigt Arbeitsaufwand im Jahr der 3 ha Getreide gleichkommt) und damit hoher Flächenproduktivität größte Bedeutung. In der EG und in USA rd. 20% des landwirtschaftlichen Produktionswertes auf Milch und Milchprodukte.

Weitaus der größte Teil der Milchproduktion der Welt spielt sich in der gemäßigten Zone ab. Milchviehhaltung besonders geeignet für klein- und mittelbäuerlichen Familienbetrieb, der höchste Flächenproduktivität (= Rohertrag je ha) anstreben muß.

## 2.1.5 Die agrarische Nutzung im Bereich des Subpolarklimas

### 2.1.5.1 Klima und Vegetation

Januarmittel unter – 3 °C, da Frostgefährdung des Wintergetreides, vorwiegend Sommergetreide. Mäßig warme Sommer, Vegetationsperiode (= Dauer der Tagesmitteltemperatur über 5 °C = Keimtemperatur des Getreides) kurz, im S 180 Tage, im N nur 120 Tage. Niederschlag meist unter 500 mm, doch wegen niedriger Temperaturen geringe Verdunstung, daher Moore und Sümpfe (Flächenanteil in Finnland: 32%). Gebiet des *borealen Nadelwaldes* („Taiga“) mit Kiefern und Fichten, Bodenvegetation aus Moosen und Flechten. Waldgrenze, wo Julimittel von 10 °C unterschritten wird. Entspricht annähernd dem nördlichen Polarkreis (66° n. Br.).

### 2.1.5.2 Landwirtschaftliche Anpassungsstrategien

Nach N zu wird geringe Vegetationsdauer immer entscheidender. Sie bewirkt

***Hervortreten des Waldes.*** Flächenanteil in Schweden 55%, Finnland 71%. LN löst sich in einzelne Rodungsinseln auf.

***Polargrenze der Nutzpflanzen*** sukzessive erreicht, Nutzungsspielraum immer stärker eingeengt. *Beispiel* Skandinavien:

- Zuckerrübe erreicht gerade noch südschwedische Ostgötaebene

- Weizen reicht bis Mittelschweden und Südfinnland
- gegen N zu nur mehr Kartoffel und auf Kälteresistenz gezüchtete sechszeilige Gerstensorte, die mit 80 Vegetationstagen auskommt.

***Polare Futterbauzone.*** Nach N Zurücktreten des Ackerbaues, Futterbau in Form von Dauergrünland (Wiesen, Weiden) und Wechselgrünland (Wechsel von einigen Jahren Acker und Grasland). Anteil des Graslandes am Ackerland in Mittelfinnland 50–70 %, in Nordfinnland 70–90 %. Nach N zu Feldgrasjahre immer länger: In Jütland und Schonen 2 Jahre, in Nordschweden nach Kartoffel oder Gerste 4–8 Grasjahre. Marktfruchtbau somit durch Futterbau verdrängt. Infolge hohem Grünlandanteil starke Viehhaltung (80–90 % des landwirtschaftlichen Einkommens). Dabei Milchviehhaltung noch größere Bedeutung als in gemäßigten Zone. Alte Formen der Viehwirtschaft, wie die Almwirtschaft (Schweden: „fäbod", Norwegen: „seter") stark rückläufig.

## 2.1.6 Die agrarische Nutzung im Bereich des Polarklimas

Nördlich der Waldgrenze, Gebiet der „Tundra" mit Moos- und Zwergstrauchheiden. Kein Ackerbau möglich, nur extensive Rentierweidewirtschaft, in Skandinavien durch Lappen. Berglappen leben teilweise noch in halbnomadischer Form: Wanderung der Herden zwischen Sommerweiden im Küstengebiet und Winterweiden im Waldland des Inneren, aber immer stärkerer Übergang zu stationärer Rentierhaltung.

In *Skandinavien* große, vom Staat errichtete Schlachthäuser für Rentiere, Fleisch und Häute werden vom Großhandel übernommen. Mindestgröße einer Rentierherde zur Ernährung einer Familie: 200 Stück.

Seit 1900 versucht *Kanada* in Nordgebieten eine eigene Rentierhaltung aufzuziehen. Mehrere Versuche mit importierten Rentieren unter Leitung skandinavischer Lappen und später von Eskimos sind gescheitert.

## 2.1.7 Zusammenfassender Überblick über die wichtigsten räumlichen Ordnungsfaktoren landwirtschaftlicher Nutzung

Global deutliche **Anpassung der Landwirtschaft an Klima.** Zusammenfallen von Klimazonen, Vegetationszonen und Agrarzonen. Dabei Niederschläge besonders wichtiger Klimafaktor für Hauptagrargebiete der Erde, nur in subpolaren und polaren Klimaten Temperatur (Vegetationsdauer) entscheidender.

Mit zunehmender wirtschaftlicher Entwicklung sinken die Transportkosten. **Naturräumliche Unterschiede** gewinnen über komparative Kosten als Standortfaktor für die landwirtschaftliche Nutzung an Bedeutung. Großräumige regionale

*Spezialisierungsprozesse:* Spezialisierung in den Alpen auf Grünlandwirtschaft und Viehhaltung unter Aufgabe des Ackerlandes („Vergrünlandung"), Spezialisierung im Flachland auf Ackerwirtschaft unter Aufgabe der Viehhaltung („Vergetreidung"). In gleiche Richtung wirkt auch die Schaffung größerer einheitlicher Wirtschaftsräume (EG).

Starke Zusammenhänge bestehen zwischen **Landwirtschaft und Ökosystem:** Fehler der Landwirtschaft durch „Feedback-Prozesse" (= Rückwärtskoppelung, d.h. Veränderung eines Elementes wirkt auf andere Elemente zurück) des Ökosystems beantwortet. *Beispiele:* Brandrodung führt zu rascher Erschöpfung der tropischen Böden und Lateritisierung. Überweidung zu Desertifikation, Bewässerung zu Versalzung.

**Grenzen der Ökumene** gekennzeichnet durch Vereinfachung der Nutzung, Extensivierung und Viehhaltung:

- gegen die Trockengrenze zu Ranch-System und Savannenweidewirtschaft,
- gegen die Höhengrenze zu Almwirtschaft,
- gegen die Polargrenze zu Rentierweidewirtschaft.

Einzelne Klimazonen durch **unterschiedliche Faktorkombination** gekennzeichnet:

- in Trockengebieten Arbeitskraft und Kapital teuer, Boden billig, daher Großbetriebsformen, hohe Arbeitsproduktivität,
- in Gemäßigten Klimaten Boden und Arbeitskraft teuer, daher kleine Betriebe, Ersatz von Arbeitskraft durch Kapital, höchste Flächenproduktivität

## 2.2 Die Ordnung im Agrarraum nach ökonomischen Gesetzmäßigkeiten

Neben naturräumlichen Ordnungselementen spielen ökonomische Gesetzmäßigkeiten eine Rolle für die Erklärung unterschiedlicher Nutzungsmuster. Vor allem zwei Gesetzmäßigkeiten beeinflussen den Agrarraum: Das *Gesetz vom abnehmenden Ertragszuwachs* und das *Thünensche Intensitätsgesetz*.

### 2.2.1 Das Gesetz vom abnehmenden Ertragszuwachs

Mit steigendem Aufwand je Flächeneinheit (z.B. Handelsdüngereinsatz je ha) steigt Rohertrag zunächst steil an. Rohertragskurve verflacht aber dann immer mehr bis jeder Mehraufwand keinen Ertragszuwachs mehr bringt, sondern u.U. sogar einen Ertragsabfall (z.B. durch Überdüngung). Reinertrag als Differenz zwischen Aufwand und Ertrag nimmt zunächst ebenfalls rasch zu, verflacht aber bald und geht, sobald Aufwand den Rohertrag übersteigt, in einen Verlust über (Abb. 4).

Ökonomisch entscheidend ist somit nicht so sehr die *Nutzungsintensität* (= Höhe des Rohertrages), sondern die *Landrente* (= Reinertrag). Daraus erklärt sich, daß

- Gebiete, in denen Rohertrag und Betriebsaufwand sehr hoch liegen, vielfach bereits einen verkleinerten Reinertrag aufweisen. Hinsichtlich Betriebseinkommen können sie jenen Ländern unterlegen sein, die bei geringem Rohertrag und geringem Aufwand eine hohe Landrente erzielen (*Beispiel:* Europäische Intensivlandwirtschaft – amerikanische Extensivlandwirtschaft).
- Zwischen den einzelnen Betriebszweigen besteht je nach dem erzielbaren Reinertrag eine Konkurrenz. Besonders in Räumen mit ungünstigen natürlichen Voraussetzungen sichtbar, Nutzung muß dort aufhören, wo eine andere höheren Reinertrag bringt. So liegt die äußere Grenze des Getreidebaues im Trockenfarmsystem nicht bei der absoluten Trockengrenze des Getreides, sondern dort, wo die noch extensivere Rinderweidewirtschaft einen höheren Reingewinn abwirft.

### 2.2.2 „Thünens Ringe“ – die räumliche Ordnung der Landwirtschaft um einen zentralen Markt

JOHANN HEINRICH VON THÜNEN war Gutsbesitzer, entdeckte bei Fahrten von seinem Gutsbetrieb zum zentralen Markt charakteristische Anordnungen der agraren Nutzung. In seinem grundlegenden Werk „Der isolierte Staat in Beziehung auf Landwirtschaft und Nationalökonomie“ hat THÜNEN um 1830 eine der wichtigsten räumlichen Standorttheorien aufgestellt und die Agrargeographie zu zahlreichen Untersuchungen angeregt.

Unter bestimmten Prämissen (z. B. homogene Fläche, d. h. eine Fläche mit gleichartigen Voraussetzungen, konzentrierte Nachfrage, lineare Transportkosten, Profitorientierung der Landwirte) entstehen um einen Markt Zonen unterschiedlicher landwirtschaftlicher Nutzung (Thünensche Ringe). Am Marktort hat jedes Gut einen unterschiedlichen Marktpreis, der durch Angebot und Nachfrage bestimmt wird. Marktpreis aus 2 Komponenten: Produktionskosten und „Standortrente“ (= Gewinn). In Standortrente aber auch Transportkosten enthalten, steigen mit zunehmender Entfernung des Erzeugers vom Markt und belasten so den Gewinn. Es ergibt sich mit Marktentfernung eine **Standortrentenkurve bzw. -linie**. Ihre Neigung ist abhängig von Höhe der Transportkosten. Wo Standortrentenlinie die Produktionskosten schneidet ist kein Gewinn mehr erzielbar: Landwirt wird dieses Gut nicht mehr erzeugen. Jedes Gut hat unterschiedlichen Marktpreis, Produktions- und Transportkosten (z. B. Milch, Getreide, Fleisch). Landwirt entscheidet sich in jeder Entfernung vom Markt zur Produktion jenes Gutes, das höchsten Gewinn abwirft. Es entstehen Zonen unterschiedlicher Nutzung, etwa Milch- und Gemüseproduktion in Marktnähe, Getreide- und Fleischproduktion in größerer Entfernung. (Abb. 4).

THÜNENS Theorie wurde um 1830 noch vor dem Bahnbau konzipiert, in einer Periode extrem hoher Transportkosten. Seither Transportkosten wesentlich

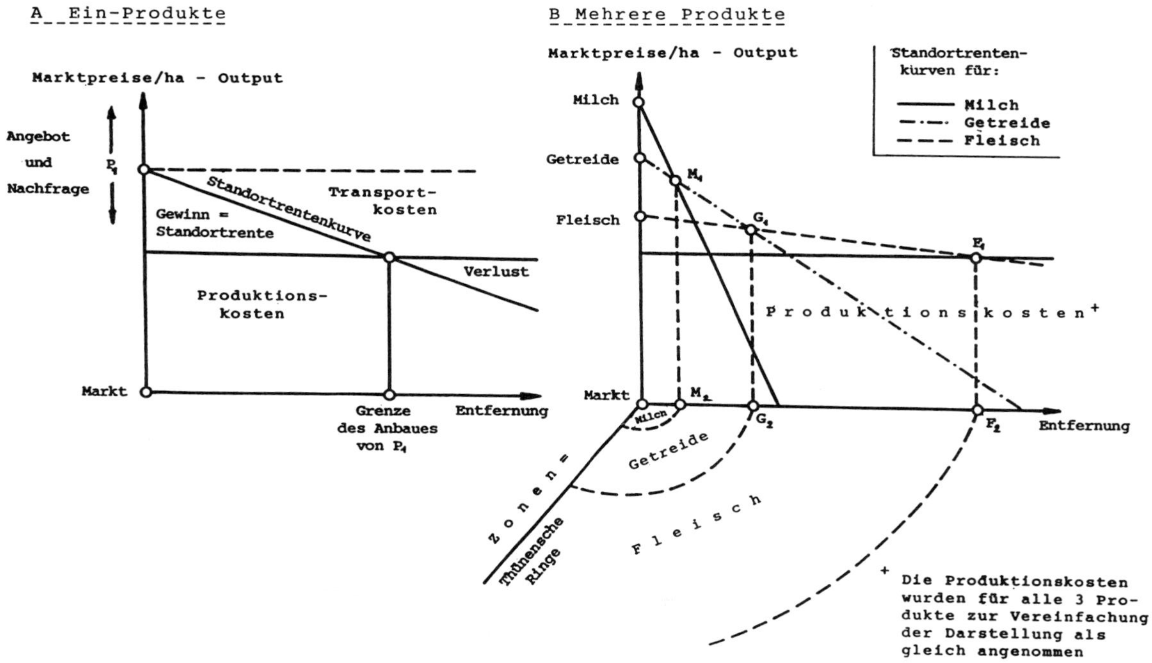


***Abb. 4:*** *Die räumliche Bedeutung der Landwirtschaft um einen Zentralen Markt*

gesenkt, zudem Prämisse der homogenen Fläche realitätsfremd. Dennoch ist seine Theorie auch heute noch für zahlreiche räumliche Ordnungsmuster als Erklärungsansatz verwendbar, z. B.

- Ordnung der agraren Nutzung um einen alleinstehenden Bauernhof oder ein Dorf: Zone der hausnahen Gemüse- Obst- und Blumengärten – Zone intensiver Portionsweide (= durch Zäune in kleine Teilflächen abgeteilte Weide, die vom Vieh abwechselnd beweidet werden. Dadurch wird eine bessere Futterausnutzung erreicht) und Wiesennutzung – Zone der Ackernutzung – Wald.
- Anordnung vom intensiven Glashauskulturen zur Gemüse- und Schnittblumenerzeugung in innersten Ring unmittelbar an Stadträndern. Z. B. im Südosten von Wien, in Simmering, bedeutendstes österreichisches Glashausgebiet, trotz höchster Bodenpreise und starkem Verdrängungsdruck, Rest eines einst viel geschlosseneren Gemüseringes um die Stadt.
- Weltweit kann die intensive Landwirtschaft, die um alle Kernräume der Erde entstanden ist, ebenfalls als innerster Thünenscher Ring gedeutet werden: Hochintensive Veredelungsproduktion mit besonderer Betonung der Milchwirtschaft, Obst- und Gemüsekulturen sowohl in Mittel- und Nordwesteuropa als auch im Manufacturing Belt Nordamerikas. An der globalen Peripherie dagegen die extensiven Nutzungsformen, wie Getreideproduktion und Fleischerzeugung bzw. Erzeugung von Häuten und Wolle.

## 2.3 Historische und gesellschaftspolitische Ordnungsprinzipien: Die Hauptagrarräume in vergleichender Darstellung

Neben den naturräumlichen und ökonomischen Faktoren wird die Landwirtschaft auch von historischen, politischen und sozialkulturellen Rahmenbedingungen wesentlich beeinflußt.

## 2.3.1 Agrarische Typräume

### 2.3.1.1 Typus der jung kolonisierten, europäisch besiedelten Überseegebiete

Dazu gehören Länder, wie die USA und Kanada, große Teile Lateinamerikas, Australien, Neuseeland. Für alle Länder dieses Typs sind folgende Merkmale, die am Beispiel des wichtigsten Agrarlandes, der USA, aufgezeigt werden sollen, mehr oder minder stark charakteristisch:

***Fehlen der historischen Belastung der Agrarstruktur***

Großteil der Länder erst im 19. Jh. besiedelt. Einheimische Bevölkerung zumeist auf Sozial- und Wirtschaftsstufe der Wildbeuter, Fischer und Sammler hatte

Naturlandschaft kaum beeinflußt, eine Fixierung von Formalstrukturen der Landwirtschaft (z. B. Parzellengefüge, Wegenetz) fehlte. Die europäische Besiedlung konnte historisch unbelastete Strukturen schaffen: In der Regel in streng schematischer Form, da die Landvermessung meist der Besiedlung vorausging. Flureinteilung an das von der Vermessung geschaffene Gitternetz angepaßt, daher überwiegen rechteckige und quadratische, streng schematische Einödblockfluren mit Einzelhöfen.

*Typisch dafür USA:* 1785 wurde das damals noch unbesiedelte Land zur „public domain" erklärt und vermessen, dann an Siedler verteilt. Grundlage dabei waren quadratische „townships" von 36 Quadratmeilen, geteilt in 36 „sections" von je einer Quadratmeile. Öffentliche Wege schnurgerade längs der Sektionsgrenzen, die 16. Sektion jeweils freigehalten für kommunale Einrichtungen (Schule, Kirche). Dieses „township-System" umfaßt alles Land westl. der Appalachen, d. h. rund 3/4 der Gesamtfläche der USA. Ähnliche schematische Einödfluren auch in Südafrika, Australien, Neuseeland und bei den neuzeitlichen Staatskolonisationen in Südamerika.

***Regionale Produktionsspezialisierung***

Weitgehende Spezialisierung der Betriebe, aber auch ganzer Regionen auf ein oder einige wenige Betriebszweige. Gründe dafür sind:

a) Landnahme fällt in Periode, als moderne Transportsysteme (Bahn, Schiff) Anschluß an weit entfernte Absatzmärkte eröffnen. Damit meist nur kurzfristiger Pioniersaum von Selbstversorgerwirtschaften, der spätestens in ein bis zwei Generationen durch marktorientierte Produktion überwunden wurde. Es fehlt dort die lange Tradition der relativen Selbstgenügsamkeit der europäischen Landwirtschaft.

b) durch die Größe der Binnenmärkte dieser Länder gewinnen komparative Kostenvorteile des Naturraums (Klima- und Bodenunterschiede) viel stärker an Bedeutung als im kleingekammerten und politisch zersplitterten Europa. In einem Gebiet wurden nur jene Produktionszweige entwickelt, die mit den geringsten Produktions- und Vermarktungskosten erzeugt werden konnten.

In den USA Ausbildung von **Agrargürtel („belts")**, Zonen mit hoher Produktionsspezialisierung:

- im kühl-feuchten Klima des NE und zudem in Nähe der stärksten Bevölkerungsballung der USA **Milchwirtschaftsgürtel** („dairy belt"): 40 % des amerikanischen Kuhbestandes, Familienbetriebe mit 60–80 ha und 15–30 Milchkühe
- Südlich anschließend bis zum Flußbogen von Ohio und Missouri der **Maisgürtel** („corn belt"). Ackerbau begünstigt durch humusreiche, auf Löß entstandene Schwarzerden, hohe Sommertemperaturen und ausreichend Niederschlag. Heute noch mehr als Hälfte der amerikanischen Maisproduktion. USA weitaus größte Maisproduzent der Erde (1987: 40 % der Weltproduktion). Daneben seit 2. Weltkrieg Sojabohnenanbau, innerhalb weniger Jahre überrundete USA den führenden Produzenten, die VR-China, und wurde weltbedeutendster Erzeuger (57 % der Weltproduktion, 1986). Auf der Basis Mais und Sojabohne starke Rinder- und Schweinemast. Maisgürtel ist wertvollstes Agrarge-

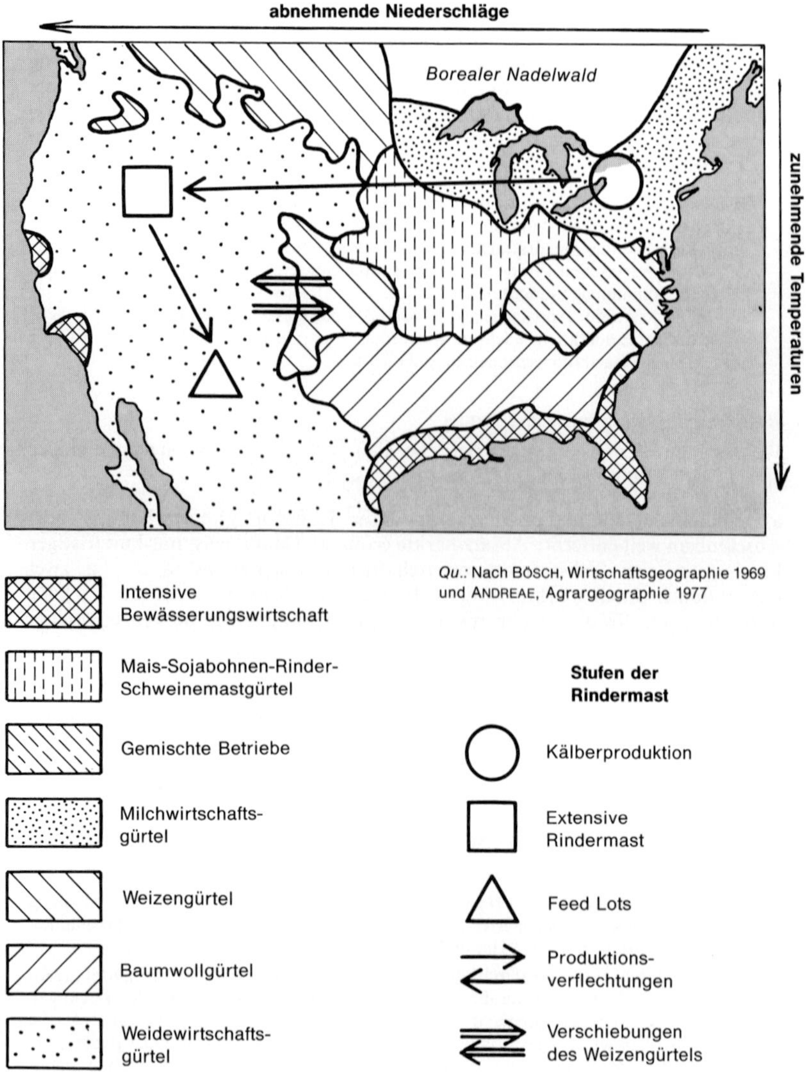


*Qu.*: Nach BÖSCH, Wirtschaftsgeographie 1969 und ANDREAE, Agrargeographie 1977

***Abb. 5:*** *Die Belts der USA*

biet der USA, höchste Bodenwerte, höchste Maschinen- und Gebäudekapital, höchste Flächenproduktivität.

- Im S **Baumwollgürtel** („cotton belt“). Im 19. Jh. Erfindung der Baumwollentkörnungsmaschine („cotton gin“) und rasche Marktexpansion in USA und Europa. Starke Zunahme des Baumwollanbaues, zunächst v. a. im Piedmont der Appalachen. Hier im Hügelland Baumwolle in Monokultur, Böden bald erschöpft, durch Erosion zerstörte Flächen mußten aufgegeben werden. Ausdehnung der Baumwollkultur nach W. Baumwollanbau spielte in Agrar- und Sozialstruktur der Südstaaten historisch eine bestimmende Rolle. Um 1930 maximale Flächenausdehnung von 17 Mio ha oder rund 16 % der Ackerfläche des cotton belt. Seither starker Rückgang auf unter 4 Mio ha (1975) und Verlagerung in Trockengebiete im SW, wo Baumwolle nur noch mit Bewässerung kultiviert werden kann, allerdings höhere Erträge.
- **Weizengürtel** („wheat belt“) im Gebiet der Great Plains (Kansas, Nebraska, Dakotas), ferner in Montana und Columbiabecken. Großbetriebe mit Weizenmonokultur, durchschnittlich 400–700 ha, zumeist Trockenfarmsystem. Verbreitet Typus des Kofferfarmers da bei Weizen nur kurze Zeit im Jahr Arbeit anfällt: Farmer haben mehrere Weizenfarmen vom Süden bis Norden, so daß Pflegearbeiten und Ernten zeitlich unterschiedlich.
- **Weidewirtschaftsgürtel** („ranching belt“) in Intermountain States zwischen den Rocky Mountains und dem Küstengebirge (Sa. Nevada, Kaskadengebirge). Extrem geringe Niederschläge, daher nur extensive Weidewirtschaft („ranch-System“), Aufzucht von Magervieh (Einstellrinder) und Schafhaltung. Vielfach Formen der Transhumanz (= Fernweidewirtschaft, 1→ 2.1.2.2). Betriebe rd. 2000 ha, da teilweise mehr als 30 ha je Rind notwendig.
- **Intensivlandwirtschaftsgürtel.** In Florida, Golfküste, Küste Kaliforniens und im Kalifornischen Längstal. Starke Bewässerungskulturen, höchste Flächenintensität, Obst- und Gemüsebau, Weinbau, Zuckerrohr, Reis. Kalifornien wichtigster agrarischer Produzent der USA mit einem Viertel des Produktionswertes der in den USA verbrauchten Nahrungsmittel.

Belts in den USA machen allerdings heute Diversifizierungsprozeß durch, z. B. Diversifizierung des corn belt durch Aufnahme neuer Produktionsrichtungen oder Zerfall des cotton belt (Abb. 5). Trend entgegengesetzt zu Europa, wo stärker Spezialisierung.

### *Kommerzialisierung der Landwirtschaft*

Landwirtschaft als Renditeobjekt, Vordringen von Großunternehmen, außerordentliche Bedeutung des Marktes, Agroindustrie.

Zwar nach wie vor Familienbetrieb das Rückgrat der amerikanischen Landwirtschaft, aber: rd. 10 % der LN bereits von industriell organisierten, von Managern geleiteten Großbetrieben beherrscht. Eindringen von Kapitalgesellschaften besonders stark in einzelnen Betriebszweigen:

- in **Geflügelhaltung**, wo Vertragslandwirtschaft heute Regel. Produktion durch Kontrakte zwischen Großfirmen und Farmern. Anlageinvestitionen und Futter von Firmen finanziert, Landwirt bringt Arbeitsleistung ein, muß nach Weisungen der Firmen arbeiten.

– **Rindermast.** Errichtung riesiger Mastbetriebe („feedlots“), Kapital von Kapitalgesellschaften, die durch hohe Renditen angelockt. Jahresproduktion über 4000 Mastrinder je Betrieb, die größten über 100000 (*Vergleich*: Österreich erzeugt rd. 400000 Mastrinder p.a.). Diese feedlots sind „Mastfabriken“: In Trockengebieten im SW (Texas, Nebraska, Colorado) mit Haltung im Freien, weitgehend automatisiert, Futter wird aus feuchteren Gebieten zugekauft.

### *Flexibilität der Agrarstruktur*

Starke Flexibilität zeigt sich v.a. in 2 Bereichen:

1) **Betriebsgrößenentwicklung.** Rasche Abnahme der landwirtschaftlichen Arbeitskräfte mit durchschnittlich 3% p.a., wie in Europa. Die Abnahme der Betriebszahl ebenso 3% p.a. ist aber wesentlich höher als in Europa. Daher rasche Veränderung der Betriebsgrößenstruktur durch Aufstockung. Durchschnittliche Betriebsgröße in USA 1930: 57 ha, 1985: 185 ha.

2) **Schwankungen der Anbaufläche.** Veränderungen in der Preisstruktur und Wettbewerbsrelationen führen zu großräumigen Schwankungen der landwirtschaftlichen Nutzung. Während und nach dem 1. Weltkrieg hohe Getreidepreise, daher Ausdehnung des Weizenanbaues in trockene Gebiete des Weidewirtschaftsgürtels im W. Mehr als 30 Mio ha umgebrochen. Nach einigen Jahren schwere Rückschläge durch Bodenerosion und Deflation (Windauswehung). Entstehen der „dust bowl“ in Oklahoma. Bei zugleich fallenden Preisen großflächiger Rückzug des Ackerbaues in besser beregnete Gebiete im E. Während des 2. Weltkrieges und im Koreakrieg neuer Vorstoß nach W. Seit 1955 auf Grund staatlicher Interventionen Flächen von halber Größe Frankreichs aus der Produktion genommen, „Subventionsbranche“.

### *Überschußproduktion*

Länder dieser Gruppe sind durchweg landwirtschaftliche Überschußproduzenten. USA ist mit einem Anteil von 20% der agraren Weltexporte der Erde größtes Agrarexportland. Rd. 1/3 des Exportwertes des Industrielandes USA entfallen auf landwirtschaftliche Güter! Daher Öffnung des europäischen Marktes für amerikanische Agrarprodukte so wichtig. Auf alle Länder dieses Typs zusammen fallen rd. 32% des Exportwertes der agrarischen Welthandelsgüter: Bei Weizen, Mais, Fleisch haben sie weltwirtschaftlich eine beherrschende Rolle.

Immer stärker wird die Abhängigkeit der Entwicklungs- und Planwirtschaftsländer von den Getreideernten dieser Staaten, teilweise wird sie machtpolitisch eingesetzt („food power“), z.B. gegenüber der SU. In diesen Dimensionen gewinnt Landwirtschaft eine Bedeutung, die weit über ihren geringen Beitrag zum BNP (z.B. USA 3%) oder zur Beschäftigung hinausgeht.

### 2.3.1.2 Typus der traditionellen Altsiedelräume mit historischer Belastung der Agrarstruktur und industrieller Entwicklung

Kulturlandschaftliche Entwicklung reicht sehr weit zurück. Viele Elemente der Agrarlandschaft (Wegenetz, Dorf- und Hofformen, Parzellengefüge usw.) wurden während der mittelalterlichen Kolonisationsperiode fixiert und fast unverändert bis heute übernommen. Ein Großteil der Probleme dieser Räume geht auf die historische Belastung der Agrarstruktur zurück.

***Traditionelle Flurformen und Siedlungsformen***

Heutige Agrarlandschaft großer Teile Europas und Japans trägt Formalstrukturen, die zum Zeitpunkt ihrer Entstehung funktionsgerecht waren, infolge der geänderten Wirtschaftsvoraussetzungen aber antiquiert erscheinen und ein Hemmnis darstellen. Typisch dafür die Gewannflur mit durch laufende Teilung entstandenen, wenige Meter breiten Riemenparzellen (= lange, schmale Felder). Charakteristische Flurform der europäischen Ebenen, verbunden mit Sammelsiedlungen. Zum Zeitpunkt der Entstehung optimal: Von Ochsen gezogener Pflug konnte ohne Wenden lange Strecken bearbeiten, für neue Großtechnik (z. B. Breitmähdrescher) aber hinderlich. Optimale (quadratische, rechteckige, möglichst schematische) Flurformen können nur durch aufwendige *Flurbereinigung* (*Kommassierung*, Grundstückszusammenlegung) erreicht werden.

***Enge Dorflagen***

Enge Sammelsiedlungen mit schmalen, auf langgestreckten Parzellen erbauten Höfen (z. B. Streck- und Hakenhöfe) bringen großen Zeit-Wegeaufwand für Fahrt zu den Feldern, behindern Manipulation mit Großmaschinen, verhindern Ausbau und Erweiterung der Gehöfte. Daher vielfach zusammen mit Kommassierung Anlage von Aussiedlerhöfen, d. h. Minimierung der Hof-Feld-Entfernung durch Neubau inmitten der Wirtschaftsfläche, Erhöhung der Kosten für Ver- und Entsorgungsinfrastruktur (Strom, Wasser, Abwasser) und für Wegenetz.

***Unzureichende Betriebsgrößen***

Hohe Bevölkerungsdichte, jahrhundertelange Entwicklung von Erbteilung und Grundstücksverkauf führten zu Überwiegen klein- und mittelbäuerliche Betriebe (Kleinbauern = 2–5 ha, Mittelbauern 5–20 ha).

Anteil der Betriebe unter 20 ha Betriebsgröße beträgt in Europa zwischen 80 % (z. B. Österreich) und 95 % (z. B. Finnland) der Gesamtbetriebe. Die durchschnittliche Betriebsgröße liegt in der EG bei 16 ha LN, am geringsten in Italien (8 ha), am größten in Großbritannien (60 ha), in der BRD (bis 1990) 13 ha, in Österreich 10 ha (dazu 11 ha Wald). Dagegen in USA 180 ha, in SU 6000 (Kolchosen) bis 28000 ha (Sowchosen).

Betriebsgröße ist einer der wichtigsten Steuerungsfaktoren der Landwirtschaft, weil mit zunehmender Betriebsgröße

- *Mechanisierungseffekt* in maschinenfähigen Lagen ansteigt. Bessere Auslastung des Maschinenkapitals mit seinen hohen Festen Kosten, dadurch Senken der Stückkosten je größer die Zahl der produzierten Einheiten („Fixkostendegression, Skaleneffekte oder economies of scale").
- *Nutzungsintensität* und damit die Flächenproduktivität abnehmen, während vielfach die Arbeitsproduktivität ansteigt
- das *landwirtschaftliche Einkommen je Arbeitskraft* ansteigt. Kleine Betriebsgrößen sind wesentliche Voraussetzung für unbefriedigende landwirtschaftliche Einkommenssituation. Einkommensdisparität zwischen Industriearbeiterlohn und Betriebseinkommen je Arbeitskraft. Dabei Unterscheidung zwischen

  a) *äußerer Einkommensdisparität* zwischen Industriearbeiter und Landwirtschaft

  b) *agrarinterner Einkommensdisparität* zwischen Flachlandbetrieben und Bergbauernbetrieben. Österreichische Bergbauernbetriebe 1987 landw. Einkommen je Familienarbeitskraft von 96000 ö.S. (rd. 12000 DM), d.s. 45 % des Einkommens der Betriebe der Ackerwirtschaften des „Nordöstlichen Flach- und Hügellandes" (Marchfeld, Weinviertel).

***Geringe Flexibilität der Agrarstruktur***

Entwicklung der europäischen Landwirtschaft geht viel zu langsam in Richtung zu größeren Betrieben. Möglichkeiten der Betriebsaufstockung ist im Gegensatz zu USA gering.

- zwar Abnahme der landwirtschaftlichen Arbeitskräfte auch in Europa rd. 3 % p.a.,
- aber kaum mit Betriebsauflassungen verbunden, Betriebsabnahme nur 1 % p.a.

***Bedeutung des Pachtwesens***

Zupachtung von Flächen viel häufiger als Kauf, da hohe Bodenpreise den Weg über den Bodenmarkt behindern. Große Bedeutung der Pachtflächen in NW-Europa: Pachtlandanteil an Gesamt-LN in Großbritannien 45 %, Niederlande 53 %, Frankreich 50 %, Belgien und Luxemburg 68 %.

Dagegen in Skandinavien nach Agrarreformen fast nur mehr Eigenbesitz. Pachtlandanteil in Dänemark 7 %, Norwegen 10 %, nur in Schweden 40 %. Auch in Finnland ursprünglich hohe Anteile von Pachtflächen (1860: 60 % aller Betriebe), heute Pachtflächenanteil nur 7 %. Relativ gering auch in der BRD (bis 1990) 15 % und Schweiz 25 %.

In Südeuropa teilweise drückende Pachtbedingungen, wie Teilpacht in Italien.

Großgrundbesitzer verpachtet sein Land an Großpächter, der es aufgeteilt an Kleinpächter weitergibt. Teilweise sogar unterschiedliche Nutzungen ein und derselben Parzelle an verschiedene Pächter vergeben z. B. je ein Pächter hat Baumkultur, Getreide- und Viehnutzung einer Parzelle. Pacht hier institutionalisiert und wesentlicher Bestandteil rentenkapitalistischer Verhältnisse. Pachtzeiten sehr kurz, 1/3 bis 3/4 der Ernte müssen als Naturalpacht abgegeben werden. Pächter muß gesamte Ernterisiko und Investitionen allein tragen, wirtschaftet kapitalarm, weder Eigentümer, noch Großpächter oder Kleinpächter tätigen wesentliche produktive Investitionen.

***Probleme des Bergbauernraumes***

Agrarwirtschaftlich Bergbauerngebiet heute Belastung, da Produkte des Bergbauernraumes (Milch, Fleisch, Holz) in Ebene und Hügelländern viel kostengünstiger erzeugt werden können. Relikt der hochmittelalterlichen Kolonisationsperiode, damals Bergbauernraum wichtige Ergänzungsfunktion (z. B. Erzeugung von Milchprodukten). Agrarwirtschaftliches Problem v. a. dadurch, daß Mechanisierung nur bedingt möglich. Substitution (Ersetzen) von teuerer Arbeitskraft durch relativ billiges Kapital hier somit erschwert. Problem betrifft alle Berggebiete Europas, in besonderer Weise aber alpinen Raum: (Schweiz 59 % der Fläche entfallen auf Alpen, Österreich: 75 %). Österreich hat rd. 117000 Bergbauernbetriebe (1987), rd. 1/3 der landwirtschaftlichen Betriebe.

Bergbauernraum hat aber wichtige außerlandwirtschaftliche Funktionen: Offenhalten der Landschaft, Landschaftspflege, Fremdenverkehrsnutzung.

### 2.3.1.3 Typus der revolutionär umgeformten traditionellen Agrarräume – die Landwirtschaft der Planwirtschaftsländer

Historische Belastung der Agrarstruktur ursprünglich größer als im westlichen Europa: In Rußland vor 1918 gehörte fast die Hälfte des Ackerlandes der Zarenfamilie, den Klöstern und rd. 30000 Gutsherren, weitere 20 % den Kulaken (Großbauern) und der Rest verteilte sich auf Kleinstbesitz von rd. 17 Mio. Bauern.

Nach Bauernbefreiung von 1861 rascher Prozeß der Betriebszersplitterung, da Eigentum an Grund und Boden der Dorfgemeinschaft (Mir) gehörte und alle 1–15 Jahre jeweils nach Kopfzahl an Familien neu verteilt wurde. Hohe Fruchtbarkeit führte zu raschem Absinken der Betriebsgrößen. Historische Belastung wurde allerdings durch revolutionären Prozeß überwunden. In allen Staates des RGW in zwei zeitlich aufeinanderfolgenden Phasen

a) **Phase der Agrarreform:** Zuerst Enteignung des Großgrundbesitzes und Aufteilung des Bodens an Klein- und Mittelbetriebe

b) **Phase der Kollektivierung:** Dann teilweise gewaltsamer Zusammenschluß der Bauern zu Kollektivwirtschaften, z. B. in der SU (1928–33). Entstehen großer Blockfluren.

Damit für alle Staaten des RGW andere Voraussetzungen der Agrarlandschaft als für westliche Industrieländer. Die seit 1989 eingetretenen gesellschaftspolitischen Veränderungen bringen auch Veränderungen in Richtung einer nach marktwirtschaftlichen Prinzipien produzierenden Landwirtschaft.

Diese Entwicklung verläuft in den einzelnen Ländern noch sehr unterschiedlich, ist v.a. in der SU noch nicht klar erkennbar. Mit Ausnahme von Ländern mit einer auch während des Kommunismus beibehaltenen gewissen kleinbäuerlichen Tradition (Polen, Jugoslawien) ist allerdings eine massive Rückkehr zum mittelbäuerlichen Familienbetrieb unwahrscheinlich, bestehende Großbetriebsformen werden mit gewissen Veränderungen erhalten bleiben.

### *Neue Organisationsformen der Landwirtschaft*

In allen Staaten 3 betriebliche Organisationsformen:

1) **Kolchosen oder Landwirtschaftliche Produktionsgenossenschaften (LPG).** Kollektivwirtschaften, die durch Zusammenlegung von Betrieben entstanden sind, Produktionsmittel gehören den „Kolchosniki". In SU rd. 26000 Kolchosen (1985, Statesmans Yearbook 1987–88) mit 30 % der LN. Eine Kolchose im Mittel 3500 ha und 490 Beschäftigte (1984), Kolchosen v. a. im dichtbevölkerten Altsiedelraum.

2) **Sowchosen oder Staatsgüter.** Staatliche Großbetriebe, das Land gehört dem Staat, von Landarbeitern bewirtschaftet, erhalten Löhne wie Industriearbeiter. Zumeist Neugründungen auf kaum besiedelten Neuland, daher v. a. im Steppengebiet und in Sibirien, wo sie teilweise Pionierfunktion haben. Hier wird hohes Produktionsrisiko vom Staat getragen. Daneben gibt es Staatsgüter auch in Nähe der Ballungszentren zur Nahversorgung. Rd. 23000 Staatsfarmen mit 70 % der LN, durchschnittliche Fläche rd. 5000 ha.

3) **Hoflandwirtschaften.** Privates Nebenerwerbsland der Kolchosniki und Sowchosarbeiter. Staat erlaubte bis zu den jüngsten Veränderungen seit 1989 nur begrenztes Privateigentum: Im Mittel 0,5 ha, eine Kuh, 2 Stück Jungvieh, ein Schwein. Obwohl auf sie nur 0,4 % der LN kommen, werden sie intensiv bewirtschaftet und erzeugen daher wesentlichen Teil der viehwirtschaftlichen Produktion, der Kartoffeln und des Gemüses.

### *Wenig produktive Landwirtschaft*

Typisch für Probleme der sowjetischen Landwirtschaft ist Entwicklung der Getreideproduktion (Abb. 6). Generell steigender Trend, aber stark schwankende Erträge und alle 2–5 Jahre Mißernten. Landwirtschaft ist die Achillesferse der sowjetischen Wirtschaft mit Rückwirkungen auf Gesamtwirtschaft und Politik.

1964 Chrushtschow nach schweren Mißernte von 1963 gestürzt, teilweise Mißlingen des großen Neulandprogrammes. Weitere Mißernten 1965 und 1972. Da ausreichende Devisen in harten Währungen fehlen, muß Sowjetunion jedes Mal umfangreiche Edelmetallverkäu-

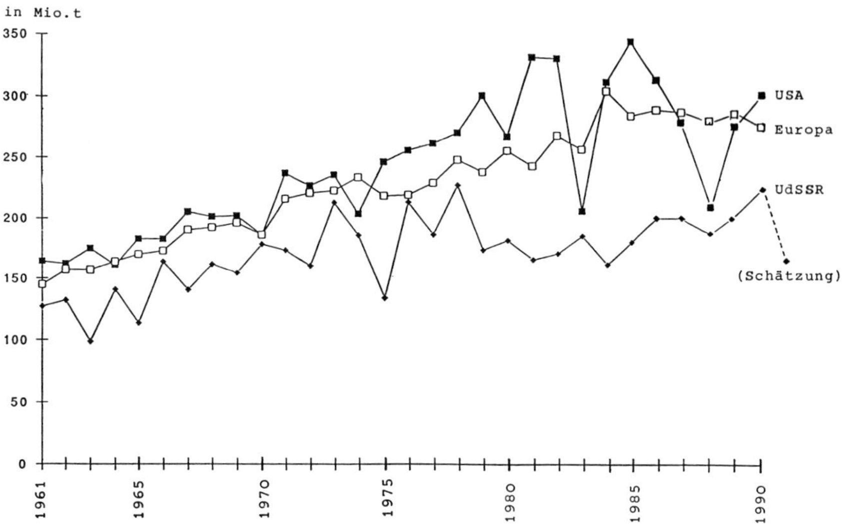


*Qu.:* FAO Produktion Yearbook, Bd. 44, 1990

***Abb. 6:*** *Die Entwicklung der Getreideernten in der UdSSR, den USA und in Europa*

fe vornehmen, um Getreide z. B. von den USA zu kaufen. 1973 Landwirtschaftsminister Maskewitsch durch Agrarfachmann Pojanski ersetzt. *Neues Konzept:* Lieferung von 60000 modernen Mähdreschern und großen Mengen Handelsdünger an Kolchosen. 2-3fache Steigerung der landw. Produktion durch umfangreiche Neulandgewinnungs- und Meliorationsarbeiten im Nichtschwarzerdegürtel geplant. *Aber:* 1975 katastrophale Mißernte, Sowjetunion zu Vertrag mit USA über 5jährige Getreidelieferungen gezwungen. Am 25. Parteitag der KPdSU 1976 wird Pojanski als Sündenbock des Erntedesasters abgelöst und aus Politbüro ausgeschlossen. Auch unter Gorbatschow Versorgung der Bevölkerung mit landwirtschaftlichen Produkten entscheidend für Gelingen der Perestroika.

SU hat nicht nur extrem starke Produktionsschwankungen, sondern auch ha-Erträge, die unter dem der Entwicklungsländer: Bei Weizen nur 15 dt/ha (dt = Dezitonnen = 100 kg), dagegen Entwicklungsländer 20 dt/ha, Nordamerika: 23, Europa über 40 dt/ha. Seit rd. 30 Jahren Erträge in SU kaum angestiegen (1949–53 8 dt/ha, 1974–76: 14 dt Weizen je ha). Getreideerträge heute so hoch, wie in Europa um 1900!

*Versuche zur Produktionssteigerung*

Sowjetunion versuchte sowohl Intensivierungsstrategie als auch Extensivierung um höhere Getreideerträge zu erlangen.

a) **Intensivierungsstrategie:** Einführung des ***Feldgrasbaues*** (Trawopolnajasystem) in die Getreiderotation. *Ziel:* Erhöhung der Bodenfruchtbarkeit, Hebung der Viehwirtschaft. U. a. wegen Fehlen von geeignetem Grassamen wieder aufgegeben.

Ebenso Versuch der Beeinflussung des Bodenklimas durch Anlage von ***Windschutzgürteln*** zwischen Ural, Wolga und Don seit 1954. *Ziel:* Erhaltung des Grundwasserspiegels, Schutz vor Winderosion, Herabsetzung der Verdunstung durch Abbremsen der Windgeschwindigkeit, bessere Durchfeuchtung durch Verzögerung der Schneeschmelze. Ertragssteigerung von 2–3 dt/ha, aber in keinem Verhältnis zum Aufwand.

Erstmals unter Gorbatschow Versuche der Ertragssteigerung durch organisatorische Änderungen: Mehr privatwirtschaftliche Spielräume.

b) **Extensivierungsstrategie** (= Ausweitung der Anbauflächen). 1954 Beginn des ***Neulandprogrammes*** östlich der unteren Wolga mit Schwerpunkt in den Steppen Kasachstans. Damit Agrarkolonisation in Gebiete vorgetragen, in denen Niederschlag unter 500 mm. In ersten 3 Jahren mit Nutzbarmachung von 33 Mio ha Ackerland (= rd. Vierfache Ackerfläche der Bundesrep. Deutschland) spektakuläre Erfolge. Dafür feuchtere Gebiete, wie die Ukraine vom Getreidebau entlastet und dort mehr Viehhaltung, Hackfrüchte und Sonderkulturen. Vorstoß des Getreidebaus in semiaride Gebiete ähnlich wie in USA in der Zwischenkriegszeit, auch ähnliche *Folgen:* Nach mehreren Jahren schwere Rückschläge durch Mißernten, Bodenerosion und -deflation. 1963 daher abgebrochen.

Durch Neulandprogramm Getreidefläche zwar wesentlich erweitert, aber auch Hypothek regelmäßig wiederkehrender Mißernten durch Trockenheit vergrößert. Wirkt sich auf Gesamtproduktion aus, da Getreideproduktion aus Neulandgebieten bereits rd. 40 %. Heute werden diese neu gewonnenen Flächen teilweise wieder aus der Produktion genommen oder bodenschonende Rotationen und Trockenfarm-Methoden eingeführt.

***Zu große Betriebe, unzureichende Kapitalausstattung und Organisationsfehler***

Schwierigkeiten der sowjetischen Landwirtschaft lassen sich auf ein ganzes Problemsyndrom zurückführen, aus dem 3 Hauptprobleme herausgegriffen werden.

1) **Ungünstige natürliche Voraussetzungen.** Ungünstige Klima- und Bodenverhältnisse in viel stärkerem Maße als in der USA.

- Kältegrenze im N, Trockengrenze im S, gegen E zunehmende Kontinentalität (kurze Vegetationsperiode, lange kalte Winter) begrenzen Landwirtschaft auf

großes Agrardreieck Ostsee-Schwarzes Meer-Irkutsk am Baikalsee. Rd. 15% des Landes sind Tundra, weitere 10% Wüsten.
- Podsol- und Dauerfrostboden nehmen fast die Hälfte der Landesfläche ein. Fruchtbare Schwarzerde (Tschernosem) deckt nur 12%.

Daher in SU nur 27% der Fläche landwirtschaftlich genutzt, in USA und Europa fast 50%. Auf Ackerland in SU rd. 38% der LN, in USA 45%, in Europa 61%.

2) **Übergroße Betriebe.** Obwohl auch in Landwirtschaft „Skaleneffekte" dem Großbetrieb ökonomische Vorteile verleihen, so sind doch die sowjetischen Kolchosen und Sowchosen zu groß, insbesondere für eine intensive Bewirtschaftung und organisatorisch zu schwerfällig. Seit etwa 1960 Vergrößerung der Betriebe gestoppt. Teilweise Sowchosen verkleinert, um sie leichter organisierbar zu machen.

3) **Unzureichende Kapitalausstattung.** Bis etwa 1950 Landwirtschaft gegenüber anderen Wirtschaftsektoren stark benachteiligt. Obwohl aus der Landwirtschaft ständig Arbeitskräfte freigesetzt werden (Agrarquote an Gesamtbeschäftigten 1939: 50%, 1959: 39%, 1974: 25%, 1986: 19%), wurde Aufbau der Schwerindustrie auf Kosten der Kapitalausstattung der Landwirtschaft betrieben. Anders als in Europa und USA wird Arbeitskraft nur unzureichend durch Kapitel ersetzt, dazu Preise vom Staat niedrig gehalten. Sowjetische Maschinenbesatz daher lange Zeit weit niedriger als in USA oder Europa und schlechte Wartung des Maschinenparks, der auf riesigen Wanderungen von W nach E (Getreideernten in Ukraine im Juli, in Kasachstan im August) verschlissen wird.

Hinzu kommen *Organisationsfehler* durch zu niedrigen Einsatz an ertragssteigernden Betriebsmitteln, die sich besonders stark auf Flächenproduktivität auswirken, (z.B. Handelsdüngereinsatz noch sehr gering).

### 2.3.1.4 Typus der traditionellen Agrarräume mit großer Bedeutung der Landwirtschaft – die Entwicklungsländer

Zahlreiche Länder der globalen Peripherie befinden sich noch in Phase der traditionellen Landwirtschaft (Stufe I von ROSTOW). Sie haben eine Reihe charakteristischer Merkmale.

***Landwirtschaft als wichtigster Wirtschaftssektor***

- auf Landwirtschaft kommt noch hoher Anteil des Bruttosozialprodukts (über 20%),
- hohe Agrarquote bei den Erwerbstätigen (über 50%),
- große Bedeutung landwirtschaftlicher Produkte im Export.

***Rentenkapitalistische Sozialstrukturen***

Wirtschafts- und Sozialsystem, das im Orient spätestens 2000 v. Chr. entstand und sich in vielen EL in mehr oder minder charakteristischer Form bis heute erhalten hat.

Typisch ist Existenz einer kleinen elitären Oberschicht. Kapselt sich nach unten ab, so daß vertikale soziale Mobilität kaum möglich, hat Verfügbarkeit über Boden und alle übrigen Produktionsmittel, vergibt sie an große Masse abhängiger Bauern. Diese haben dafür jährliche Ertragsanteile von der Ernte *(Renten)* abzuliefern. Durch Verschuldungsmechanismen und Bindung der Bauern an den Boden wird die Abhängigkeit von der Oberschicht verstärkt. Die Oberschicht verwendet Renten primär für Erweiterung der Macht (Söldnerheer, Kauf weiterer Länder) und Repräsentation (Schlösser, Hofhaltung), kaum Interesse an produktiven Investitionen in die Landwirtschaft. Auch Bauern infolge der hohen Abgaben (1/4 bis 3/4 der Ernten) und der Unsicherheit an Investitionen kaum interessiert. Somit ausbeuterischer, parasitärer Charakter dieses Systems. Ständiges Abschöpfen der Erträge ohne produktive Investitionen führt zum Raubbau an den Produktionsfaktoren und zur Stagnation der Produktion. Entwicklung des älteren Städtewesens untrennbar mit dem Rentenkapitalismus verbunden. Typisch für Feudalgesellschaften, bei denen Oberschicht, von Sorge um Lebensunterhalt entlastet, sich ganz den militärischen und bürokratischen Aufgaben zuwenden sollte.

Rentenkapitalismus in einigen EL auf revolutionärem oder evolutionärem Wege bereits beseitigt, in anderen noch bestehend. Besonders brennendes Problem, das unbedingt gelöst werden muß, bevor eine Weiterentwicklung stattfinden kann (ROSTOW, → 1.4)

***Ernährungsprobleme***

16% der Weltbevölkerung ständig unterernährt, erhalten weniger als die nach FAO-Standard notwendige Mindestkalorienmenge von 2440 cal.

Entscheidender als quantitative Unterernährung aber die qualitative, v.a. Vitamin- und Proteinmangel, was zu geminderter physischer Widerstandskraft und Leistungsfähigkeit und zu Anfälligkeit gegenüber Krankheiten (z.B. Kwashiorkor = Eiweißmangelkrankheit) führt.

Nahrungsmittelproduktion je Kopf konnte wegen raschem Bevölkerungszuwachs (2–3% p.a. in den EL) gerade Schritt halten, damit auch in diesem Typ Problem der Steigerung der Nahrungsmittelproduktion entscheidend.

***Intensivierungsstrategie: Die „Grüne Revolution"***

1941 entsandte USA auf Ersuchen der mexikanischen Regierung ein Forschungsteam der Rockefeller-Stiftung, das die Erträge der mexikanischen Landwirtschaft verbessern sollte. Besten amerikanischen Zuchtsorten versagten unter mexikanischen Bedingungen, daher Aufbau eines Zuchtprogrammes auf Basis der heimischen Landsorten (LV= „local variety"). Züchtung von *Hybridsorten* des „Wundermaises" ab 1947. Als Hochertragssorte (HYV = „High Yielding

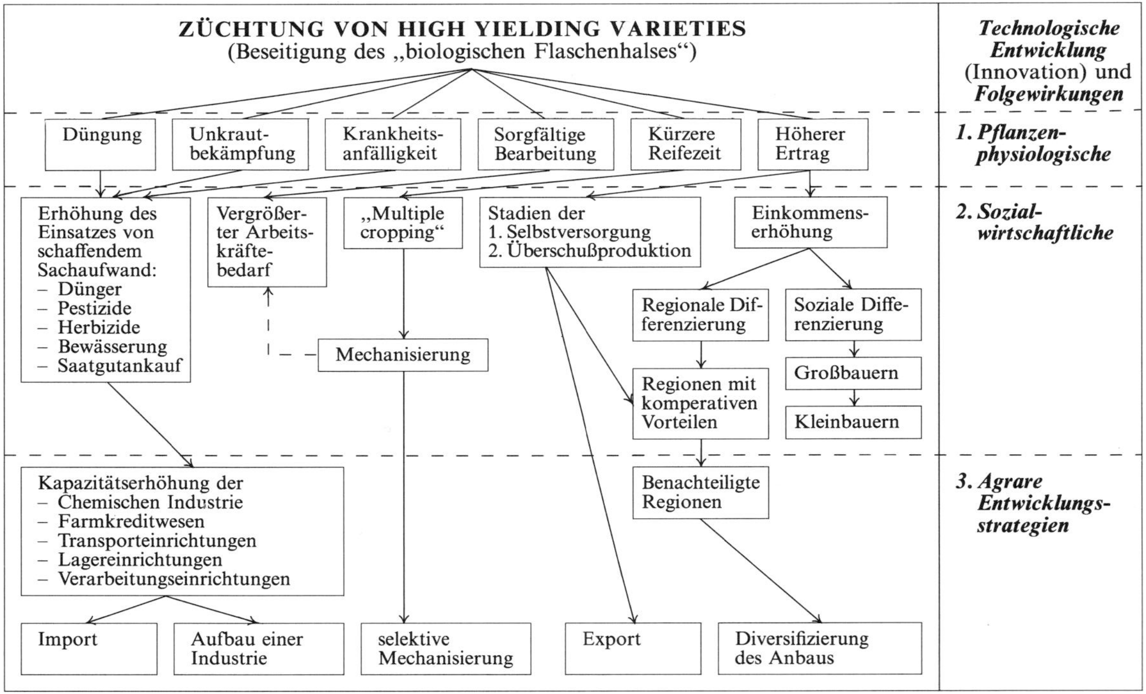


***Abb. 7:*** *Die Grüne Revolution:*
*Auswirkungen einer Innovation auf das Agrarsystem*

variety") rd. zwei bis dreimal höhere Erträge als die LV. Von Mexiko Ausbreitung als Agrarinnovation in andere Länder. Entstehen eines Netzwerkes von Forschungszentren, so 1962 das IRRI (International Rice Research Institute) in Los Banos, Philippinen, oder 1963 das CIMMYT (Centro Internacional de Mejoramiento de Maiz y Trigo) in Chapinga, Mexiko. Züchtung des „Wunderweizens" und „Wunderreises" beseitigt „biologischen Engpaß", d.h. genetische Verbesserung des Pflanzenmaterials. *Aber:*

Um Ertragsfähigkeit voll ausnutzen zu können, müssen alle anderen Produktionsfaktoren reichlich vorhanden sein. Düngung, Schädlingsbekämpfung, Bewässerung usw. bedeuten wesentliche Erhöhung des Kapitalaufwandes für Bauern. Daher starke Multiplikatoreffekte in der Wirtschaft: Aufbau einer Düngemittelindustrie, Verbesserung der Infrastruktur und Transportsysteme, Aufbau eines Kreditapparates, Schaffung von Lagerkapazitäten usw. (→ Abb. 7).

- HYV verlangen sorgfältigste Bearbeitung und damit vergrößerter Arbeitskräftebedarf (350 AK-Tage ja ha Reis gegenüber 100–120 bei LV).
- HYV haben deutlich kürzere Reifezeiten, z.B. bei Reis nur 90 Tage (LV dagegen 140–180 Tage). Mit HYV 2-3 Ernten pro Jahr auf demselben Feld möglich („multiple cropping"), aber nur, wenn alle Ernte-, Bestellungs- und Pflegearbeiten möglichst rasch erfolgen. Dazu Mechanisierung notwendig, die aber als negative Folge Arbeitsaufwand senken kann. Daher nur selektive Mechanisierung sinnvoll (Dieselpumpen, Reistrocknungsanlage, Dreschmaschine, nicht aber Traktor)
- mit HYV starkes Ansteigen der Erträge. Zumeist wird Stadium der Selbstversorgung rasch erreicht, dann Überschußproduktion. Export stößt vielfach auf Probleme, v.a. bei nicht spezifisch tropischen oder subtropischen Produkten: Agrarprotektionismus der Industrieländer. *Ausweg:* Diversifizierung des Anbaues, z.B. Anbau von Futterpflanzen und Steigerung der Viehhaltung. (*Negative Folgen:* vielfach Importe von chemischen Produkten, Transportmitteln, Maschinen usw. erhöht).
- höhere Erträge bringen Einkommenserhöhung, aber regional und sozial differenziert: Regionen mit Produktionskostenvorteilen (z.B. Tieflandgebiete bei Reisbau) und Großbauern profitierten am raschesten und stärksten. Verschärfung der sozialen und regionalen Gegensätze.

### *Ausweitung der Anbauflächen durch Agrarkolonisation*

In Asien, wo fast alles kultivierbare Land genutzt ist, nur mehr Erhöhung der Flächenproduktivität möglich. In Lateinamerika und Afrika noch große Landreserven. Überall in EL große Projekte der Landeserschließung durch Agrarkolonisation.

Damit gewaltige *ökologische Probleme:* Seit 1970 wurden weltweit rd. 2 Mio. qkm an Waldflächen gerodet, gleichzeitig haben sich die Wüstengebiete um 1,2 Mio. qkm ausgeweitet. Die Agrarkolonisation konnte das Ernährungsproblem der EL nicht beseitigen. Allein 1991 sind im Sudan und in Äthiopien rd. 15 Mio. Menschen von Hunger bedroht, in Afrika insgesamt 20 Mio.: 1 Mio. davon könnte sterben, wenn die Entwicklungshilfe nicht ein Milliarden-Dollar-Programm auf die Beine stellt.

# 3 DIE FORSTWIRTSCHAFT

Die Forstwirtschaftsgeographie untersucht und erklärt die räumlichen Verbreitungsmuster, Erscheinungsformen und Wirkungsgefüge der wald- und forstwirtschaftlichen Aktivitäten sozialgeographischer Gruppen. Als geographischer Wissenschaftszweig sehr jung. Erste wirtschaftsgeographische Arbeiten durch Schmidt (1932), Hassinger (1933) und Müller-Wille (1938). Seit um 1970 haben v. a. Blüthgen und Windhorst die wirtschaftende Tätigkeit sozialer Gruppen und die daraus resultierende wirtschaftsräumliche Differenzierung betont und dazu das Konzept der **Waldbauformationen** entwickelt.

*Waldformationen* sind Waldpflanzen, die einen landschaftsprägenden physiognomischen Charakter aufweisen, z. B. Immergrüner Regenwald, Laubabwerfende Wälder.

In Anlehnung an die vegetationsgeographische Pflanzenformation wurde Begriff der Wirtschaftsformation geprägt: Raum, der durch eine besondere Wirtschaftsweise (Betriebsform, Produktionsziel) gekennzeichnet ist. Ein Wald, der eine landschaftsprägende Bewirtschaftung (z. B. Harzwirtschaft, shifting cultivation) hat, ist eine *Waldbauformation*.

## 3.1 Ökosystem Wald

Das Ökosystem Wald ist sehr komplex zusammengesetzt (Windhorst 1978): Es besteht aus biotischen (= organischen) und abiotischen (= anorganischen) Elementen. Wald aus drei Schichten (Baum-, Strauch- und Krautschicht). Wald bildet zusammen mit Tierwelt und den abiotischen Elementen an einem bestimmten Wuchsort (Biotop) eine Lebensgemeinschaft (Biozönose). System besteht somit aus:

a) **Physiotop.** Standort, abiotische Sphäre (Gesteine, Boden), stellt Grundelemente des Stoffumsatzes bereit.

b) **Biotische Sphäre.** Zerfällt in Produzenten, Konsumenten und Destruenten.

**Produzenten** sind grüne Pflanzen, die durch Photosynthese aus $CO_2$, Wasser und Lichtenergie organische Verbindungen (Phytomasse) bilden. Dabei entziehen sie Boden Nährstoffe und Spurenelemente: *Primäre Produktion.*

**Konsumenten** sind Tiere, die auf pflanzliche Nahrung angewiesen. Bilden Teil der Phytomasse in tierische Substanz (Zoomasse) um: *Sekundäre Produktion.* Können zwar Waldvegetation durch Verbiß entscheidend beeinflussen, (z. B. Macchie), aber Bedeutung für Stoffhaushalt des Ökosystems gering.

**Destruenten oder Reduzenten** sind Mikroorganismen, v. a. im Boden, haben größte Bedeutung für Stoffkreislauf. Ohne Bodenorganismen würde Leben auf der Erde innerhalb weniger Jahre absterben. Besiedeln in ungeheurer Vielfalt und Anzahl den Boden:

Unter einem qm Waldboden bis zu 1000 Tierarten. In einem Fingerhut Fichtennadeln aus der Waldstreu 10000–30000 Schalenamöben, 500–2000 Wimpertierchen, 500–1000 Fadenwürmer usw. Je ha im Laubwald rd 320 kg Destruenten, im Nadelwald nur 160 kg. Unterschied v. a. auf Makrofauna zurückzuführen: Reichere Besiedlung des Laubwaldbodens erklärt sich aus besseren Zersetzbarkeit des Laubes. Besonders Regenwürmer und Arthropoden lassen milden Mullhumus entstehen. Im Nadelwald unter sauren Bedingungen, Arbeit der Regenwürmer wesentlich eingeschränkt, daher schlechtere Humusformen. Abbauleistung der Detritusfresser (Tiere) rd. 10 %, 90 % auf Mikroflora (Pilze und Bakterien).

Bodenorganismen haben Aufgabe des Abbaues pflanzlicher und tierischer Substanzen. Dabei Funktionsteilung:

- ***Bodenfauna*** v. a. bei mechanischen Zerkleinerung und Durchmischung des Substrates. In meisten Böden konsumiert sie 20–30 % der jährlich anfallenden Streu.
- ***Mikroorganismen*** (Pilze und Bakterien) bauen zerkleinerte organische Substanz enzymatisch zu Nährstoffen ab (Mineralisierung). Durch Mineralisierung entstehen anorganische Nährstoffe, durch Huminisierung Humus.

Nach Erreichen des *Schlußwaldgefüges* (= Endstadium eines Waldes unter den bestehenden klimatischen Voraussetzungen) befindet sich Naturwald in einem Gleichgewichtszustand: Zugang und Abgang an Biomasse halten sich die Waage. Weitgehend geschlossener Nährstoffkreislauf.

- ***Systeminputs*** sind Energie (Sonneneinstrahlung) und Stoffzufuhr (Niederschlag, Gasaustausch). Zudem aus Muttergestein Einschwemmung.
- ***Systemoutputs*** entstehen durch Atmung und Auswaschung.

Im Wald große Mengen an Biomasse (Phyto- und Zoomasse) gespeichert, v. a. Phytomasse für Massenhaushalt bedeutend (Abb. 8), insbesondere Stammholz, Zweige und Blätter. Laubwälder erreichen 200–400 t Trockenmasse pro ha, hiebreife Nadelwälder sogar über 400 t/ha. Waldbiomasse zudem im Vergleich zu anderen Ökosystemen sehr großen Kohlenstoffgehalt und erheblicher Nährstoffspeicher. Dagegen Zuwachsleistung relativ gering. Bei Wald nicht wesentlich höher als bei Weizen oder Reis. Zuckerrohr sogar fünfmal größere Produktion.

## 3.2 Charakteristische Merkmale forstwirtschaftlicher Nutzung

Die forstwirtschaftliche Nutzung zeichnet sich durch einige besondere charakteristische Eigenschaften aus:

- Noch stärker als die landwirtschaftliche Nutzung von **natürlichen Voraussetzungen** abhängig, da Möglichkeit der Beeinflussung der natürlichen Bedingungen durch Züchtung, Düngung, Pflanzenschutz geringer.

- Bäume haben eine **längere Nutzungsdauer** als alle anderen Pflanzen. Abgesehen von Vornutzungen, d.h. Stammentnahmen während der Jugendzeit zum Freistellen der „Zukunftsbäume“, dauert „Umtriebszeit“ (= Zeit von Pflanzung bis Ernte) zwischen 20 Jahren in Brennholz-Niederwäldern und Energiewäldern bis 200 Jahre in wertvollen Nutzholz-Hochwäldern, bei hochwertigen Furniereichen über 300 Jahre. Damit Probleme der Marktanpassung noch größer als bei tropischen Dauerkulturen. Daraus folgt langsamer Kapitalumschlag und vielfach geringe Rentabilität, ungünstiges Verhältnis von Anlage- und Umlaufkapital.
- **Flächenproduktivität und Arbeitsproduktivität** relativ gering, es sind große Flächen für reine Forstwirtschaftsbetriebe notwendig. In Europa vielfach *Bauernwald* (= Wald im Eigentum von Landwirten). *Nachteil:* Forstwirtschaft lediglich als Zusatzerwerbszweig betrachtet.
- Wesentliche Funktionen neben Nutzungsfunktion als Holz sind **Sozialfunktionen:** Erholung, Erhaltung des Klimas, Umweltschutz. Wälder haben, insbesondere in dichtbesiedelten Gebieten, multifunktionale Aufgaben.

Von der gesamten Waldfläche der Erde (3,8 Mrd. ha) entfallen nur 15 % auf bewirtschafteten Wald, 30 % auf genutzten Wald und nur 48 % auf erschlossenen Wald. Nach der Intensität der Nutzung unterscheidet man

**Naturwald oder Primärwald:** Von Menschen nicht oder nicht wesentlich beeinflußt,

**Kulturwald:** Von Menschen genutzter und gestalteter Wald, kann gegliedert werden in:

- ***Ausgebeuteter Wald.*** Ausbeutung der Bestände (Exploitation), keine Pflege und künstliche Verjüngung des Waldes, keine nachhaltige Nutzung. Dazu gehören: Wälder mit Waldweide, selektiver Exploitation und Brandrodung.
- ***Nachhaltig bewirtschafteter Wald (Forst).*** Planmäßige Bestandesverjüngung, nachhaltige Bewirtschaftung.
- ***Schutz- und Erholungswälder.*** Schutzwald hat v.a. Aufgabe des Schutzes von Siedlungen vor Muren, Lawinen usw., Erholungswald dient Fremdenverkehrsnutzung.

## 3.3 Globale Waldwirtschaftszonen

Ein Versuch, Ordnung in die räumlichen Verbreitungsphänomene der Wälder und forstwirtschaftlichen Nutzungsformen zu bringen ist der chorologische oder raumwissenschaftliche Forschungsansatz. Bei grober Einteilung in globale Waldwirtschaftszonen lassen sich vereinfacht 4 Waldwirtschaftszonen unterscheiden (Windhorst 1978):

### 3.3.1 Nadelwälder der kühlgemäßigten Zone

Nur auf der Nordhalbkugel entwickelt. *Boreale Nadelwaldzone* (Taiga) in Nordamerika, Skandinavien und SU. *Südgrenze*, wo Tagesmittel von 10 °C unter 120 Tage absinkt und die kalte Jahreszeit über 6 Monate andauert. *Nordgrenze* = polare Waldgrenze (Tagesmittel von 10 °C weniger als 30 Tage, kalte Jahreszeit über 8 Monate).

Da extreme klimatische Bedingungen, nur geringe Artenzahl (Kiefern, Fichten, Birken, Lärchen). Böden podsolig, sauere Rohumusschicht, wenig ertragreich. Gesamtholzvorrat und Ertragspotential (0,75 t Trockenmasse je ha/Jahr) wegen kurzer Vegetationsdauer relativ niedrig. Allerdings infolge der geringen Artenzahl durch Exploitation einbringbare Holzernte weitaus höher (280–370 cbm/ha). Daher v.a. einmalige Nutzung durch großflächigen Kahlschlag oder selektive Exploitation rentabel. Insgesamt rd. 620 Mio. ha oder 25 % der Waldfläche der Erde, Ertragspotential dagegen nur 470 Mio. t oder 10 % des Potentials der Erde.

Große Teile dieser Waldgebiete nur *Rohstoffergänzungsräume*, da schlecht erschlossen. Keine künstliche Verjüngung, die natürliche Verjüngung wird durch Rohhumus erschwert und dauert lange.

*Hauptgebiete* (330 Mio. ha) in der Sowjetunion und in Nordamerika (250 Mio. ha). In der SU nur geringer Teil des Borealen Nadelwaldes intensiv forstwirtschaftlich genutzt, v. a. im europäischen Teil und entlang der Bahnen in Sibirien. Mit dem Bau der Baikal-Amur-Magistrale (BAM) wurde dieses Areal wesentlich vergrößert (→ 7.1.4). Absatzmarkt ist Japan, das gewaltige Mengen an Nadel- und Schnittholz benötigt. In Nordamerika teilweise starke industrielle Nutzung: In Kanada Holzindustrie v.a. in den Provinzen Quebec (Zentrum der Zellulose- und Zeitungspapiererzeugung), und in British Columbia, wo das untere Fraser River Tal um Vancouver Zentrum der Schnittholzproduktion darstellt. In Nordamerika werden an die Industrien vom Staat langfristige Konzessionen vergeben, dadurch überall Übergang von Exploitation zur nachhaltigen Nutzung.

In Nordeuropa zwar nur 40 Mio. ha, aber sehr intensive Nutzung und hochentwickelte Holzverarbeitende Industrie. Schweden, Finnland und Norwegen gehören zu den 10 bedeutendsten Ländern für forstwirtschaftliche Produkte; rd. 1/4 des Welthandels, obwohl Anteil an produktiven Waldfläche der Erde nur 2 %. Seit etwa 1850 Beginn der flächen- und kapitalintensiven Nutzung. Zuerst Entwicklung der Sägeindustrie, besonders in *Schweden* begünstigt durch Möglichkeiten zur Flößerei auf zahlreichen Flüssen, in *Finnland* seit 1870 Sägeindustrie, Zelluloseindustrie rückt erst ab 1920 nach.

Große Holzkonzerne mit konzerneigenen Wäldern, zumeist stark vertikal integriert, Verarbeitung des Holzes innerhalb des Konzerns. *Waldpflegliche Nutzung:* Waldinventuren, Düngung, Verjüngung, Lkw Transport, Verarbeitung der Holzabfälle, Herstellung von Zellulose auch aus Birkenholz (Magnefit-Verfahren): Typisch Uddeholm AB in Skoghall (Schweden), ursprünglich Eisen- und Stahlkonzern mit 365000 ha Waldfläche. In Skoghall am Vänersee entstand größtes Zentrum der holzverarbeitenden Industrie in Europa.

### 3.3.2 Temperierte Regenwälder und sommergrüne Laub- und Mischwälder

Auf die Zone der sommergrünen **Laub- und Mischwälder** einschließlich der eingelagerten Gebirgsnadelwälder kommt 1/4 des Ertragspotentials der Erde, ist damit nach borealem Nadelwald zweitwichtigste Bestandsart.

Lage im Bereich des Gemäßigten Klimas. Infolge Winterruhe langsame Zersetzung des Bestandabfalles, daher mächtige Streu- und Humusschicht, v. a. im Laubwald.

Im *W Nordamerikas* vorwiegend Nadelhölzer, größte Bäume der Erde: Mammutbäume, über 100 m hoch, nur noch in geringer Zahl vorhanden, stehen unter Naturschutz. Dagegen intensive Nutzung der Bestände an Rottanne, Douglasie, Hemlock und Sitkafichte.

Getrennt durch waldarme Great Plains im *NE Nordamerikas* Laubmischwald: Ahorn, Ulme, Buche, Eiche, Hickory, Kiefer, Tanne, Fichte. Artenzahl viel größer als in Europa.

Grenze der Holzwirtschaft („Holzwirtschafts-Frontier") wurde im 19. Jh. zur Pionierzone der Besiedlung Nordamerikas. Nach Erschöpfung der Wälder im Osten rücksichtslose Ausbeutung der Wälder des Mittelwestens seit um 1830. Exploitation nur der besten Bäume („cutover region"), Verarmung. Ab 1910 rückt „frontier" weiter nach W, zurück bleibt ein völlig ausgeplünderter Wald. Seit 1960 v. a. in ausgedehnten Staatsforsten der USA Nutzfunktion immer stärker auf Nachhaltigkeit aufgebaut, zugleich erhält Schutz- und Erholungsfunktion immer größere Bedeutung. Bewirtschaftung so, daß ursprüngliche visuelle Eindruck der Wälder kaum verändert wird („landscape management").

*Europäische Wälder* sind wegen Artenauslese während der Eiszeit besonders artenarm. Laubmischwald, in dem durch ozeanischen Klimaeinfluß Buche dominiert. Daneben Eiche, Esche, Ahorn, in Bergländern Nadelwald aus Fichte und Tanne, an trockenen Standorten Kiefern. Mit zunehmender Kontinentalität nach E zu (Osteuropa, Mittelrußland) wird Charakterbaum Buche durch Eiche abgelöst.

Wälder in West- und Mitteleuropa durch jahrhundertelange Entwaldung stark reduziert, daher geringe Waldanteile. Hier wurden Prinzipien einer nachhaltigen Forstwirtschaft zuerst und am stärksten entwickelt. Heute gehören West- und Mitteleuropa zu größten Holzmangelgebieten der Erde, da starke Industrie. Trotz größter Aufforstungen hohe Importe.

In *Sowjetunion* Wälder fast ganz Staatsbesitz, durch Fünfjahrespläne gesamte Bewirtschaftung geregelt. Außenhandel über staatliche Organisation („V. S. Eksportles"). Aus dieser Zone 70 % des Holzeinschlags aus Wäldern westlich des Ural.

*Ostasiatische Wälder* dieser Zone sind artenreich wie in Nordamerika. Neben europäischen Arten auch Maulbeerbaum, Rhododendron und Syringabüsche. Im

N der VR-China Großteil der Wälder, starke Aufforstungen, Teil davon aber zur Tungöl-, Harz- und Fruchtgewinnung.

Auf *Südhalbkugel* gehören zu dieser Zone die Wälder Südchiles, Teile Süd-Australiens und der Südinsel Neuseelands. Extrem periphere Lage zu Weltmärkten. Erst gewaltige Nachfragesteigerung ermöglichte Rolle als Exportland. Neuseeland versorgt Japan und Australien. Chile exportiert Schnittholz, Papier und Zellstoff nach Nordamerika und Europa. Holzindustrie Chiles konzentriert in Provinz Valdivia. Wertvollste Nadelholzbestände an Alerce und Araukarie. Beide werden über 1000 Jahre alt, Brusthöhendurchmesser über 4 m, über 50 m hoch, Holz fast unbegrenzt haltbar. Durch Exploitation starke Reduzierung der Bestände, teilweise bereits pflegliche Nutzung.

**Temperierte Regenwäldern** finden sich mit kleineren Verbreitungsarealen ebenfalls in dieser Zone. Während des ganzen Jahres ausreichend hohe Niederschläge und hohe Durchschnittstemperaturen, daher hohe Produktionsleistung. Immergrüne Bäume vorherrschend, Lianen und Farne, im Typus an tropische Bergregenwälder erinnernd.

Größte Vorkommen in Südchile mit einer Reihe wertvoller Holzarten (Roble, Rauli, Coigne). Ähnliche Voraussetzungen in Coast Range der US-Staaten Oregon und Washington. An SW-Küste Südafrikas ist Steineibe der wertvollste Baum, in Australien und Neuseeland v. a. Eukalyptusarten, auf Nordinsel von Neuseeland die Kaurifichte.

An den Ostküsten der Kontinente annähernd gleiche klimatische Voraussetzungen, nur niederschlagsarme Zeit während der Sommermonate: *Lorbeerwälder*. Großflächig im SE der USA, v. a. Magnolienarten, starke Verbreitung der Kiefer und in feuchten Niederungen Floridas die Sumpfzypresse. In Lorbeerwäldern SE Brasiliens v. a. Matebaum und brasilianische Kiefer. Charakterarten der Lorbeerwälder Südjapans und Koreas sind immergrüne Eichen, Kamelien, Magnolien, Lorbeer- und Kampferbaum, japanische Zeder.

## 3.3.3 Subtropische Hartlaubwälder

In Gebieten des Mittelmeerklimas mit extremen klimatischen Bedingungen: Sommerliche Trockenheit, nur kurze Fröste, Blühen und Fruchten im Frühjahr in wenigen Monaten. Bäume daher meist immergrün, Blätter klein, derb, Schutzschicht aus Wachs oder Harz, Dornen. Einige Arten versuchen durch Ausscheiden ätherischer Öle Wasserverdunstung zu verringern, niedrige, krummstämmige Bäume. Immergrüne Eichenarten dominieren (Steineiche, Kermeseiche und Korkeiche), dazu Pinie und Zypresse.

Jahrhundertelange Nutzung für Schiffbau, Brennholz und Waldweide führten zu weitgehender Entwaldung, *Folge: starke Degradation* (= Zustandsverschlechterung).

**Degradation zu immergrünem Eichenbuschwald.** Undurchdringliche Buschvegetation mit 3–4 m hohen Sträuchern, aus Arten, die von Schafen und Ziegen verschmäht werden bzw. eine besonders hohe Regenerationsfähigkeit nach Bränden besitzen: *Macchie* im Mittelmeerraum, *Chaparal* in Kalifornien. Nur in S-SE und SW-Australien erreichen Bäume große Höhen: Immergrüne Eukalyptusarten.

Bei andauernder Viehnutzung oder Wald-Wechselwirtschaft mit Abbrennen des Buschwaldes und ein bis zweijähriger Getreidenutzung, weitere Bodenerosion und zunehmende *Verarmung der Macchie*. Entstehen einer dünnen, oft unzusammenhängenden Decke niedriger *Zwergsträucher*. In Frankreich als „garrigue", in Spanien als „tomillares", in Griechenland als „phrygana" bezeichnet.

Holzzuwachs gering (1,5 t Trockenmasse je ha und Jahr), starke Bodenerosion. Daher umfangreiche Aufforstungen, weltweit mit der aus dem südlichen Kalifornien stammenden pinus radiata (Monterey Pine) und australischen Eukalypten, die besonders raschwachsend.

Hohe Defizite im Außenhandel mit Forstprodukten. Nur wenige forstwirtschaftliche Welthandelsgüter aus dieser Zone.

a) Portugal hat größten **Korkeichenwälder** der Erde. Kambium (= Gewebemantel unter der Rinde, der Dickenwachstum der Stämme bewirkt) dieser Eiche erzeugt eine gleichmäßige Korkschicht. Ab dem 15.–20. Lebensjahr kann Kork abgelöst werden. Wird das Kambium nicht verletzt, regeneriert sich der Kork wieder und kann nach 10 Jahren wieder geschält werden. Erträge 200–500 kg Rohkork je ha. 70 % der gesamten Produktion auf der Iberischen Halbinsel, v. a. in der portugiesischen Serra de Grandola, in Spanien um Jerez de la Frontera und im NE bei Gerona.

b) Australiens ***Gerberakazien*** beliefern gesamten Welthandel mit Gerbsäure.

c) Neuseeland exportiert ***Roh- und Schnittholz*** nach Japan und große Mengen ***Zellulose und Zeitungspapier*** nach Australien.

## 3.3.4 Tropische Regenwälder

Dicht geschlossener Wald, Kronen in 2 bis 3 Schichten *(Stockwerken)*, darunter Stauden- und Krautschicht. Mehrere Hundert Baumarten je ha, erschwert Nutzung außerordentlich.

Im Gebirge ab 500–900 m Seehöhe **tropische Bergwälder:** Artenreichtum nimmt ab, Lianen treten zurück, Farne und Moose nehmen zu. Weiter oberhalb Gebirgsnadelwälder.

An Flachküste mit Gezeiten und entlang der Ästuare der großen Ströme weit ins Landesinnere reichend **Mangrovewälder**. Kaum nutzbare Hölzer außer Zelluloseerzeugung.

Im Savannenklima **Galeriewälder** mit deutlich geringeren Artenzahlen und lockeren bis lichten Beständen.

Polwärts schließen **tropische Trockenwälder** an sobald mehr als 5 aride Monate im Jahr. Dichter Grasunterwuchs, der fast jährlich abbrennt, daher v.a. feuerresistente Holzarten. Oft dorntragend, schirmförmige Kronen. Akazien, Weihrauchbaum, Baobab. In Afrika Miombo- und Mopanewälder, im Gran Chaco die Quebrachowälder (Gerbstofferzeugung).

## 3.4 Die Multifunktionalität der Wälder

Neben den wirtschaftlichen Funktionen erhalten mit zunehmender Industrialisierung auch nichtwirtschaftliche Funktionen, wie Schutz- und Erholungsfunktion, immer größere Bedeutung. WINDHORST unterscheidet nach Intensität der Bewirtschaftung zwischen *Waldnutzungsformen* und *Forstwirtschaftsformen:*

### 3.4.1 Waldnutzungsformen oder Exploitation

Eingriffe in den Wald, die nur der Entnahme von Produkten dienen, aber Pflege und Verjüngung der Bestände vernachlässigen. Dazu gehören Sammelwirtschaft und Jagd, Waldweide, selektive Exploitation und Feld-Wald-Wirtschaft.

a) **Sammelwirtschaft und Jagd.** Primitive Sammelwirtschaft der Wildbeuter, Jäger und Sammler, auf Nahrungserwerb ausgerichtet. Sammeln von Nüssen, Kastanien, Beeren, Knollen. Dazu gehört auch Sammeln von Beeren und Pilzen in Wäldern der Industrieländer, Streuentnahme und Entnahme von Brennholz. Im Mittelmeergebiet Eicheln im Winter von Kleinbauernfamilien gesammelt und zum Eigenkonsum geröstet oder an Futtermittelfabriken verkauft.

Pelztierjagd einst große Bedeutung für Erschließung der borealen Nadelwälder, in Nordamerika Hudson Bay Company (HBC), in den Industrieländern Jagd aus sportlichen und Prestigegründen. Dabei Nutzungskonflikt Forstwirtschaft – Jagd. Bei überhöhtem Wildbestand starke Wildschäden, v.a. fehlende Naturverjüngung, da Wildverbiß. Zulässige Besatzdichten je 3 Stück Reh- und Rotwild auf 1 ha Wald.

b) **Waldweide** hat weltweit große Bedeutung. Durch Schafe, Ziegen und Rinder entstehen starke Waldschäden, sind im Mittelmeerraum für Degradation des Waldes zur Buschvegetation der Macchie und schließlich zur Zwergstrauchheide der Garrigue wesentlich verantwortlich.

*Schweinemast* in Buchen- und Eichenbeständen weniger schadhaft, hatte in Industrieländern im 18. und 19. Jh. große Bedeutung. In NW-Deutschland Schweine in Allmende („Mark") eingetrieben. Markenwälder durften nur von Erbhöfen genutzt werden (Viehwirtschaft, Holzeinschlag, Plaggenmahd). Bevölkerungszunahme, Zunahme des Viehbestandes und Übernutzung der Wälder durch nichtberechtigte Heuerlinge und Kötter führten zur Degradierung des Waldes und zunehmender Verheidung. Erst Markteilung im 18. und 19. Jh. und Mineraldüngung stoppten Prozeß.

Im Mittelmeerraum *Waldmast* auch heute noch teilweise bedeutend: In Sa. Morena (Spanien) Schweine in immergrüne Eichenwälder im Winter eingetrieben („montanera"). Schweine werden auf Stoppelweiden der abgeernteten Weizenfelder großgezogen, im Oktober auf einem der Viehmärkte verkauft und per Lkw oder Bahn in Gebiete der Waldweidewirtschaft transportiert. Noch 1960 1/3 des spanischen Schweinefleisches mit Eichelmast erzeugt. In 3 Monaten Schwein von 60 kg auf 150 kg hochgemästet. Die ca. 10 Monate an der Luft getrockneten Schinken (Jabugo in der Sa. Morena, Montánchez in Cáceres) gelten als Delikatesse. Durch Dezimierung der Bestände (afrikanische Schweinepest), Bevorzugung fettärmeren Schweinefleisches durch Konsumenten und wirtschaftlichere Schweinerassen (dänische Landrasse) geht Waldmast heute zurück.

*Waldweide* aber auch in intensiv bewirtschafteten Gebieten noch weiter verbreitet als angenommen, so in den Alpen. Rd. 700000 ha oder 20 % der österreichischen Waldfläche von 100000 Rindern und Pferden und 64000 Schafen und Ziegen beweidet.

c) **Selektive Exploitation.** Marktorientierte Ausbeutung bei der nur die wertvollsten Stämme herausgeschlagen werden. Kurzfristig hoher Ertrag, zurück bleiben aber verwüstete oder völlig minderwertige Wälder. Exploitation fast immer auf Basis forstwirtschaftlicher Konzessionen in Staatswäldern.

d) **Feld-Wald-Wechselwirtschaften.** Wechsel von Feld und Wald früher auch in Europa weit verbreitet, v. a. im 16.–18. Jh. starke Ausweitung durch steigende Nachfrage nach Gerbrinde. Bei der typischen „Rottwirtschaft" wurde der Niederwald eingeschlagen, die Lohe im Frühjahr geschält, im Spätsommer Gras, Laub und Reisig verbrannt, Asche auf Feld verteilt und mit Hacke leicht eingearbeitet, dann Getreide eingesät.

In tropischen Waldgebieten Brandrodungsfeldbau („shifting cultivation") noch weitverbreitet (→ 2.1.1.2).

## 3.4.2 Forstwirtschaftsformen

Zum Unterschied von Waldnutzungsformen hier Erhaltung der Wälder, wissenschaftliche Planung, Waldbaumaßnahmen auf Nachhaltigkeit ausgerichtet.

a) **Kombinationsformen Landwirtschaft und Forstwirtschaft.** Um 1850 von dem deutschen Forstbeamten Brandis in Burma als Abwandlung der shifting cultivation entwickelt. Auf gerodeten Flächen zuerst angebaut und dann statt Selbstverjüngung Edelhölzer ausgepflanzt („Taungyasystem"). Breitete sich noch vor 1. Weltkrieg nach Indien, Java und Ostafrika aus.

b) **Nachhaltige Forstwirtschaft.** Seit etwa 1800 in Deutschland entwickelt wegen Holzverknappung, daraus entstand Forstwirtschaftstheorie und -praxis. Nachhaltige Forstwirtschaft kennt Betriebsarten Nieder-, Mittel- und Hochwald.

- ***Niederwaldbetrieb (Ausschlagwald):*** Regeneration des Waldes durch Stockausschlag, Umtriebszeit ca. 20 Jahre. Brennholznutzung.
- ***Mittelwaldbetrieb:*** Niederwald überragt von „Überhältern“, d.h. hohen Bäumen, die aus Samen hervorgegangen und stehengelassen.
- ***Hochwaldbetrieb:*** Verjüngung auf natürliche (Samen) oder künstliche Art (Auspflanzen verschulter Setzlinge).

c) **Nichtökonomische Funktionen.** Dazu gehören die Schutzwirkung des Waldes und die Erholungswirksamkeit.

- ***Schutz des Wasserhaushaltes:*** Wald ist hoher Wasserverbraucher, da Gesamtverdunstung wesentlich höher als bei LN. Fichtenwald verdunstet rd. 70 % des Niederschlags, Dauergrünland 65 %, Getreide 40 % und nackter Boden nur 30 %. Daher durch Wald auch starke Rückhaltung von Wasser.
- ***Wind- und Erosionsschutz:*** Durch Windschutzstreifen Steigerung der Erträge. In USA bis um 1830 Ausweitung des Ackerlandes in Trockengebiete des Ranch-Systems, 1934–36 Trockenjahre, Entstehen der „dust bowl“ in Oklahoma, Millionen Tonnen fruchtbarster Ackererde ausgeweht, Tausende Farmen ruiniert. Als Gegenmaßnahme ab 1935 Anlage von Windschutzstreifen. Zwischen North Dakota und Texas rd. 300 Mio. Bäume in bis 10 Baumreihen breiten Windschutzstreifen. Erfolge unbestritten, aber Probleme, weil einige Bäume nach 20–30 Jahren zuviel Wasser benötigen und absterben. Auch in Sowjetunion zur Erhöhung der Getreideerträge nach 1948 mehrere Tausende Kilometer lange Schutzstreifen an den Unterläufen von Wolga, Ural und Don angelegt (→ 2.3.1.3).
- ***Bannwälder im Hochgebirge:*** Schutz vor Lawinen und Wildwässern. Forstwirtschaft in den Alpen dient in erster Linie der Schutzfunktion des Waldes gegen Erosion, Lawinen und Steinschlag. In besiedelten Gebirgsgebieten wie in den Alpen besitzt Schutzfunktion besonders große Bedeutung.

  *Beispiel Tirol:* 470000 ha oder 37 % der Landesfläche sind bewaldet. 57 % der Tiroler Waldfläche sind Schutzwald in oder außer Ertrag. Bereits 1/3 dieses Schutzwaldes zeigt erkennbare Schäden. Schutzwald besonders stark überaltert, 2/3 des Bestandes sind älter als 120 Jahre.

- ***Immissions- und Lärmschutz:*** Lärmminderung größeren Ausmaßes erst wenn Waldstreifen mindestens 80 m breit.
- ***Erholungsnutzen:*** Der Wald hat neben Wasserflächen besonders hohen Erholungswert. Allerdings sind Größe des Waldes, Erreichbarkeit und Zugänglichkeit für Erholungswirksamkeit wichtiger als forstwirtschaftliche Maßnahmen, wie Bestandzusammensetzung und -aufbau.

  *Innerstädtische und stadtnahe Erholungswälder*. Stark frequentiert, häufig ältere Personen, Mütter mit Kleinkindern, vielfach zu Fuß oder mit Öffentlichen Verkehrsmitteln. Sozialfunktion hat Vorrang vor Nutzungsfunktion, Bestände meist alt, Eingriffe geringgehalten, z.T. parkartige Bewirtschaftung. Planungsgrößen: 0,25 ha je Waldbesucher und Wochenende bzw. Gesamtbevölkerung einer Stadt mal 0,07.

*Naherholungswälder.* Im Tagesausflug mit Verkehrsmittel erreichbar, d. h. maximal 100 km um Quellräume. Besucherdichten geringer, vorwiegend an Wochenenden hohe Frequenzen, Zusatzkosten für Erholungseinrichtungen nicht so groß.

*Fernerholungswälder.* In größerer Entfernung, meist große Wälder, geringe Besucherdichten, v. a. während der Urlaubszeiten hohe Frequenzen.

## 3.5 Wald in Gefahr

### 3.5.1 Die Rodung der Wälder der Erde

In den Industrieländern starke Waldverluste durch Umnutzungen: In Tirol 1965–86 4300 ha gerodet, davon 25 % Sportflächen, v. a. Skipisten, 21 % für Straßen- und Seilbahnbauten, 15 % Gewerbe- und Industrieanlagen, 13 % Wohnbau, 10 % Landwirtschaft, Kraftwerks- und Leitungsbau.

Noch viel größere Ausmaße erreicht Rodung in tropischen und subtropischen Gebieten durch Holzeinschlag ohne Wiederaufforstung und durch planmäßige Rodungen. Vom tropischen Regenwald nach Schätzungen 12–15 Mio. ha/Jahr. Gründe:

- *Ausdehnung der landwirtschaftlichen Nutzflächen* z. B. entlang der Transamazonica in 200 km breitem Streifen.
- *Überweidung der Gebiete des Steppenklimas,* insbesondere durch repräsentative Savannenweidewirtschaft. Typisch etwa Sahelzone.
- *Als Brennholz* wird in den Tropen und Subtropen noch Großteil des Holzes (80 %) verwendet. Problem des Holzeinschlages entlang der Straßenneubauten.
- *Export tropischer Hölzer*, rd. 8 Mrd. US-$ p. a. Für viele Entwicklungsländer wichtige Wirtschaftsbasis.

### 3.5.2 Das Waldsterben

Zunehmende Schädigung der Wälder durch Luftschadstoffe in den Industrieländern. Waldschäden und „Waldsterben" ist seit etwa 1980 zu einem der wichtigsten Probleme geworden.

Schäden sind schon sehr weit fortgeschritten. In BRD rd. 3,9 Mio. ha oder 52 % der Waldfläche sichtbar geschädigt (1987). Allerdings seit 1985 Schadensausbreitung zum Stillstand gekommen, möglicherweise witterungsbedingt.

„Waldsterben“ durch Zusammenwirken umfangreicher Einflüsse:

a) **Luftschadstoffe** ($SO_2$, Stickoxide, Photooxidantien) wirken teils direkt auf Bäume, teils indirekt über Boden.

b) **Pflanzliche und tierische Schädlinge** greifen die durch Luft- und Bodenschadstoffe geschwächten Bäume verstärkt an. Verstärkungswirkung auch durch extreme Witterungsbedingungen, wie starke Fröste, anhaltende Trockenperioden oder ungünstige Standortverhältnisse (z. B. Mineralmangel),.

c) **Salzstreuung.** Pro Laufmeter Autobahn werden in Österreich 40–90 kg Auftausalz gestreut. Streusalz gelangt mit Schneeräumung, Straßenabwässern, als Salzsprühnebel oder durch Wind in angrenzende Wälder. Waldbestände bis zu 100 m beiderseits der Brennerautobahn weisen hohen Chloridgehalt der Fichtennadeln auf. An Brennerautobahn bereits 4 ha Wald abgestorben, weitere 28 ha schwer geschädigt. Wälder haben hier Funktion des Lärm-Immissions- Erosions- und Sichtschutzes für das Wipptal.

# 4 DER BERGBAU

Bergbau ist die der Industrie vorgelagerte Produktionsstufe der Rohstoffgewinnung, zählt daher zum sekundären Sektor (→ Kap. 8). Zunehmende Bedeutung gewinnen Fragen der Vorräte, Umweltprobleme und Standortverlagerung in die globale Peripherie.

## 4.1 Bergbauliche Nutzung – das Problem der Vorräte

Steigender Nachfrage nach Bergbauprodukten stehen begrenzte Vorräte gegenüber. Problem der Verfügbarkeit und Dauer der Reserven. Unterscheidung von *Grundausstattung, Ressource, Reserve* und *Lagerstätte.*

***Grundausstattung.*** Der Aufbau der Erdkruste ist durch 2 Beschränkungen charakterisiert:

*a) Konzentration der Verteilung auf wenige Elemente.* Von 92 natürlich vorkommenden Elementen machen 9 bereits 99 % des Gesamtgewichtes aus. Alle übrigen 83 Elemente sind mit weniger als 1 % am Aufbau beteiligt

*b) Räumlich ungleichmäßige Verteilung.* Rohstoffvorrat auf der Erde ist außerordentlich groß. Wären die Elemente gleichmäßig verteilt und die gesamte Erde eine homogene Masse, so würde 1 km3 Gestein von den am häufigsten vorkommenden Rohstoffen rd. 250 Mio. t Aluminium, 150 Mio. t Eisen, 80 Mio. t Magnesium und 3 Mio t. Mangan enthalten, von den seltenen Metallen immerhin noch 230000 t Zink, 150000 t Kupfer, 44000 t Blei und 14 t Gold. Tatsächlich aber sind die Rohstoffe ungleich verteilt. Geochemische und geologische Prozesse führten in mehr als 4 Mrd. Jahren zur Konzentration von Mineralien in Lagerstätten: Eisen ist z. B. bis zu zehnmal höher konzentriert als im Durchschnitt, Kupfer mehr als 1000 mal, Blei 3000 mal. Nur kleiner Teil dieser Lagerstätten ist aber dem Menschen zugänglich und damit nutzbar. Grad der Nutzbarkeit hängt von mehreren Faktoren ab, wie der Technologie, dem Konzentrationsgrad oder dem Preis.

**Ressource** ist jener Teil der Grundausstattung, den der Mensch nutzen möchte. Frage, was als Ressource angesehen wird, ist stark kulturabhängig. Die menschliche Entwicklung war durch eine laufende Bereicherung der Ressourcenbasis gekennzeichnet. Gold, Kupfer, Blei oder Eisen sind alte Ressourcen, Kupfer und Eisen sind die ersten „Industriemetalle“ der Menschheit.

Nutzungsmöglichkeit einer Ressource von Nachfrageseite abhängig von technischen, ökonomischen und sozialen Bedingungen. Auf Angebotsseite ist *Länge der*

*Nutzungsdauer* wichtig. Man unterscheidet zwischen nichtregenerierbaren und regenerierbaren Ressourcen.

*a) Nichtregenerierbare Ressourcen* werden durch Abbau allmählich erschöpft, z. B. alle Metallagerstätten. Dabei 2 Untergruppen:

- durch Nutzung zerstörbare Ressourcen, z. B. fossile Brennstoffe,
- durch Recycling wiedernutzbare Ressourcen, z. B. Metalle, allerdings stets Schwund und daher keine vollkommene Recyclingmöglichkeit gegeben.

*b) Regenerierbare Ressourcen* sind trotz Nutzung ständig erneuerbar. 3 Gruppen, die alle auf Sonnenenergie zurückzuführen sind:

- direkte Sonnenenergie ist z. B. durch Solaranlagen nutzbar,
- indirekte Sonnenenergie, wie Wind, Gezeitenkraft oder Wellenenergie, ist erst in Form geophysikalischer Umwandlung nutzbar.
- photosynthetische Systeme, z. B. Pflanzen.

**Reserven** sind der nutzbare Teil der Ressourcen. Nicht alle Ressourcen sind nutzbar, der Grad der Nutzbarkeit hängt ab von den jeweiligen technischen, sozioökonomischen und sozialen Bedingungen. Größe der Reserven ist abhängig von 4 Faktoren:

*Qualität der Reserven*, vor allem Lagerungsverhältnisse, Anreicherungsgrad, Verunreinigungen usw.

*Vorratsmenge der Reserven,*

*Entfernung und Zugänglichkeit* in Bezug auf Verbrauchsstandorte,

*Relativen Nachfrage*, spiegelt sich im Preisniveau wider.

Reservenschätzung schwierig. Eingeteilt in drei Kategorien: 1. Sichere Reserven, 2. Wahrscheinliche Reserven und 3. Mögliche Reserven. Kenntnisse über Reserven sind ständigen Änderungen unterworfen.

**Lagerstätten** sind überdurchschnittlich hohe Konzentrationen von nutzbaren Mineralien und Metallen in der Erdkruste. Anreicherungen entstehen durch physikalische und chemische Prozesse. Zwei Arten von Lagerstätten:

*a) Primäre Lagerstätten* sind autochthone Konzentrationen, d.h. die Reserven befinden sich noch am Entstehungsort, gebunden an Eruptivgesteine. Als magmatische Lagerstätten durch plutonische oder vulkanische Tätigkeit entstanden.

*Beispiele:* Diamantlager von Kimberley (Südafrika) und Zimbabwe in Vulkanschloten. Zinnerze sind typisches Produkt der Restkristallisation, daher an magmatische Massen, vor allem Granit gebunden. Als Zinnerzgänge in den Granitintrusionen der europäischen Mittelgebirge, z. B. im sächsisch-böhmischen Erzgebirge. Viel reichere Zinnerze in Graniten SE-Asiens.

*b) Sekundäre Lagerstätten* entstehen durch Verwitterung und Abtragung von primären Lagerstätten, in der Regel durch die Flüsse in Sedimenten konzentriert abgelagert. Daher auch als „Konzentrationslagerstätten" oder „Seifen" bezeichnet.

Vor allem Edelmetalle häufig als Seifen auftretend. Dazu gehören z. B. die Diamantenseifen an Küste von SW-Afrika im Gebiet der Oraniemündung, große Goldseifen im Ural, im Kolymagebiet in Ostsibirien, in Kalifornien und Alaska. Riesige Zinnseifen in Landschaft Bautschi in Nigerien oder auf den indonesischen Zinninseln Bangka, Billiton und Singkep.

Sekundäre Lagerstätten können aber auch durch chemisch-sedimentäre Anreicherung entstehen, vor allem durch Verwitterung von Eisen und Kupfer, die in Wasser gelöst werden und dann chemisch ausflocken, z. B. die Brauneisenerze der lothringischen Minette, jene der Halbinsel Kertsch oder die Kupferschiefer in Mitteldeutschland.

***Das Problem der Nutzungsdauer*** entstand durch steigende Nachfrage und grundsätzlich begrenzte Ressourcen. Weltbevölkerung um 1650 erst 500 Mio. Menschen mit Wachstumsrate von 0,3 % p. a., d. h. Verdopplungszeit in 250 Jahren. 1970 bereits 3,6 Mrd. Menschen und Wachstumsrate bei 2,1 % p. a., 1987 bereits 5 Mrd. Menschen. Exponentielles Wachstum der Bevölkerung mit jährlich steigender absoluter Bevölkerungszunahme! Gegensatz zu linearem Wachstum, bei dem absoluten Zuwächse stets gleich. Gefahr der Unterschätzung von exponentiellen Wachstum!

**Tab. 1: Die Lebensdauer von Rohstoffen und Recyclingraten, Stand 1989**

| Metall | Lebensdauer Jahre | Recyclingraten derz. % | Recyclingraten hypoth. % | Abbau in Mio. t. Ernzinhalt |
|---|---|---|---|---|
| Chrom | 350 | – | – | 5,1 |
| Eisen | 260 | 40 | 50 | 526,8 |
| Mangan | 250 | – | – | 8,7 |
| Braunkohle | 200 | – | – | 1 280,0 |
| Nickel | 160 | 40 | 50 | 0,9 |
| Steinkohle | 160 | – | – | 3 536,0 |
| Zinn | 120 | 50 | 75 | 0,2 |
| Kupfer | 90 | 40 | 75 | 9,1 |
| Blei | 80 | 50 | 60 | 3,3 |
| Erdgas[1]) | 60 | – | – | 2056,3[2]) |
| Silber | 50 | 55 | 60 | 0,015 |
| Erdöl[1]) [3]) | 42 | – | – | 3 108,0 |
| Zink | 40 | 30 | 40 | 7,1 |
| Quecksilber | 35 | – | – | 0,007 |

[1]) Zahlen für 1990
[2]) in Mrd. cbm
[3]) einschließlich Öl aus Teersanden und Ölschiefer rd. 100 Jahre

*Quelle:* FWA 1992, S. 858; WEBER u. PLESCHIUTSCHNIG 1990

Ebenso *exponentielles Ansteigen der Verbrauchsraten* vieler Rohstoffe infolge Bevölkerungszunahme und steigendem Lebensstandard. Problem erstmals 1972 durch berühmte Studie des Club of Rome „Die Grenzen des Wachstums" aufgezeigt. Damals bei Fortsetzung der Verbrauchszuwachsraten Erschöpfung einiger Rohstoffe in wenigen Jahren vorausgesagt: Gold in 9 Jahren, Silber, Quecksilber und Zink in 10–20 Jahren. Nicht zuletzt durch die Bewußtmachung dieses Problems ist es bisher nicht dazu gekommen: Die Neuentdeckung von Reserven, starke Kostensenkungen und daher die Nutzungsmöglichkeit von geringwertigeren Lagerstätten, eine veränderte Einstellung zum Problem der Rohstoffnutzung durch Recycling und Substitution durch neue Stoffe haben dazu beigetragen.

Die *„Zufundrate"* war jedenfalls seit 1970 ständig steigend. Die wirtschaftlich gewinnbaren Weltreserven an Kupfer wurden um 1960 auf rund 240 Mio. t Cu-Inhalt geschätzt. Um 1970 waren es bereits 300 Mio. t und 1989 betrugen die sicheren und wahrscheinlichen Weltvorräte bereits mehr als 600 Mio. t.

In den wichtigsten Rohstoffbereichen führte die intensive Exploration seit um 1970 zu stark steigenden Reserven, so bei Blei von rd. 70 Mio. t (1960) auf 100 Mio. t (1970) und 200 Mio. t 1989. Seit um 1980 herrscht auf den Weltmärkten ein Überangebot und damit rückläufige Preise für die meisten Bergbaurohstoffe. In den nächsten Jahrzehnten ist bei keinem Rohstoff eine Erschöpfung der Lagerstätten zu befürchten. Rohstoffprobleme der Gegenwart sind vielmehr

- immer höhere Erschließungskosten, da Lagerstätten in immer entlegeneren Gebieten genutzt werden müssen,
- Sicherung des Zugangs zu Rohstoffvorräten, die immer mehr in politisch und wirtschaftlich instabilen peripheren Gebieten der Erde liegen,
- Probleme der Umweltbelastung durch den Bergbau,
- starke Angebots- und Preisschwankungen, da Bergbau auf veränderte Nachfrage nicht rasch genug reagieren kann.

In Summe liegen die heutigen Probleme weniger im naturräumlichen Ressourcenpotential, sondern eher in wirtschaftlichen und räumlichen Zusammenhängen.

## 4.2 Die Bergbauprodukte

Nach Verwendung und physikalisch-chemischem Charakter unterscheidet man

**Metalle,** das sind alle Erze (= metallhaltige Gesteine), aus denen sich Metalle gewinnen lassen. Erze stets in Kombination mit anderen Elementen, müssen daher in aufwendigem Aufbereitungsprozeß von diesen Elementen und vom „tauben Gestein" getrennt werden.

**Tab. 2: Hauptproduzenten von Eisen und Stahlveredlern 1988**

| | Erzinhalt in 1000 t | 1. Land | | 2. Land | | 3. Land | | Zus. |
|---|---|---|---|---|---|---|---|---|
| Eisen | 526803 | UdSSR | (26) | China | (16) | Brasilien | (14) | 56% |
| Chrom | 5088 | Rep. Südafr. | (31) | UdSSR | (31) | Albanien | (8) | 70% |
| Kobalt | 26 | Zaire | (43) | Sambia | (16) | Kanada | (10) | 70% |
| Mangan | 8666 | UdSSR | (35) | Gabun | (14) | Rep. Südafr. | (13) | 61% |
| Molybdän | 95 | USA | (36) | Chile | (18) | Kanada | (12) | 66% |
| Nickel | 824 | Kanada | (24) | UdSSR | (23) | Australien | (9) | 56% |
| Tantal-Niob | 44 | Brasilien | (66) | Kanada | (29) | Malaysia | (1) | 97% |
| Titan | 3785 | Australien | (25) | Brasilien | (17) | Kanada | (16) | 58% |
| Vanadium | 57 | Rep. Südafr. | (52) | UdSSR | (31) | China | (9) | 92% |
| Wolfram | 50 | UdSSR | (30) | China | (23) | Rep. Korea | (10) | 63% |

(31) = 31% der Weltproduktion, Zus. = Anteil der drei wichtigsten Länder an der Weltproduktion

*Quelle:* WEBER u. PLESCHIUTSCHNIG 1990

*Eisen:* 1989 wurden rd. 980 Mio. t Eisenerz gefördert. Während in den europäischen Ländern der Eisenerzabbau nur noch mit staatlicher Hilfe aufrechterhalten werden kann, verlagert sich das Schwergewicht des Abbaues immer mehr in die Entwicklungsländer. Während etwa Österreich und die BRD nur Fe-arme Erze besitzen, die im Durchschnitt nur einen Fe-Gehalt von 30 % besitzen, werden in Übersee Erze mit 60–70% Fe abgebaut. Weitaus an 1. Stelle steht die UdSSR (240 Mio. t), gefolgt von China (160 Mio. t) und Brasilien (150 Mio. t).

*Stahlveredler* weisen einen hohen räumlichen Konzentrationsgrad auf. Die 3 wichtigsten Länder haben bei allen Metallen 50–97 % der Weltproduktion. Immer wieder sind die UdSSR, Kanada und die Rep. Südafrika darunter zu finden.

*Buntmetalle* sind mit Ausnahme von Antimon und Quecksilber relativ häufig. Der regionale Konzentrationsgrad ist wesentlicher geringer als bei den Stahlveredlern. Dennoch entfallen jeweils auf die ersten drei Länder der Erde 40–50% der

**Tab. 3: Hauptproduzenten von Buntmetallen 1988**

| Buntmetalle | Erzinhalt in 1000 t | 1. Land | | 2. Land | | 3. Land | | Zus. |
|---|---|---|---|---|---|---|---|---|
| Kupfer | 8817 | Chile | (16) | USA | (15) | UdSSR | (12) | 43% |
| Blei | 3449 | UdSSR | (15) | Austral. | (15) | Kanada | (12) | 41% |
| Zink | 7141 | Kanada | (21) | UdSSR | (13) | Australien | (11) | 45% |
| Zinn | 200 | Malaysia | (17) | Brasilien | (16) | Indonesien | (14) | 47% |
| Antimon | 64 | China | (31) | Bolivien | (20) | Südafr. | (12) | 63% |
| Quecksilber | 6 | UdSSR | (31) | Spanien | (24) | China | (14) | 68% |

*Quelle:* WEBER u. PLESCHIUTSCHNIG 1990

**Tab. 4: Hauptproduzenten von Leichtmetallen 1988**

| | in 1000 t | 1. Land | 2. Land | 3. Land | Zus. |
|---|---|---|---|---|---|
| Bauxit | 82930 | Australien (36) | Äquat. (17) | Jamaika (8) | 61 % |
| Aluminium | 17577 | USA (20) | UdSSR (14) | Kanada (9) | 44 % |
| Lithium | 13 | USA (31) | Chile (23) | Australien (16) | 70 % |
| Magnesit | 12739 | UdSSR (31) | China (16) | VR Korea (9) | 57 % |

Äquat. = Äquatorialguinea

[1]) Stark unterschiedl. Angaben nach Nässegehalt und Zusammensetzung

*Quelle:* Weber u. Pleschiutschnig 1990

gesamten Produktion. Neben der UdSSR, Kanada und Australien treten die Entwicklungsländer bereits sehr stark hervor. Zink hat als Korrosionsschutz für Stahl („Verzinkung") und als Legierungsmetall (z. B. Kupfer + Zink = Messing) große Bedeutung. Neben Kupfer spielt es daher mengenmäßig die wichtigste Rolle.

*Leichtmetalle* sind eine Gruppe von Metallen, die relativ häufig vorkommen. Die Erdkruste besteht zu rd. 9 % aus Aluminium, 2 % aus Magnesium und 0,4 % aus Titan. Wegen der komplizierten Verhüttungstechniken sind sie aber erst spät zu Ressourcen geworden.

Für alle Leichtmetalle sind die Rüstungs- und Flugzeugindustrien Hauptkunden, daher schwankt die Nachfrage sehr stark.

*Aluminium* ist das wichtigste Leichtmetall. Aber nie rein vorkommend und schwer vom Gestein zu trennen. Daher wurde lange nach Gestein gesucht, aus dem Aluminium gewonnen werden kann. Erfindung von Hall, daß Aluminium in geschmolzenem Kryolith gelöst werden kann. Aluminiumerzeugung aus vielen Mineralen möglich, aber Bauxit am wirtschaftlichsten, entsteht durch Verwitterung aluminiumreichen Gesteins unter tropischen Bedingungen. Daher Hauptlagerstätten in Tropen. Nur die UdSSR erzeugt Aluminium aus Nephelin.

*Magnesium* wird aus Magnesit gewonnen, kann heute aber ökonomischer aus Meerwasser erzeugt werden. Erstmals 1886 in Deutschland erzeugt.

**Tab. 5: Hauptproduzenten von Edelmetallen 1988**

| | in t | 1. Land | 2. Land | 3. Land | Zus. |
|---|---|---|---|---|---|
| Gold | 1827 | Südafrika (36) | UdSSR (17) | USA (9) | 62 % |
| Silber | 14436 | Mexiko (17) | Peru (15) | UdSSR (11) | 43 % |
| Platin | 221 | UdSSR (50) | Südafr. (39) | Kanada (7) | 96 % |

*Quelle:* Weber u. Pleschiutschnig 1990

*Titan* ist weitverbreitet, v.a. in den Haupterzen Ilmenit und Rutile, ist besonders leicht und korrosionswiderstandsfähig. Wegen der hohen Produktionskosten ist die Erzeugung nach wie vor gering.

***Edelmetalle:*** Gold, Silber, Platin

**Energierohstoffe** sind wertmäßig der größte Sektor des Bergbaues mit rd. 2/3 des Produktionswertes. Fossile Brennstoffe sind Kohle, Erdöl, Erdgas. Dazu kommt noch Uranerz. Die Darstellung erfolgt im Kapitel Energiewirtschaft (Kap. 5).

**Industrieminerale, Steine und Erden,** werden im wesentlichen in der Form verwendet, in der sie gewonnen werden und kaum verarbeitet. Asbest, Baryt, Bor, Diamant, Diatomit, Feldspat, Flußspat, Gips und Anhydrit, Grafit, Guano, Kaolin, Magnesit, Phosphat, Kalisalz, Salz, Schwefel, Talk, Vermikulit, Zirkon, Tone, Lehme, Sande, Schotter, Kalkstein. Rein mengenmäßig gehören aber einige dieser Erden zu den gewichtigsten bergbaulichen Produkten nach den Energierohstoffen und dem Eisen. So v.a. Salz (1988: 180 Mio. t Weltproduktion), Gips (88), Schwefel (54) und Phosphate (49).

## 4.3 Räumliche Ordnungsprinzipien im Bergbau

Verteilung der Lagerstätten im Raum erfolgt nach bestimmten Gesetzmäßigkeiten, insbesondere nach naturräumlichen und ökonomischen.

### 4.3.1 Naturräumliche Gesetzmäßigkeiten

Strenge geologische Gesetzmäßigkeit besteht nicht, nur wenige Minerale fast ausschließlich an bestimmte geologische Formationen gebunden. Daher Gesetzmäßigkeit des Vorkommens der Lagerstätten nur hinsichtlich einer erhöhten Wahrscheinlichkeit („geologische Eignungsgebiete“).

So führte die vor 4–5 Mrd. Jahren stattfindende Abkühlung der magmatischen Schmelzen der Erdkruste nach bestimmten physikalischen und chemischen Gesetzen zu Anreicherungen. Je nach der Ordnungszahl, der Stellung im Periodensystem, der Zahl der Elektronenschalen, Schmelzpunkt oder Siedepunkt kam es zur Vergesellschaftung bestimmter Elemente nach physikalischen und chemischen Gesetzen. So liefert z.B. die Frühkristallisation vor allem Eisen und wichtige Stahlveredler, wie Chrom, Nickel, Vanadium, aber auch Buntmetalle wie Kupfer.

a) **Alte Gebirgsrümpfe (Kratone)** sind meist sehr metallreich. Sie wurden oft bei späteren Gebirgsbildungsphasen stark beansprucht, Aufsteigen magmatischer Lösungen, daher reiche Metallerzvorkommen (Kanadische Schild, Brasilianische Schild, südliche Afrika, Australien). 29 % der Erdfläche sind Festland, davon gehören 21 % der Erdfläche zu den „alten Schilden“, die restlichen 8 % zu den jungen Faltengebirgen. 71 % entfallen auf Meeresflächen. Diese alten Schilde entstanden vor 4–5 Mrd. Jahren als Kerne unserer heutigen Kontinente durch gewaltige Massen an magmatischen Schmelzen. Die allmähliche Abkühlung dieser Schmelzen erfolgte nach physikalisch-chemischen Gesetzen in mehreren Etappen. Dabei kommt es zur Auskristallisation von Metallen. Durch Gebirgsbildungsprozesse können Gesteinspakete in die Tiefe versenkt und bei hohem Druck und hoher Temperatur umgeschmolzen werden („Metamorphose"). Die Lagerstätten der alten Kerne der Kontinente gehören oft diesen metamorphen Gesteinsserien an.

**Alte Schilde** bestehen daher aus Erstarrungsgesteinen oder metamorphen Gesteinen. ***Erstarrungs- oder Ergußgesteine*** entstehen durch vulkanischen Ausbruch aus dem Erdinneren als Magma in Erdkruste oder als Lava an Erdoberfläche, z. B. Granit und Basalt.

***Metamorphe Gesteine*** entstehen aus allen Gesteinsarten, wenn diese nochmals gebirgsbildenen Prozessen unterworfen: Unter hohem Druck und bei hoher Temperatur charakteristische Veränderungen, vor allem Schiefer, Gneise und Marmore.

b) **Sedimentgesteine,** entstehen aus den beiden übrigen Gesteinsarten durch Abtragen durch die exogenen Kräfte (Wind, Schwerkraft, Wasser usw.) und Ablagerungen in Senkenzonen, insbesondere in Meeresbecken. ***Ältere Sedimentgesteine*** enthalten v. a. fossile Brennstoffe, die auf Ablagerungen von organischem Material in seichte Meeresbuchten zurückgehen: Kohle, Erdöl und Erdgas, Salze. In ***jüngsten Sedimenten*** des Pleistozäns und Holozäns v. a. Steine und Erden, Torfe und Seifen.

Wirtschaftshistorisch ist für das Entstehen der heutigen Kern-Peripherie-Systeme (→ Kap. 1) die räumliche Nachbarschaft von Steinkohle und Eisenerz in der nördlichen gemäßigten Klimazone der wichtigste Verbund zweier Ressourcen. Sie war Grundlage für die Entstehung ***„bergwirtschaftlicher Kernräume"***.

Als Beispiel kann die Herausbildung des lothringischen Industriereviers genommen werden. Die Entwicklung basierte auf den großen aber eisenerzarmen Lagern der „Minette" und den reichen Steinkohlelagern, nach dem Ruhrgebiet den zweitgrößten Europas (Pletsch, 1981, 83–90).

Dieser regionale Verbund ist durch Erschöpfung der meisten Erzlager verloren gegangen und durch transatlantische Bezüge von Erz ersetzt. Vielfach ist es auch nur eine Kostenfrage: In der Bundesrepublik Deutschland gab es um 1960 noch ca. 60 Eisenerzgruben. 1987 wurde die letzte in der Oberpfalz wegen zu geringer Rentabilität geschlossen (FWA 1990, 834). Zwar gibt es noch Eisenerzvorräte von mehr als 2 Mrd. t. Es handelt sich aber dabei um Fe-arme Erze mit nur 10–45 % Fe-Gehalt. Ausländische Reicherze aus Übersee kommen einschließlich der Transportkosten billiger.

Dagegen haben die ***„bergwirtschaftlichen Rohstoffergänzungsräume"***, die sich weitgehend mit den peripheren Räumen decken, noch große Reserven. Dort v. a. Abbau und Aufbereitung.

## 4.3.2 Ökonomische Gesetzmäßigkeiten

Die wichtigsten raumwirksamen Gesetzmäßigkeiten für das Vorkommen von Ressourcen sind geologische, für den Abbau von Lagerstätten, also die Inwertsetzung von Ressourcen dagegen ökonomische. Sie ergeben sich aus hohen Erschließungs- und Transportkosten. Daher gilt Prinzip der Kostenminimierung: Nutzung erfolgt im Raum-Zeit-Plan dort, wo die den Kernräumen nächstgelegene wertvollste Lagerstätte abgebaut werden kann.

### 4.3.2.1 Die Rolle des Preises

***Preis*** ist der klassische ökonomische Indikator für knappe Güter. 1970 bis 1980 starker Anstieg der Preise zahlreicher Rohstoffe. Steigt Preis an, so tritt eine Reihe von Regelungsprozessen in Kraft

- Vergrößerte Sorgfalt bei Nutzung, vermehrtes Recycling,
- Substitution von Rohstoffen,
- Veränderungen in der Lagerstättenbewertung: Abbau kleinerer, ärmerer Lagerstätten.

Bei Kupfer wurden ursprünglich fast nur Reicherze mit mehr als 3 % Kupferinhalt (um 1900) abgebaut. Verknappung führte zum Abbau kupferärmerer Erze mit rd. 0,5 %.

Starke Anstieg der Erdölpreise durch Ölschock von 1973 führte zu Boom Tausender kleiner Ölförderstellen in den USA, Preisverfall nach 1980 ließ sie alle wieder verschwinden.

Steigende Preise verändern laufend die Einschätzung der Reserven, da sich Abbau ärmerer Lagerstätten rentiert und die Erforschung neuer in Angriff genommen wird.

Durch die sinkenden Rohstoffpreise seit Mitte der 80er Jahre findet wieder eine Konzentrationsbewegung im Bergbau auf die reichsten und am kostengünstigsten abbaubaren Lagerstätten statt. Pläne zur Erschließung peripherer Lagerstätten, etwa von Teersanden und Ölschiefern aus Kanada mußten ebenso wieder aufgegeben werden, wie die Förderung von Manganknollen am Tiefseeboden. Die statistische Lebensdauer der Rohstoffe ist heute tendenziell im Ansteigen.

Bei vielen Metallen schwanken die Preise sehr stark, ein wesentliches Problem für Produzenten und Konsumenten. Kupfer ist ein klassisches Metall, das auf die leichteste Veränderung in Politik und Wirtschaft mit Börsennotierungen besonders empfindlich reagiert. Kupfer hat Preisschwankungen wie kein anderes Metall (WINKLER 1983). Das hängt u. a. davon ab, daß Kupfer strategisch wichtiger Rohstoff für die Rüstungsindustrie und Schlüsselbranchen der Industrie, wie Elektrotechnik und Autoindustrie ist.

Stabilisierung der Preise ist daher eines der wichtigsten Ziele von internationalen Rohstoffkartellen, wie etwa der seit 1967 bestehenden CIPEC, einem Produzentenkartell für Kupfer (→ Kap. 9).

Die in der CIPEC zusammengeschlossenen Produzenten decken 60–70 % des Importbedarfes der Industrieländer bei Kupfer und haben damit an sich eine günstige Position. Dennoch war ihr Einfluß bisher gering, aus mehreren Gründen:

1. Bei Kupfer haben die Industrieländer relativ große Vorräte und zudem die Möglichkeit, das Sekundärmetall stärker einzusetzen.

2. CIPEC hat keinen eigenen Finanzierungsfonds und daher auch keine Kupfervorräte um den Preis wirksam zu steuern.

3. Die Teilnehmer sind auf ständige Exporte mit einem hohen Teil ihrer Wirtschaft angewiesen. Sie können sich Exportbeschränkungen nicht leisten. So ist Sambia mit 90 % seiner Exporteinkommen, Chile mit 70–80 %, Zaire mit 55 % von Kupfer abhängig.

## 4.3.2.2 Bergbauliche Verarbeitungsstufen – die Bedeutung der Kosten

Bergbauliche Produktion zerfällt in mehrere Stufen: 1. Prospektion, 2. Exploration, 3. Einrichten des Bergbaues und Abbau, 4. Aufbereitung, 5. Weiterverarbeitung.

Insbesondere die ersten 3 Stufen erfordern lange Zeiträume und viel Kapital.

1) Die **Prospektion** stellt erste Bestandsaufnahme und Abschätzung möglicher Vorkommen dar. Dazu dienen geochemische und geophysikalische Methoden, aber auch Fernerkundungsverfahren (Remote sensing).

a) *Geochemische Methoden* untersuchen die Verteilung der chemischen Elemente an der Erdoberfläche. Grundwasser löst aus Lagerstätten unter der Erdoberfläche einzelne Metalle und lagert sie im Boden und den Pflanzen ab. Anomalien in der Verteilung dieser chemischen Elemente ergeben daher Hinweise auf Lagerstätten.

b) *Geophysikalische Methoden* messen die physikalischen Anomalien der Erdkruste nach Dichte, Schwere, Magnetisierbarkeit, elektrischer Leitfähigkeit usw.

c) *Flächenhafte Übersichtsproduktion* mit dem Flugzeug oder Satelliten als „Remote Sensing“ betrieben, in Teamarbeit von Vertretern vieler Fachdisziplinen. Gewaltige finanzielle Mittel sind für die aufwendige elektronische Ausrüstung notwendig, daher erfolgt die Prospektion immer mehr durch Großfirmen oder den Staat. Durch Multispektralaufnahmen oder mittels Infrarotdaten werden die geologischen Verhältnisse, die Vegetations- und Wasservoraussetzungen erkundet.

2) Die anschließende **Exploration** umfaßt in den bereits erkundeten höffigen (Bergmannsausdruck für „reiche Vorkommen versprechend“) Gebieten erweiterte Untersuchungen, durch Kartenaufnahmen, Messungen und Bohrungen. Dadurch läßt sich Ausdehnung, Zusammensetzung und Gehalt des Erzkörpers feststellen. Hohe Summen kosten vor allem Bohrungen. Die Ergebnisse werden in einer „Feasibility-Studie“ aufgearbeitet, Abschätzung der Wirtschaftlichkeit des Abbaues.

Dazu ist wichtig, daß je nach geologischen Voraussetzungen unterschiedliche Wahrscheinlichkeit des Vorkommens bestimmter Lagerstätten (→ 4.3.1) gegeben ist. Untersuchungen zeigten, daß das Risiko einer Exploration vergleichbar ist mit den Möglichkeiten der Spieltheorie. Am größten ist die Wahrscheinlichkeit, weitere Lagerstätten zu entdecken in Gebieten, in denen bereits einmal ein Bergbau existierte. Sie liegt bei 1:150, für eine große Lagerstätte sogar bei 1:1000. Nach dieser Wahrscheinlichkeit richten sich die Ausgaben der Gesellschaften. Um mit mehr als 50 % Sicherheit im Verlauf von 6–10 Jahren eine mittelgroße Lagerstätte zu finden, müssen jährlich 3–12 % der Gesamtausgaben einer Bergbaufirma in die Exploration investiert werden (SAMES 1971, 41).

Einige große Lagerstätten wurden erst in jüngster Zeit entdeckt:
- Erst um 1960 Bauxitvorkommen in Australien entdeckt, umfaßt die Hälfte aller Reserven der Welt und qualitativ besten Bauxite.
- Auch Australiens Eisenerze erst nach 1960 näher untersucht. Zwischen 1960 und 1970 elf große Lagerstätten entdeckt. Allein in der Pilbara-Region sind sichere Reserven mit einem Fe-Gehalt von 30 Mrd. t, mehr als 1939 auf der ganzen Erde bekannt waren!
- Erst seit 1954 Nutzung der riesigen Limoniteisenerze Labradors (Schefferville, Gagnon, Wabush). Kanada vorher als extrem eisenerzarmes Land angesehen.
- Selbst in den alten Industrieländern werden immer noch wichtige Lager entdeckt: 1972 im Becken des Powder River in Montana und Wyoming größte Kohlevorkommen der USA mit 200 Mrd. t Steinkohle in 1–7 m mächtigen Flözen entdeckt.

3) **Einrichten des Bergbaues und Abbau.** Zunehmend Übergang vom Untertagebau zum Tagebau. Verbesserte Aufbereitung und Verhüttung, Ausnutzung der Nebenbestandteile und verbesserte Transportmöglichkeiten machen auch ärmere Lagerstätten wirtschaftlich.

Bergbau außerordentlich kapitalintensiv, daher auf wenige Großkonzerne beschränkt. Je weiter Bergbau in periphere Gebiete vorstößt, desto größere Anteile an den Investitionskosten auf Infrastruktur.

Beim Lamco Bergbauprojekt in Liberia, wo 7,5 jato Eisenerz abgebaut werden, waren Anfangsinvestitionen von 200 Mio. US-$ notwendig. Davon entfielen auf die 3 wichtigsten Kostengruppen:
- 32 % auf Prospektion, Planung und Errichtung des Bergbaues
- 50 % auf Anlage von Bahn und Hafen
- 10 % für Bau der Company town

Neben den hohen Kosten sind die langen Zeiträume, die zwischen Erkundung und Abbau liegen, wirtschaftlich von Bedeutung. Im Durchschnitt dauert es bei einer Lagerstätte 4–6 Jahre zwischen erfolgreicher Prospektion und dem Beginn des Abbaues. Dies führt zu einem stark zyklischen Charakter der Produktion. In Zeiten hoher Weltmarktpreise erfolgt eine intensive Prospektion und mit entsprechender Zeitverzögerung von mehreren Jahren eine Öffnung neuer Gruben. Die damit stark steigende Produktion führt zu einem Überangebot mit fallenden Preisen. In der Folge müssen Bergwerke und Verarbeitungskapazitäten stillgelegt werden bis ein neuer Zyklus beginnt.

Typisch etwa die Entwicklung des Kupferbergbaues Toquepala in Südperu. Erste Prospektion durch eine amerikanische Gesellschaft 1937. Vor Produktionsbeginn Reihe von Schritten:

- Genehmigung zum Abbau durch die peruanische Regierung
- Aufbringen des Kapitals. Anfangskosten von 250 Mio. US-$, davon 40 % Darlehen der amerikanischen Import-Export-Bank.
- Erst ab 1954 Beginn der Erschließung: Bau der Brecher- und Konzentrationsanlagen, Einrichten der Grube, Errichten einer Company-town für 4000 Beschäftigte und ihre Familien mit Spital, Schulen, Erholungsanlagen hoch in den Bergen Perus. Bau einer 180 km langen Bahn zum Transport des Kupferkonzentrates zur Küste, dort eine zweite Stadt, Ilo, mit Schmelzhütte und Tiefwasserpier.
- Produktionsbeginn erst 1960, 23 Jahre nach Beginn der Prospektionsarbeiten!

4) **Aufbereitung.** Erze mit geringem Metallgehalt müssen zu Konzentraten aufbereitet werden. Kupfererze, werden von 1–2 % Kupferinhalt auf einen Metallgehalt von 20 % angereichert. Zumeist befinden sich die Standorte in der Nähe der Abbaustellen, um Transportkosten zu sparen („Gewichtsverlustmaterial“ → 6.5.1.1).

5) **Weiterverarbeitung.** Die Weiterverarbeitung zu reinen Rohstoffen erfolgt vielfach in Metallhütten und Raffinerien. Kupfer wird dabei zu 99,9 % reinem Metall verarbeitet. Standorte meist noch in den IL wegen Umweltproblemen aber in steigendem Maße in die EL verlagert.

## 4.3.3 Metallgehalt und Verbundproduktion

Die meisten Rohstoffe, insbesondere Metalle, finden sich vermengt mit „totem Gestein“ und verschiedenen anderen Metallen. V. a. wenn der Anreicherungsgrad eines Erzes gering ist, spielen die Beimengungen oft für die Rentabilität einer Grube eine entscheidende Rolle. Bei Kupfer, dessen Gehalt weltweit immer geringer wird, sind daher die häufig vorkommenden Beimengungen von Gold, Silber, Blei, Nickel, Molybdän usw. vielfach für den Abbau entscheidend. Um 1900 betrug der spezifische Kupfergehalt in der US-Förderung noch 4 %, heute bei durchschnittlich 0,6 %. Nur wenige Lager, wie in Sambia und Zaire (2–3 %) oder das sowjetische Kupferlager von Gaj (Ural, 4 %) weisen noch höheren Gehalt auf.

Blei und Zink sind Buntmetalle, die fast immer gemeinsam vorkommen, zudem enthalten Blei-Zinklager meist kleinere Beimengungen von Gold, Silber und Kupfer. Erst die *Verbundproduktion* machte die Erschließung geringwertiger Lagerstätten möglich. Dadurch hat sich das Leben vieler Bergbaugebiete verlängert (z. B. USA).

## 4.4 Bergwirtschaftliche Raumtypen

In den letzten hundert Jahren stiegen Nachfrage und Produktion von mineralischen Rohstoffen stark an. Dabei Verlagerung der Produktion in die globale Peripherie, während Verarbeitung und Verbrauch in den Kernräumen konzentriert. Seit um 1970 verstärkte Abwandern der Hüttenphase in die EL, vornehmlich aus 2 Gründen:

1) Streben der EL nach höherer Wertschöpfung

2) Umweltschutzprobleme in den IL führen zu Konflikten zwischen Bergbau und zunehmend umweltsensibilisierter Bevölkerung.

Trotz steigender Internationalisierung des Bergbaues aber Konzentration der Entscheidungs- und Kapitalmacht in wenigen Großkonzernen, deren Hauptquartiere sich in den Hauptstädten der Kernräume, New York, London, Tokio, Moskau, befinden.

Bei manchen Rohstoffen setzte die Verlagerung in die globale Peripherie schon frühzeitig ein. Fast die Hälfte der Weltförderung von *Kupfer* wird heute bereits in den EL gewonnen. Kupfer bereits seit 8. Jahrtausend bekannt, ursprünglich im Vorderen Orient als erstes Gebrauchsmetall des Menschen. In römischer Zeit wurde es v. a. in Zypern, Rio Tinto in Spanien und England gewonnen, im Mittelalter in den Alpen und in der Mansfelder Mulde östlich des Harzes. Seit ca. 1850 aber Verlagerung nach Übersee, 1870 Chile mit 55000 t Abbau an 1. Stelle der Weltproduktion.

**Tab. 6: Weltproduktion mineralischer Rohstoffe nach Ländergruppen 1988 (→ Text 4.4.1 auf S. 78)**

| Metalle | EL | IL | PL | Metalle | EL | IL | PL |
|---|---|---|---|---|---|---|---|
| Eisen | 30 % | 34 % | 37 % | Kupfer | 43 % | 33 % | 24 % |
| Chrom | 17 % | 42 % | 41 % | Lithium | 27 % | 57 % | 16 % |
| Kobalt | 61 % | 18 % | 21 % | Quecksilber | 7 % | 50 % | 44 % |
| Mangan | 18 % | 40 % | 42 % | Zinn | 53 % | 22 % | 25 % |
| Molybdän | 24 % | 61 % | 15 % | Gold | 16 % | 64 % | 20 % |
| Nickel | 22 % | 43 % | 36 % | Silber | 39 % | 42 % | 20 % |
| Tantal-Niob | 87 % | 13 % | 0 % | Platin | 1 % | 44 % | 55 % |
| Titan | 17 % | 74 % | 9 % | Magnesit | 16 % | 30 % | 54 % |
| Vanadium | 0 % | 62 % | 38 % | Phosphat | 36 % | 33 % | 31 % |
| Wolfram | 18 % | 10 % | 72 % | Steinkohle | 7 % | 41 % | 51 % |
| Antimon | 24 % | 20 % | 56 % | Braunkohle | 8 % | 29 % | 64 % |
| Aluminium | 15 % | 64 % | 21 % | Uran | 7 % | 67 % | 26 % |
| Bauxit | 35 % | 50 % | 14 % | Erdöl | 16 % | 58 % | 26 % |
| Blei | 19 % | 49 % | 32 % | Naturgas | 8 % | 51 % | 41 % |
| Zink | 20 % | 52 % | 28 % | | | | |

*Quelle:* Weber u. Pleschiutschnig 1990

### 4.4.1 Die Raumstruktur der bergbaulichen Nutzung

Versuch, bergbauliche Produktion vergleichend zu untersuchen, stößt auf eine Reihe von Schwierigkeiten:

- unterschiedliche Maßeinheiten, z. B. Tonnen bei dem Großteil der Rohstoffe, aber Karat (1 Karat = 200 mg) bei Diamanten oder cbm bei Erdgas.
- Möglichkeit der Messung nur nach Metallinhalt oder inkl. taubem Gestein.

Neben den natürlichen Voraussetzungen spielt die ***Rohstoffpolitik*** eine entscheidende Rolle. Die einzelnen Staaten haben dabei verschiedene Möglichkeiten:

- Sicherung der inländischen Ressourcen durch Schonung der Reserven oder Förderung der inländischen Prospektion,
- Erwerb von Lagerstätten im Ausland,
- Lagerhaltung,
- Schaffung von Informationsmacht z. B. durch Organisationen.

Alle bergbaulichen Rohstoffe zusammengenommen zeigen, daß Großteil der Bergbauproduktion nach wie vor in Hand der IL liegt: 45 % in westlichen IL, 43 % in PL, 12 % in EL. Nur bei den Gruppen Eisen (30 %), Stahlveredler (21 %), Buntmetalle (31 %) und Leichtmetalle (41 %) weisen die EL größere Anteile an der bergbaulichen Produktion auf. Allerdings gute Abschneiden der industriellen Kernräume (Westliche IL und PL) wesentlich bestimmt durch überragende Gewicht der Energierohstoffe, v. a. der Kohle. Zudem haben auch IL große Gebiete, die der globalen Peripherie zuzurechnen sind (Kanadas Norden, Sibirien) → auch Tab. 6, S. 77.

### 4.4.2 Die bergwirtschaftlichen Kernräume

Gewichtsmäßig dominieren in den Kernräumen die **Energierohstoffe** mit 88 % der bergbaulichen Förderung (IL) bzw. 91 % (PL).

Insbesondere *Steinkohle* (36 % bzw. 49 %), *Erdöl* (42 % bzw. 21 %) und *Braunkohle* (10 % bzw. 21 %) sind die weitaus wichtigsten Rohstoffe (→ 5.3.1.3). Klammert man sie aus, so wird Bedeutung der Kernräume bereits wesentlich reduziert.

Kernräume einst gekennzeichnet durch Kombination von Kohle und Eisenerz. Jahrhundertelange Nutzung führte zur Erschöpfung eines Großteils der Lagerstätten.

Doch entfallen noch heute je rd. 1/3 der **Eisenerzgewinnung** der Erde auf Westliche IL und auf PL. Dabei allein 25 % auf die SU, 6 % auf USA, 6 % auf Kanada, Republik Südafrika und Schweden je 3 %. Allerdings wird in vielen IL die Eisenerzproduktion nur noch durch staatliche Subventionen aus arbeitsmarktpolitischen Gründen am Leben erhalten (Frankreich, Norwegen, Österreich, auch Schweden).

In der Bundesrepublik Deutschland um 1960 noch 60 Eisenerzgruben. 1987 die letzte in der Oberpfalz wegen zu geringer Rentabilität geschlossen. Zwar gibt es hier noch Eisenerzvorräte von 2,3 Mrd. t, infolge des geringen Fe-Gehaltes von 10–45 % aber Abbau zu kostspielig. Importerze billiger.

Auch in den IL werden die Gruben immer größer. Eine Eisenerzgrube förderte um 1950 im Mittel 1–2 Mio. t p. a., heute mindestens 10 Mio. t.

*Größte Eisenerzvorkommen Europas* ist nordschwedische Eisenerzgebiet (Kiruna, Gällivare). Europa ist neben Nordamerika und Japan dritter großer Rohstoffverbraucher. Wie Japan hat es geringe einheimische Erzeugung und ist daher enorm abhängig von Importen. Die vorhandenen Lagerstätten haben oft nur noch mäßige Qualität. Vielfach stößt der Bergbau auf Probleme des Umweltschutzes, andererseits zur Rohstoffsicherung stark geförderte Prospektion. In Frankreich z. B. 1965 eine neue Wolframlagerstätte entdeckt, in Österreich wird das Scheelit-(Wolfram-) lager bei Mittersill seit ca. 1970 abgebaut.

*In Nordamerika* v. a. Großrevier der Mesabi Range, einst hochwertige Hämatite, heute weitgehend erschöpft. Jetzt Abbau der geringwertigen Taconite (ca. 30 % Fe), die angereichert und pelletisiert werden. Dafür reiche Eisenerzlager Labradors, Kanada, erschlossen: Schefferville, Gagnon, Wabush, durch Bahnen mit Exporthäfen von Sept Iles und Port Cartier am St. Lorenzstrom verbunden.

*In SU* große Eisenerzlager bei Kriwoj-Rog und im Ural. Die SU verbindet wie die USA große Lager und günstige geologische Voraussetzungen. Anders als in den USA führten politisch-strategische Autarkieüberlegungen und Devisenhunger zu einem riesigen Aufwand für Exploration. Bis auf Zinn und Bauxit ist die SU heute autark. Westliche Wirtschaftlichkeitsmaßstäbe unterblieben, zentrale Planvorgaben beherrschen den Bergbau, Rentabilität steht an 2. Stelle.

Bei **Stahlveredlern** sind die Kernräume relativ reich an Chrom (82 % der Weltvorräte auf IL und PL), Mangan (81 %), Nickel (79 %), Molybdän (73 %), Titan (70 %), Vanadium (100 %) und Wolfram (74 %).

*Nickel* typisch für diese Gruppe: Verwendet v. a. für rostfreien Stahl, hitzebeständigen Stahl für Hochdruckrohre und Dampfrohre, Auto- und Maschinenteile.

Nickel wurde 1883 entdeckt als Bauarbeiter bei Bau der Trasse der Canadian Pacific Railway im Norden Ontarios reiche Kupfer-Nickel-Lagerstätte von Sudbury entdeckten. Neben Kupferproduktion große Mengen Nickel, für die erst Markt gesucht werden mußte. Hauptverwendungsbereich bald die Rüstungsindustrie, insbesondere zur Erzeugung von Panzerplatten. Rüstungsindustrie mit ihren charakteristischen Nachfrageschwankungen bestimmt Nickelproduktion sehr stark! Boomphasen im 1. und 2. Weltkrieg, Vietnam- und Koreakrieg. Die „International Nickel Company of Canada“ (INCO) wurde zum weltgrößten Produzenten mit (um 1960) mehr als 1/3 der Weltproduktion.

Bei den **Buntmetallen** dominieren die Kernräume bei Blei (81 % der Produktion), Zink (80 %), Quecksilber (91 %) und Antimon (76 %). Zugleich befinden sich dort auch die Hauptquartiere der größten Bergbaufirmen der Erde.

*Nordamerika* zählt zu den größten Produzenten und zugleich Verbrauchern. Seit um 1900 hat sich in USA ebenso wie in Kanada eine starke Bergbauindustrie mit enormer Finanzkraft und großem technologische Knowhow entwickelt. In den USA klafft allerdings immer größere Lücke zwischen Produktion und Verbrauch:

> Die USA haben alle Wege der Rohstoffsicherung erfolgreich beschritten: Aus Furcht vor Verknappungserscheinungen legte die Weltmacht USA eine strategische Rohstoffreserve („stockpile“) auf Lager. Dieses Lager stellt eine ständige Bedrohung aller Weltmärkte dar, da eine Freigabe von bestimmten Metallen alle Notierungen zusammenbrechen ließe. An- und Verkauf dieses Lagers durch eigene Behörde, die General Services Administration (GSA) geregelt.

Mehrere Organisationen, wie der US Geological Service oder das US Bureau of Mines mit 14000 Beschäftigten und dementsprechendem Kapitalaufwand befassen sich mit Landesaufnahme, Lagerstättenerkundung, Erforschung der Geologie auch im Ausland, Verarbeitungs- und Verwertungstechnologie usw. und geben der US-Bergbauindustrie einen gewaltigen Informationsvorsprung. Dazu kommt gewaltige Finanzkraft der Bergbauindustrie. Ein Großteil der weltweiten Bergbauprojekte wird von anglo-amerikanischen Firmen geplant.

## 4.4.3 Die bergwirtschaftlichen Rohstoffergänzungsräume

Bei *Eisenerz* kommt bereits rd. 1/3 der Produktion (Fe-Inhalt) auf die EL. Durchwegs hochwertige Erze (Fe-Gehalt über 60 %), die viel billiger als in den IL gefördert werden. Sinkende Transportkosten und seit 2. Weltkrieg generell steigender Trend der Förderung von 190 Mio. t Weltförderung (1950) auf 600 Mio. t (1970) und 980 Mio. t (1989) führten zur weltweiten Suche nach neuen Lagerstätten.

Es lassen sich mehrere Bergbauregionen, in denen große Rohstofflager konzentriert sind, unterscheiden (→ Diercke 1988, S. 133, 146/147, 210/211, 229).

### 4.4.3.1 Bergbauregion in Südamerika

**Region Anden und Bergland von Guayana.** Dieses Gebiet hat eine Reihe wichtiger Rohstoffe, die sich v.a. in den Anden als primäre Metallager finden: jeweils rd. 20 % der Weltproduktion beim Stahlveredler Molybdän, ferner bei Kupfer, Antimon, Arsen, Lithium, Silber und besonders dominant bei Guano (68 %). Weniger bedeutend sind übrigen Buntmetalle, wie Blei, Zink und Zinn mit jeweils 6–10 %.

Unter den Brennstoffen ist nur Erdöl von einiger Bedeutung. Für Erdgas fehlt weitgehend der Markt, es wird Großteils noch abgefackelt oder in die Öllagerstätten eingepreßt. Im Bergland von Guayana werden rd. 5 % der Weltförderung an Bauxit erreicht.

*Merkmale des Bergbaues dieser Zone:*

a) In fast allen Ländern hat der Bergbau große wirtschaftliche Bedeutung und stellt mehr als die Hälfte des Exportwertes, so in Guayana (Bauxit und Aluminium), Chile und Peru (Kupfer).

b) In der Regel erfolgt Export des Rohstoffes ohne Verarbeitung, typisch für Kern-Peripherie Beziehungen. Staaten versuchen, durch 2 Strategien Abhängigkeiten zu mindern:

- durch den Bau von Metallhütten soll größere Wertschöpfung erreicht werden. Stößt allerdings auf Problem des Kapitalmangels und zunehmende Umweltbelastung.
- durch Nationalisierung des Bergbaues, damit Rückzug vieler ausländischer Gesellschaften.

c) Teilweise alte Bergbauländer. In Chile und Peru bereits unter Inkas, vor allem auf Edelmetalle. Chile zwischen 1860–80 teilweise Hälfte der Kupferproduktion der Erde. Monopol bei Chilesalpeter.

***Kupfer*** ist wichtigstes Bergbauprodukt dieser Region, konzentriert auf Peru und Chile. Für beide Staaten Kupferbergbau wirtschaftlich bedeutend. Chuquicamata und El Teniente in Chile, das mit 16 % der Weltproduktion größter Produzent bei Kupfer. Fortsetzung nach N in Lagerstätte Toquepala, die Hauptteil der peruanischen Produktion liefert.

***Silber*** jahrhundertelang für Wirtschaft Boliviens und Perus entscheidend: Von hier stammt Großteil des von Spaniern nach Europa gebrachten Silbers. Um 1550 Bolivien Hälfte der Silberproduktion der Erde, berühmteste Lagerstätte Cerro de Rico bei Potosí. Heute 15 % der Weltproduktion in Peru (Cerro de Pasco) und 17 % in Mexiko (Pachuca, Santa Barbara). Blei-Zinklager in Peru bei Lima (6 % bei Blei, 9 % bei Zink).*

Boliviens Wirtschaft beruht zudem wesentlich auf ***Zinn***. Lagerstätten in Ostkordillere in Zone von 900 km Länge in zahlreichen Zinnerzgängen (1 % Sn).

Reiche ***Eisenerzlager*** in Venezuela bei Cerro Bolivar (2 %). Große ***Bauxitlagerstätten*** im Bergland von Guyana, kostengünstig im Tagebau. Abbau in Guyana (3 %) bei Kwakwani, Ituni und Mackenzie, und in Surinam, v. a. im Revier Moengo. Ein Teil der Produktion in Tonerdefabrik bei Paranam verarbeitet und davon wiederum 1/5 in der Aluminiumhütte unterhalb des Stausees (Van Blommestein See) dessen Kraftwerk den elektrischen Strom für die Hütte Brokopondo liefert.

Reiche ***Manganerzlager*** im Amazonasgebiet bei Amapá (Brasilien 11 % der Weltproduktion von Mangan). Reiche ***Fe-Lagerstätte*** im Brasilianischen Bergland

* Prozentwerte in Klammer beziehen sich in der Folge immer auf Anteil an der Weltproduktion 1988

von Itabira. Weiter nördlich neuerschlossener Abbau in der Sa. dos Carajás im Amazonasgebiet. Damit Brasilien beherrschende Stellung im Eisenerzexport der EL: 14% der Weltproduktion, 3. Stelle nach SU und China.

Ein großes Problem stellt die rasch wechselnde Politik südamerikanischer Länder gegenüber ausländischen Bergbaugesellschaften dar.

### 4.4.3.2 Bergbauregionen in Afrika

**Bergbauregion Südafrika – Katanga.** Reiche Bodenschätze v.a. im Afrikanischen Schild. Ein Großteil der Produktion Afrikas entfällt auf nur wenige Länder.

***Gold*** am Witwatersrand (1988: 36% der Weltproduktion), ***Platin*** (39%), ***Diamanten*** in Kimberley, Namibia, und große Vorkommen in Zaire (Tshikapa, Mbuji-Mayi). Reiche ***Kupfervorkommen*** im Kupfergürtel von Sambia (6%) und Zaire (6%). ***Chromerzvorkommen*** in Südafrika (31%) und Zimbabwe (6%). ***Mangan*** in Südafrika (13%), ebenso ***Vanadium*** (52%). ***Eisenerzlager*** bei Thabazimbi (3%).

**Bergbauregion Guineaschwelle.** Besonders reiche ***Eisenerzlager*** in Liberia (Bomi Hills und Nimbaberge, 2%). ***Zinn*** im Bauchi-Plateau von Nigeria, aber noch nicht abgebaut. Gabun hat 14% der Weltproduktion an ***Manganerz*** in Mouanda.

### 4.4.3.3 Bergbauregionen in Asien/Australien (außer SU)

In Asien überwiegen junge Faltengebirge, nur in Indien und Arabien sind die ältesten Gesteine weit verbreitet. Daher überwiegen kleine Minen und in Summe hat Asien relativ geringe Bedeutung. Ein weiteres Charakteristikum ist die zunehmende Ausrichtung der Rohstoffe auf die Bedürfnisse Japans. 4 Bergbauregionen können unterschieden werden:

**Bergbauregion NE-Indien:** Im Dekkan große ***Eisenerzlager*** in Bihar/Orissa, v.a. bei Singhbum (Indien:6%). Über 200 Tagebauten mit hohem Fe-Gehalt (60–70% Fe). Da auch Steinkohle in zahlreichen Lagern abgebaut wird, hat Indien eine bedeutende Eisen-und Stahlerzeugung, v.a. in Rourkela und Jamshedpur. Zudem starke Exporte: (1986: 32 Mio. t) über die Häfen Goa, Mangalore und Vishakhapatnam, besonders nach Japan. Im Dekkan auch ***Chromlager*** (6%), ferner ***Mangan*** bei Balaghat (5%), bedeutende ***Bauxitproduktion*** (1988: 3,4 Mio. t) v.a. bei Ranchi.

**Region Südchinesisches Bergland:** 23% der ***Wolframproduktion*** der Erde, ***Zinnlager***, ***Buntmetalle*** (Kupfer, Blei, Zink), ***Manganerze***. Chinas Zinnproduktion mit 33000 t an zweiter Stelle in der Welt, bei Kupfer mit 380000 t an 8. Stelle, bei Blei und Zink an 5. Stelle.

**Mandschurei:** Reiche ***Eisenerzlager*** und ***Kokskohle*** bei Anshan, Zentrum der chinesischen ***Erdölgewinnung*** bei Daqing. China mit 162 Mio. t Eisenerz mit durchschnittlich 60 % Fe-gehalt an 2. Stelle der Weltförderung, bei Steinkohle eines der größten Förderländer der Erde und bei Erdöl mit 138 Mio. t an 6. Stelle.

**Australien** gehört zu den bedeutendsten Bergbauländern der Erde, in dem fast alle Rohstoffe in großen Mengen abgebaut werden, obwohl geologisch und lagerstättenkundlich noch längst nicht alle Gebiete erforscht (Diercke 1988, S. 182/183).

Der Bergbau nimmt in der Wirtschaft Australiens mit 1/4 der Exporte eine Schlüsselstellung ein. Entwicklung nur durch fehlende Infrastruktur gehemmt, Großteil des Kapitals aus dem Ausland, v. a. Japan. Daher werden auch 3/4 der Bergbauproduktion unverarbeitet ausgeführt.

***Gold*** war ab 1840 wichtigstes Bergbauprodukt, entscheidend für die wirtschaftliche Erschließung und Besiedlung. Hauptreviere sind Coolgardie und Kalgoorlie, wo der Abbau in der „Goldenen Meile" um 1900 seine Blüte erreichte und Tennant Creek im Nordterritorium, wo neben Gold auch reiche Kupferlager, Silber und Wismut.

Australien mit 33 Mio. t (1989) Weltmarktführer bei ***Bauxit*** mit riesigen Lagerstätten um den Carpentaria Golf bei Gove und Weipa. Ein Großteil der Produktion wird zu 10 Mio. t Tonerde verarbeitet, bei der Australien ebenfalls führend.

Australien bedeutender Produzent von ***Kupfer*** (1989: 300 000 t), v. a. aus der Grube Mount Isa, die auch große Mengen an ***Blei-Zinklagern*** aufweist. Mit 490000 t Blei und 800 000 t Zink steht Australien an 2. bzw. 3. Stelle der Welt. Broken Hill ist eine der großartigsten Buntmetallkonzentrationen der Welt mit Blei, Zink und ***Silber***. Auch Tasmanien hat bei Read-Rosebery große Blei-Zink-Lagerstätten.

### 4.4.4 Die Ozeane – eine riesige Rohstoffreserve

Drei Viertel der Erdoberfläche werden von Ozeanen eingenommen, davon 53 % von der Tiefsee und 18 % von der Flachsee. Wirtschaftlich Unterscheidung zwischen Flachseeförderung und Tiefseegebiete.

Die offshore-Technologie in den Flachseegebieten hat in den letzten 20 Jahren gewaltige Fortschritte gemacht, insbesondere durch Erdölbohrungen. Tiefsee-Bergbau erfordert noch aufwendigere Technologie und besonders hohe Investitionen. 2 Lagerstättentypen sind wichtig

1) ***Manganknollen:*** Durch Jahrmillionen Absinken feinster Trübe und Ansammlung am Meeresboden, neben Mangan vor allem durch Gehalt an Nickel, Kupfer und Kobalt interessant.

2) ***Thermallaugensedimente*** sind Ansammlungen von heißen, metallhaltigen Schlämmen am Meeresboden, hydrothermale Abscheidungen, enthalten neben Blei, Zink und Kupfer auch Gold, Silber und seltene Metalle.

### 4.4.5 Die Austauschverflechtungen

Sinkende Transportkosten erlaubten Verschiebung des Bergbaues in globale Peripherie. Transportkostensenkung durch

- *Verwendung hochangereicherter Erze.* Urspünglich kam Eisenerz nur zerkleinert direkt in den Hochofen. Heute Aufbereitung und Anreicherung durch Sintern und Pelletisieren billiger. Durch diese „Agglomerationstechnologie" entstehen Konzentrate von über 65 %, wesentlich billigerer Umschlag und Transport, zudem weniger Brennstoff beim Schmelzen benötigt und bessere Leistung im Hochofen.
- *Verbesserte Transporttechnologie:* Um 1950 wurden Eisenerze mit durchschnittlichen Schiffen von 10000 dwt („dead weight tons" → S. 162) transportiert, heute 150000–200000 dwt Eisenerzfrachter („ore carriers"). Schiffstransport von Eisenerz von Brasilien nach Japan um 1950 rd. 18 $/t mit Schiffen von ca. 10000 dwt. Um 1960 durchschnittliche Schiffsgröße auf 20000 dwt bei Erzfrachtern und Rate auf ca. 8 $/t. Durch Eröffnung des neuen Hafens Tubarao für 70000 dwt Frachter fiel Rate auf 5,5 $/t. Um 1970 mit Einführung von OBO-Schiffen (→ S. 163) Rate auf 4 $/t.
- Daneben moderne „bulk carriers" eingesetzt, die abwechselnd mehrere Güter transportieren, z. B. Bauxit, Öl und Eisenerz. Damit komplexere Trampschiffahrtsrouten möglich: z. B. Eisenerz von Westaustralien nach Rotterdam – mit Ballast zum Persischen Golf – Erdöl nach Japan – Ballast nach Westaustralien.
- Erstmals auch *Pipelines* für Transport von Erzen. So in Tasmanien zwischen Mine von Savage River und dem Pelletisierungswerk und Verladeterminal in der Brickmakers Bay.

## 4.5 Räumliche Auswirkungen des Bergbaues

Bergbau hat auch heute noch Pionierfunktion bei Erschließung der Anökumene der Erde: In Kanada und Alaska ebenso wie in Sibirien oder in tropischen Regenwaldgebieten und an Höhengrenzen der Gebirge.

### 4.5.1 Die raumerschließende Wirkung – die Pionierrolle des Bergbaues

Der Bergbau dringt immer weiter in die Gebiete der Anökumene vor. Wirtschaftsgeographisch besitzt er daher eine Pionierfunktion. Sie wird in den polaren Räumen Kanadas und Sibiriens oder in den Regenwaldgebieten Amazoniens besonders deutlich. Durch die Anlage von Straßen, Bahnen und Siedlungen folgt die endgültige Erschließung.

In Kanada und Alaska wird die nördlichste Pionierfront durch die Stützpunkte des Bergbaues gebildet. Kanada hat nach den USA und der SU die größte Bergbauproduktion der Erde und ist weltgrößter Exporteur von Bergbauprodukten. 80 % seiner Förderung werden exportiert, davon 2/3 in die USA; typisch für die Rohstofflieferungen einer Peripherie an den Kernraum. Die USA sind daher ebenso wie seit 1960 Japan kapitalsmäßig stark an der bergbaulichen Erschließung beteiligt, besonders British Columbia wurde zum Rohstoffergänzungsraum für die japanische Wirtschaft.

In der *ersten Erschließungsphase* des polaren Nordens bis zum 2. Weltkrieg war v. a. Gold entscheidend für das Vorrücken der Bergbaugrenze nach Norden (Diercke 1988, S. 192/193).

Um 1860 wurden die Cariboo Mountains in British Columbia von Goldsuchern überschwemmt, Barkerville wurde zum Zentrum der Goldsucher. 1896 wurden die großen Waschgoldlager am Klondyke in Yukon entdeckt. In kurzer Zeit gab es mehr als Hunderttausend Goldsucher, Dawson wurde zu einer Stadt mit 25000 Einwohnern. 1903 wurden die Golderzvorkommen des Porcupine Feldes entdeckt, ein großes Bergwerksgebiet mit dem Zentrum Timmins entstand.

Buntmetallagerstätten wurden dagegen zunächst nur in südlicheren Gebieten, nahe der Ökumene abgebaut. Um 1880 wurden beim Bau der Canadian Pacific Railway die großen Kupfer-Nickel-Lager von Sudbury entdeckt, noch heute eines der bedeutendsten Grubenfelder Kanadas, etwas später die Kupfer-Zink Lager von Flin Flon. Im südlichen British Columbia hatte man 1890 die Buntmetallagerstätten bei Kimberley entdeckt und mit der Verhüttung der reichen Blei-Zink-Erze in einer großen Buntmetallhütte in Trail begonnen.

*Nach 1950* wird die Bergbaugrenze immer weiter nach Norden vorgeschoben. Drei Faktoren sind dafür entscheidend: Moderne Erkundungsmethoden vom Flugzeug aus, die zunehmende Verkehrserschließung des polaren Raumes durch Flugzeug, Straßen und Bahnen und die steigende Nachfrage der US-Industrie.

*Seit um 1955* werden die reichen Eisenerzlager von Labrador abgebaut, zunächst bei Schefferville, wo eine 600 km lange Bahnlinie nach Sept Iles, eine der größten technischen Leistungen der damaligen Zeit, errichtet wird. Seit 1960 werden auch die Eisenerze von Gagnon abgebaut und durch eine 300 km lange Bahn mit dem Erzhafen von Port Cartier verbunden.

Bei Chibougamau, wo man bereits 1935 eine Goldgrube erschlossen hatte, werden seit 1953 reiche Kupferlager abgebaut und durch den Bau einer Bahn abtransportiert. Weitere reiche Buntmetallager an Kupfer, Nickel, Zink, werden nördlich des Oberen Sees bei Manitouwadge und bei Lynn Lake nördlich von Flin Flon abgebaut.

*Um 1960* werden die großen Nickellager von Thompson erschlossen, 1964 die Blei-Zink Lager bei Pine Point am Südufer des Großen Sklaven Sees. Schließlich folgten Entdeckung und Abbau der reichen Erdöl- und Erdgaslager in Alberta und der aufsehenerregende Fund riesiger Erdöllager in der Prudhoe Bay in Alaska (1968).

Bodenschätze können erst abgebaut werden, sobald die notwendige ***Infrastruktur*** errichtet wird. Der *Bahnbau* lohnt sich allerdings nur bei hohen Transportmengen. In Alberta wurde 1964 eine Bahnlinie durch das Peace River Gebiet zum Großen Sklavensee zu den Goldlagern von Yellowknife und weiter zu den Blei-Zinklagern von Pine Point errichtet.

*Straßen* werden zumeist zur Ersterschließung gebaut, zunächst meist als reine „Winterstraßen", die nur im Winter bei ausreichender Schneelage und Frostboden von Raupenfahrzeugen befahren werden können. Lohnt der Abbau, so werden später feste Straßen angelegt, deren Bau infolge des Permafrostbodens, der im Sommer mehrere Meter tief auftaut, bis zu Hundertmal mehr kostet als Winterstraßen. Berühmt wurden der 2400 km lange Alaska Highway, der im 2. Weltkrieg primär aus militärischen Überlegungen vom Dawson Creek nordwestlich von Edmonton nach Fairbanks erbaut wurde und der Mackenzie Highway, der vom Peace River zum Großen Sklavensee nach Yellowknife führt.

### 4.5.2 Company Towns und Ghost Towns

Großtechnische Bergbau in Gebieten der Anökumene erfordert Organisation für Beschaffung der Arbeitskräfte. Bei großen Vorräten vielfach Anlage von Siedlungen durch die Bergwerksgesellschaften („company towns").

INCO hatte 1958 Produktionskapazität von 140000 jato Nickel in Sudbury-Mine. Obwohl damals Welt-Nachfrage nur 90000 jato, entschloß sich INCO zur Entwicklung der zweitgrößten Nickelgrube der Welt in Thompson, im N Kanadas. *Grund:* Anlage strategischer Lager durch USA. In Thompson errichtete INCO vollintegrierte Nickelwirtschaft mit Bergbau, Schmelzhütte und Raffinerie. Dazu große Company Town mit Erholungs- und Einkaufseinrichtungen, Schulen, Spital usw., eigene Bahnlinie. Notwendigkeit, derartige Siedlungen zu bauen, erhöht Kosten des Bergbaues gewaltig. Bis 1970 investierte INCO in die Stadtentwicklung 15 Mio. US-$. Gesamte Thompson Komplex kostete bis 1970 rd. 550 Mio. US-$. 75 % von INCO finanziert, Rest öffentliche Gelder.

In vielen Fällen entstehen aus den Companytowns richtige Städte, wie etwa Chibougamau, das 10000 Einwohner zählt oder Manitouwadge mit 6000 Einwohnern. Entscheidend ist stets die Dauer des Abbaues. Wo er rasch wieder stillgelegt wird, entstehen Geisterstädte („ghost towns"), wie die ehemaligen Goldgräbersiedlungen Barkerville, heute als touristische Attraktion vermarktet, oder Dawson oder Elliot Lake, das um 1955 als Musterstadt für das Uranerzbergbaurevier am Blind River errichtet wurde, 1958 mit rd. 25000 Menschen seinen Höhepunkt erlebte und seither durch die Schließung der Urangruben zur sterbenden Stadt wurde, die verzweifelt versucht, den Niedergang durch eine Transformation zu einem Bildungszentrum aufzuhalten.

### 4.5.3 Die umweltbelastende Wirkung des Bergbaues

Durch den Bergbau wird eine Landschaft wesentlich verändert. Fördertürme, Abraumhalden, Absinkteiche, die riesigen Wunden der Tagebauten, starkes Verkehrsaufkommen, Lärm- und Staubemissionen. Mit zunehmender Vergrößerung der Bergbauanlagen wächst die Raumbeeinflussung stark an.

Typisch etwa das Saarland (Köhler 1986): Hier erfolgte der Abbau von Kohle seit etwa 1750 im „Saarkohlewald", in dem die Kohle oberflächennah zwischen Neunkirchen und Saarbrücken anstand. Lange Zeit waren die bergbaulichen Anlagen mit ihren Stollen und kleinen Abraumhalden im hügeligen Waldland versteckt. Erst ab 1850 nahmen sie mit erhöhtem Kohleabbau immer größere Flächen ein. Heute im Saarland zwischen Ostertal und dem Warndt 150 Halden, die bis zu 90 m Höhe erreichen und 30 ha Fläche einnehmen. Nur wenige tragen einen lichten Wald aus Birken, Aspen, Weiden und Robinien. Daher 1960 erstmals forstliche Standortkartierung, um geeignete Flächen der forstlichen Nutzung einzuführen.

Heute in vielen Industrieländern bereits ***Rekultivierungspläne*** den Bergbauunternehmen zwingend vorgeschrieben. Bei fast allen Verarbeitungsstufen des Bergbaues fallen wesentliche Belastungen der Umwelt an. Insbesondere die Metallhütten gelten als enorme Umweltbelaster und werden daher immer rigoroseren Auflagen unterzogen. Bei der Zinkverhüttung fallen große Mengen an Zinkstaub, $SO_2$ und $SO_3$ an.

***Umweltfragen*** gewinnen auch *als Standortfaktor* immer mehr an Bedeutung. Große Konzerne verlagern ihre Metallhütten in die EL um den teuren Umweltauflagen an den bisherigen Standorten in den IL zu entgehen.

In der Mesabi Range westlich des Oberen Sees, dem größten Eisenerzlager der USA, sind die Fe-reichen Erze erschöpft, so daß die nur rd. 30 % Fe enthaltenden Taconite abgebaut werden müssen. Dies ist wirtschaftlich nur vertretbar bei großflächiger vollmechanisierter Tagebautechnik. Die *Landschaftsbelastug* steigt dadurch aber enorm: Rotleuchtende Eisenerz-Tagebauten, Abraum- und Erzhalden und Schlammbecken nehmen riesige Flächen ein.

### 4.5.4 Großkonzerne: Die Konzentration der Entscheidungsmacht

Die hohe und stark steigende Kapitalsintensität des Bergbaues führt zur Konzentration in immer weniger und immer größeren *Konzernen.* Von ihren Zentralen in den IL üben sie einen beherrschenden Einfluß auf die globale Rohstoffwirtschaft aus.

So ist ein Großteil der Kupfererzeugung der Erde in wenigen Großkonzernen konzentriert. Ihre Hauptquartiere liegen in wenigen Staaten, zumeist in den USA: Kennecott ist zusammen mit der Anglo American Corp. of South Africa führend, dazu kommen Phelps Dodge, Southern Peru, die brit. Rio-Tinto-Zinc, die Anaconda, Amax, Asarco und Inco. Seit ca. 1970 steigen Erdölgesellschaften immer mehr ins Kupfergeschäft ein. Die beiden führenden Kupferkonzerne der USA, Kennecott und Anaconda, gehören der Ölindustrie.

1960 waren mehr als 50 % der abbauwürdigen Kupferlager der westlichen Welt in Händen amerikanischer Konzerne, weitere 27 % in britischen. Seither haben viele EL ihren Bergbau nationalisiert. Etwa 1/3 der Bergbauproduktion befindet sich in den Händen nationaler oder „gemischter“ Gesellschaften, an denen der Staat maßgeblich beteiligt ist.

Entscheidend für die Verteilung der Machtbeziehungen sind auch die *Metallbörsen*, insbesondere in London und New York. Sie werden von den Großkonzernen beherrscht, die damit den Welthandel mit Metallen entscheidend beeinflussen.

# 5 ENERGIEWIRTSCHAFT

## 5.1 Energieverbrauch und Energiearten

Der Primärenergieverbrauch der Welt erreichte 1989 12 Mrd. t Steinkohleeinheiten bzw. 8 Mrd. t Öläquivalent. Großteil des Verbrauches entfiel auf Erdöl (1989) mit 39 %, Kohle mit 28 % und Erdgas mit 21 %. Dagegen besitzen die Wasserkraft (7 %) und Kernenergie (6 %) noch einen sehr geringen Anteil am Primärenergieaufkommen (Abb. 8).

***Umrechnung von Energiearten***

---

Um Primärenergie vergleichbar zu machen, gibt es mehrere Umrechnungsformen. Angaben über Energie daher je nach verwendeter Umrechnungsform in einzelnen Quellen stark unterschiedlich. Zwei Hauptumrechnungsformen

1) Umrechnung auf **Öläquivalent** oder **Öleinheiten (ÖE):** Maßeinheit ist der wichtigste Primärenergieträger, das Rohöl. 1 t *Öläquivalent* = 1 t Erdöl = 1.151,1 cbm Erdgas = 12,6 MWh elektrische Energie = 1,55 t Steinkohleeinheiten.

2) Umrechnung auf **Steinkohleeinheiten (SKE):** Eine SKE entspricht dem mittleren Energiegehalt von 1 kg Steinkohle (= 7000 kcal). 1 SKE = 3,7 kg Braunkohle, 0,69 kg Erdöl, 0,92 cbm Erdgas oder 2,94 kWh Wasserkraftstrom

---

Die Struktur des Primärenergieverbrauches ändert sich nur langsam (Abb. 8). Während der Erdölanteil seit 1979 prozentual leicht zurückgeht, nehmen Erdgas,

***Abb. 8:*** *Weltenergieverbrauch, Struktur und Entwicklung 1979–1989*

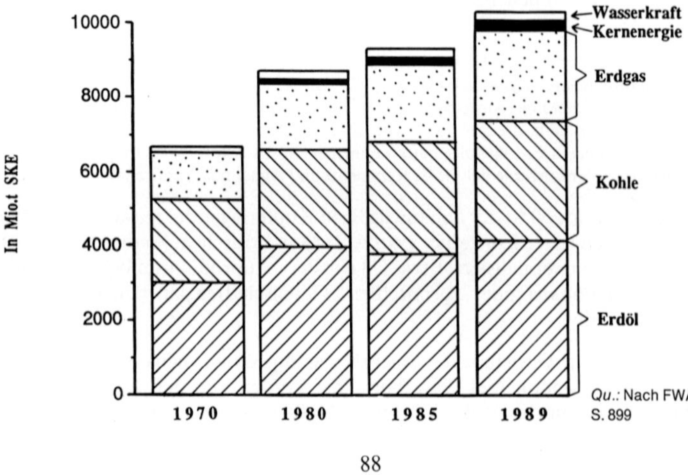


*Qu.:* Nach FWA 1992, S. 899

Kernenergie und Wasserkraft zu, stagniert der Kohleanteil trotz starker Subventionierung in den IL bei rd. 1/3 des Weltverbrauches. Insbesondere Wasserkraft und Kernenergie haben in den letzten Jahren stark gewonnen.

**Energieverbrauch je Einwohner** ist guter Indikator für wirtschaftlichen Entwicklungsgrad eines Landes. Verbrauchsstruktur eines Landes abhängig von Ausstattung mit Primärenergieformen, Energiepolitik und Wirtschaftsentwicklung.

a) Auf ***industrielle Kernräume*** (Westeuropa, Nordamerika, RGW, Japan) kamen 1989 rd. 80% des Primärenergieverbrauches. Bei einem Energieverbrauch je Einwohner von weltweit rd. 3000 kg ÖE (1989) auf Kernräume 4000–7000 kg ÖE. Höhe abhängig von Wirtschaftsstruktur, v.a. Branchenzusammensetzung der Industrie, Motorisierungsgrad, Energiepreisen und Klima (Dauer der Heizperiode).

b) Auf die ***globale Peripherie*** entfallen nur 20%; Energieverbrauch/Einwohner in den ärmsten EL (Nepal, Äthiopien, Mali usw.) unter 100 kg ÖE. Auf Schwellenländer 1000–2000 ÖE (Griechenland, Spanien).

Problem, Angebot und Nachfrage in Einklang zu bringen entsteht auch dadurch, daß Bau eines Wasserkraftwerkes rd. 3 Jahre, der eines kalorischen Kraftwerkes 4–6 Jahre, und eines Kernkraftwerkes 10 Jahre und mehr dauert.

## 5.1.1 Entwicklung des Energieverbrauches

Entwicklung und Zusammensetzung des Energieverbrauches sind stark von den wirtschaftlichen Entwicklungsstufen abhängig. 1875–1989 hat der Primärenergieverbrauch der Welt von 250 Mio. t SKE auf rd. 12 Mrd. t SKE zugenommen, d.h. um den Faktor 48, während sich die Bevölkerung der Erde von 1,2 Mrd. Menschen auf mehr als 5 Mrd. verfünffachte. Die wirtschaftliche Entwicklung wurde entscheidend durch die Steigerung des Energieeinsatzes bedingt.

Im historischen Entwicklungsablauf nach ROSTOW lassen sich folgende Stufen der Energienutzung unterscheiden:

***Phase der traditionellen Landwirtschaft:*** Überwiegend Verwendung regenerativer Energieformen: *Holz, Muskelkraft, Mist*. Energieeinsatz gering. Energieverbrauch je Einwohner niedrig, meist unter 100 kg SKE im Jahr. Noch heute typisch für viele EL, nur Erdölländer bilden Ausnahme, da die Außenhandelsbilanz vom Erdölexport bestimmt wird. Sie gehören zu den reichsten Ländern der Erde, obwohl übrige Sozial- und Wirtschaftsstruktur noch nicht jener der IL entspricht.

***Industrialisierungsphase (Vorstufe und Take-off):*** Erhöhter Energieumsatz der Landwirtschaft durch steigende Flächenproduktivität und *Verwendung mechanischer Energie*. Maschineneinsatz in der Industrie, zunächst Direktumwandlung mit Antrieb von Maschinen durch Wasserkraft, bald durch Dampfmaschine ersetzt.

*Zeitalter der Kohle*, die bis 2. Weltkrieg wichtigste Energieform und entscheidend auch für die Industrialisierung und die Herausbildung industrieller Kernräume war. Um 1910 kamen auf Kohle rd. 80% der weltweit benötigten Energie.

***Phase der reifen Industrialisierung und des Massenkonsums:*** Verlagerung des Hauptprimärenergieträgers auf *Erdöl* und *Erdgas* und zunehmende Bedeutung der *Kernenergie*. Exponentielle Zunahme des Energieumsatzes in Zusammenhang mit wirtschaftlicher Entwicklung, verbunden mit meist hoher Importabhängigkeit von Erdöl und Erdgas. In den IL erfolgte vor 1973 (Erdölpreisschock!) eine Steigerung der Energieproduktion um rd. 7% p.a., d.i. eine Verdoppelung alle 10 Jahre! Bis ca. 1973 bestand ein starker Zusammenhang zwischen wirtschaftlichem Wachstum (BSP/Einw.) und Primärenergieverbrauch je Einwohner eines Landes. 1960–1973 bedeutete eine Zunahme des BSP/Einw. um 1% eine Zunahme des Energieverbrauches um 0,98% („Elastizitätskoeffizient" = 0,98).

***Postindustrielle Phase:*** Zunehmende Bedeutung des Umweltschutzes, bringt Probleme für alle Energieformen, v.a. für Kohle, Kernenergie, Wasserkraftausbau. Dafür neue Energieformen: *Alternativenergie*. Zudem Abkoppelung der Energieentwicklung von der wirtschaftlichen Entwicklung. Schwergewicht liegt auf Erhöhung des Ausnutzungskoeffizienten. 1973 wurde mit fast 9 Mrd. t SKE Weltenergieverbrauch ein erster Höhepunkt erreicht, nach 1973 kam es zu einem kräftigen Rückgang und erst seit 1984 wieder ansteigender Verbrauch. In den IL Rückgang des pro-Kopf-Verbrauches, so in Westeuropa 1979–85 um 9%, in Nordamerika um 10%, aber Ansteigen in den EL. Erfolgreiche Abkoppelung der Wirtschaftsentwicklung vom Energieverbrauch durch energiesparende Technologien, verbesserte Wärmedämmung und Heizungstechniken bei Wohnhäusern, benzinsparende Automotoren usw.

## 5.2 Die Weltreserven

Je nach Art der Quelle ist Sicherheit der Gewinnungsmöglichkeit stark schwankend: Abhängig davon, ob nur die unter heutigen Bedingungen wirtschaftlich verwertbaren Energiequellen, die nach derzeitigen Kenntnissen vorhandenen oder die nur vermuteten einbezogen sind.

Die nach heutigen Erkenntnissen bekannten und wirtschaftlich gewinnbaren **Reserven an fossilen und mineralischen Primärenergieträgern** werden auf 1200 Mrd. t SKE geschätzt. Davon ist Kohle weitaus am bedeutendsten mit 65% der Reserven, Erdöl (ohne Ölschiefer und -sande) dagegen nur 13%, Uran 12% und Erdgas 10%. Dazu kommen weitere 180 Mrd. t SKE Ölschiefer und Ölsande, Nutzung aber nur bei höheren Erdölpreisen wirtschaftlich lohnend. Energievorräte in den letzten Jahren durch Exploration stärker angestiegen als Verbrauch. Rückgang und Erschöpfung der Erdölvorräte, etwas später aber auch bei Erdgas sind absehbar, bei Kohle und Uran erst nach mehreren Jahrhunderten.

*Energienutzung des Wasserstoffs* mit Hilfe der Kernfusion würde fast unbegrenzte Reserven bieten, doch lassen bisherige Forschungen noch keinen Einsatz in absehbarer Zeit erwarten. Derzeit weltweit 4 Versuchsanlagen: Der JET („Joint European Torus") der EG in Culham, in GB, USA, Japan und SU.

Ein Großteil der Steinkohlereserven von 780 Mrd. t SKE liegt in den USA (28 %), UdSSR (22 %) und VR China (13 %). Die bedeutendsten Erdölreserven liegen im Nahen Osten (66 %), 3/4 der Weltreserven befinden sich in Händen der OPEC-Staaten. Dagegen bei Erdgas 40 % der Reserven von 112 Billionen cbm in der UdSSR, 30 % im Nahen Osten, in USA und Westeuropa zusammen nur 11 %.

## 5.3 Grundformen der Energie

Wirtschaftsgeographie unterscheidet zwischen Primärenergie und Sekundärenergie.

**Primärenergie** sind alle energiewirtschaftlich nutzbaren Rohstoffe, und die erneuerbaren (regenerativen) Energieformen, Wind, Wasserkraft, Gezeiten und Sonnenenergie. Ihr Energiepotential wird als ***Rohenergie*** bezeichnet. Nach unterschiedlichen Erneuerungsfähigkeit unterscheidet man:

a) *Regenerative Primärenergie:* Sonnen-und Windenergie, Gezeiten, geothermische Energie, Wasserkraft. Problem für Nutzung entsteht durch geringe Energiedichte, zumeist ungünstige Verhältnis zwischen Aufwand und Ertrag, hohe Abhängigkeit von Tages- und Jahreszeiten, klimatischen Verhältnissen. Daher mit Ausnahme der Wasserkraft eher für regionale Energieversorgung, selten großtechnische Anlagen

b) *Nicht regenerative Primärenergie:* d. s. alle fossilen Brennstoffe (Erdöl, Erdgas, Kohle) und die Kernbrennstoffe Uran und Thorium. Primärenergie wird zum Teil

- *direkt energetisch genutzt*, z. B. Erzeugung von Wärme beim Heizen direkt aus dem Brennstoff, Antrieb von Maschinen direkt mit Wasserkraft,
- Großteil aber in mehreren Stufen umgewandelt zu *Sekundärenergie*.

**Tab. 7: Umrechnung der Primärenergieträger in Steinkohleeinheiten**

| Primärenergie | Einheit | kcal | kg SKE |
|---|---|---|---|
| Steinkohle | 1 kg | 7000 | 1,00 |
| Braunkohle | 1 kg | 1911 | 0,27 |
| Erdöl | 1 kg | 10100 | 1,44 |
| Erdgas | 1 cbm | 7600 | 1,09 |
| Wasserkraftstrom | 1 kWh | 2800 | 0,34 |

**Sekundärenergie** wird in Anlagen der Energiewirtschaft (Raffinerien, Kernreaktor, Dampfkraftwerk, Wasserkraftwerk usw.) durch Umwandlung aus Primärenergie freigesetzt. Es entsteht ***Nutzenergie*** in Form von Elektrizität, Mineralölprodukten, Gas, Dampf, Koks, Wärme usw.

Bei Umwandlung von Primärenergie in Sekundärenergie geht aber auch Energie verloren. ***Ausnutzungskoeffizient*** ist der Anteil der Nutzenergie an der Rohenergie in %. Restenergie entweicht, ist beim heutigen Stand der Technik der Energieumwandlungsmaschinen nicht restlos verwertbar. Ausnutzungskoeffizient besonders bei Wärmekraftwerken sehr niedrig (25–30%), da Prozeß der Wärmeumwandlung stets besonders verlustreich: es entsteht *Abwärme*. Hauptproblem liegt in zahlreichen Umwandlungsstufen (4 Stufen):

1) Freisetzung der Rohenergie durch Verbrennung und Erzeugung von Wärmeenergie,
2) Übertragung in ein Wärmetransportmittel (Dampf, Gas usw.),
3) Umsetzung des Gas- bzw. Dampfdruckes in einer Turbine in Rotationsenergie,
4) Übertragung auf den Generator und Erzeugung von elektrischer Energie im Magnetfeld.

Ausnutzungskoeffizient steigt allerdings bei zusätzlicher Nutzung der Abwärme auf 80–95%. Dazu sind aber kleinere Kraftwerke in der Nähe der Verbraucherzentren notwendig.

Dagegen hat Wasserkraft viel besseren Ausnutzungskoeffizient, 85–92% bei Direktantrieb und immerhin noch 70–80% bei Stromerzeugung. Dies gelingt durch weitgehende Reduzierung des verlustreichen Wärmeprozesses und weniger Umwandlungsstufen (2 Stufen):

1) Kinetische Energie des Wassers wird in Rotationsbewegung der Turbine verwandelt,
2) Übertragung auf den Generator und Erzeugung elektrischer Energie.

## 5.3.1 Primärenergie: Förderung und Nutzung

### 5.3.1.1 Das Erdöl

Erdölförderung der Welt erreichte 1990 rd. 3,3 Mrd. t. Entwicklung der Rohölförderung um 1983 mit weniger als 3 Mrd. t Tiefpunkt, seither wieder leicht ansteigend. Stärkste Rückgang dabei auf OPEC-Staaten: 1977 mit 1,6 Mrd. t noch 50% der Weltförderung an Rohöl, bis 1989 auf 37% abgesunken. Dagegen starke Zunahme der Förderung in Nicht-OPEC-Staaten.

*Räumlich starke Konzentration der Produktion:* 90% der Förderung kommen auf nur 10 Staaten, davon allein Hälfte auf SU und USA, den mit 620 Mio. t (SU, 1989) bzw. 420 Mio. t (USA) führenden Produzenten.

Zentrum der ***sowjetischen Erdölindustrie*** verlagerte sich von Baku über Wolga-Ural-Revier nach Westsibirien. Hier 60% der Förderung, v.a. im Gebiet des mittleren Ob, darunter Lagerstätten Samotlor, Ust Balyk, Salym und bei Tjumen. Westsibirisches Erdöl hat ausgezeichnete Qualität, fast kein Schwefel.

Der ***Nahe Osten*** ist erdölreichste Region der Erde, allein Saudi-Arabien hat 26 % der Welterdölreserven, je 10 % Irak, Iran, Abu Dhabi und Kuwait. Dennoch nach 1973 Bedeutungsverlust. 1989 bei einer Weltförderung von 3,2 Mrd. t nur noch 830 Mio. t. (1975 noch 970 Mio. t). Auch relativer Bedeutungsverlust: 1975 noch 36 % der Weltproduktion, 1987: 21 %, 1989: 26 %.

85 % der ***westeuropäischen Förderung*** von 205 Mio. t auf britische und norwegische Nordseefelder. Großbritannien 1989 mit 100 Mio. t Erdöl an 6. Stelle der Welt, rascher Rückgang der Förderung (1986: 136 Mio. t), Norwegen dagegen rasche Steigerung mit 78 Mio. t (1989, 1986: 45 Mio. t). Insgesamt auf Nordseefelder 6 % der Weltförderung. *Nordsee-Erschließung steht heute vor Problem:* Preise relativ niedrig, Erschließung von Feldern in immer größerer Tiefe, kleinere Lagerstätten.

Zahl der Bohranlagen stark vom Preis abhängig. Erdölwirtschaft ist typisch für extreme Preisabhängigkeit der Rohstoffgewinnung.

Zu Beginn 1986 kostete 1 Barrel Rohöl der Nordseequalität Brent in Rotterdam 30 US-$. Rohöl aus 88 Bohranlagen gewonnen. Noch 1986 sank Rohölpreis teilweise auf 9 US-$ und Zahl der Bohranlagen auf 36. Bereits 1987 wieder Zunahme auf 60 Anlagen. Intensive Forschungen zur Senkung der hohen Kapital- und Betriebskosten bei Erschließung und Förderung neuer Vorkommen. Bohrungen auf Festland können bis zu 80 % der Erschließungskosten ausmachen. Auf See, wo Erschließung wesentlich teurer, 15–40 % der Gesamtkosten. Möglichkeiten zur Kostensenkung bis zu 50 % etwa durch „Slim hole drilling" (SHD), d.h. Verringerung des Durchmessers der Bohrung. Unbemannte Satelliten-Bohrstationen können Kapitaleinsatz um 25 %, Betriebskosten um 40 % senken.

*Steigerung der Förderung von Reserven durch neue Fördertechniken:*

***Primäre Förderverfahren.*** Hochpumpen des Erdöls, damit im Mittel nur 15–20 % Ausbeute.

***Sekundärverfahren.*** Einpumpen von Wasser in die ölführenden Schichten, um dadurch das Öl in die Bohrleitungen zu pressen.

***Tertiärverfahren.*** Einpressen von Heißwasser, Dampf oder Chemikalien. Damit bis zu 50 % Ausbeute.

**Untermeerische Vorkommen („offshore")** haben an Bedeutung zugenommen: 1987 bereits rd. 20 % der Weltförderung. Weltweit rd. 700 Bohrinseln, -schiffe und -türme.

„Offshore" liegen die letzten Hoffnungsgebiete der Erdölwirtschaft. Bisherige Förderung plus bekannte Reserven plus Schätzung der bis heute noch nicht entdeckten Vorkommen ergibt die „Ultimate Resources". Zuletzt 1987 auf 230 Mrd. t Erdöl, ohne Ölschiefer und Ölsande, geschätzt. Rd. 80 Mrd. t wurden bereits gefördert, 120 Mrd. t entwickelte und nicht entwickelte Reserven sind bekannt, Rest von rd. 30–40 Mrd. t kann noch entdeckt werden. 2/3 davon vermutlich unter dem Meeresboden, davon je zur Hälfte im

Kontinentalschelf (bis 200 m Wassertiefe) und in Tiefsee. Aufsuchungsbohrungen bis zu Wassertiefen von 2000 m heute möglich, Förderung verlagert sich von Wassertiefen von 300 m auf solche mit 600 m.

Starke Entwicklung der offshore-Technik v. a. durch Preissteigerungen seit 1973 forciert. Heute durch Preisverfall viele stillgelegt. Hauptgebiete der offshore-Förderung sind der Golf von Mexiko (seit 1947), die Nordsee (seit 1964) und der Persische Golf. Größte Produktionsplattform 385 m hoch, in 312 m Wassertiefe vor der Küste von Louisiana.

**Weltraffineriekapazität** 1990 3,7 Mrd. jato. Bis 1985 Abbau von Kapazitäten, allein in Westeuropa um 330 Mio. t, seither wieder leichte Zunahmen, da v. a. die exportorientierten *Länder der 4. Welt* (Erdölländer) Raffineriekapazitäten ausbauen, um den Export von Fertigprodukten zu steigern. So betrug die Verarbeitungskapazität Saudi-Arabiens 1988 bereits 69 Mio. t, jene von Kuwait 41 Mio. t, dagegen die der Bundesrep. Deutschland 82 Mio. t.

**Tab. 8: Erdölförderung, Mineralölverbrauch und Raffineriekapazität 1989**

| Region | Rohöl-förderung | | Mineralöl-verbrauch | | Raffinerie-kapazität | |
|---|---|---|---|---|---|---|
| | | | in Mio. t | | | |
| SU, Osteuropa u. China | 780 | 24,3 % | 657 | 21,2 % | 869 | 23,8 % |
| Nordamerika[1]) | 546 | 17,0 % | 869 | 28,1 % | 980 | 26,9 % |
| Westeuropa[2]) | 205 | 6,4 % | 592 | 19,1 % | 632 | 17,3 % |
| Ferner Osten u. Australien | 183 | 5,7 % | 503 | 16,2 % | 495 | 13,6 % |
| Süd- u. Mittelamerika | 344 | 10,7 % | 249 | 8,0 % | 250 | 6,9 % |
| Mittlerer Osten | 834 | 26,0 % | 140 | 4,5 % | 285 | 7,8 % |
| Afrika | 318 | 9,9 % | 88 | 2,8 % | 136 | 3,7 % |
| Welt insgesamt | 3210 | 100,0 % | 3098 | 100,0 % | 3647 | 100,0 % |

[1]) Einschl. Mexiko, Puerto Rico, Jungferninseln [2]) Einschl. Jugoslawien

*Quelle:* Shell-Erdöl, 1991, Heft 4, S. 8–10

## 5.3.1.2 Das Erdgas

**Erdgasförderung** in ganz besonderem Maße auf wenige Länder konzentriert: 2/3 der Förderung auf 2 Länder: SU und USA, Weltförderung 1990 1,9 Billionen cbm, konzentriert auf SU, Osteuropa und VR China (43 %) und Nordamerika (31 %). Westeuropa spielt bescheidene Rolle (9 %).

***Sowjetunion*** überholte 1983 USA; liegt seither an 1. Stelle. Westsibirien zur wichtigsten Förderregion ausgebaut, Förderung in Tjumen von 36 Mrd. cbm (1975) auf 410 Mrd. (1986), damit 60 % der Produktion der SU bzw. 22 % der Weltförderung! Daneben Erschließung des Erdgasfeldes Urengoj mit

**Tab. 9: Erdgasförderung und Erdgasverbrauch 1990 nach Ländergruppen**

| Ländergruppen | Erdgasförderung in Mrd. cbm | | Erdgasverbrauch in Mrd. cbm | |
|---|---|---|---|---|
| SU, Osteuropa u. China | 832 | 43,3% | 760 | 40,2% |
| Nordamerika | 571 | 29,7% | 568 | 30,1% |
| Westeuropa | 177 | 9,2% | 258 | 13,7% |
| Ferner Osten u. Australien | 123 | 6,4% | 117 | 6,2% |
| Südamerika | 59 | 3,1% | 59 | 3,1% |
| Afrika u. Mittl. Osten | 159 | 8,3% | 128 | 6,8% |
| Welt insgesamt | 1921 | 100,0% | 1890 | 100,0% |

250 Mrd. cbm Produktion (Bethkenhagen 1989). Erdgasförderung dringt immer weiter nach N vor: 1986 Beginn der Förderung im Feld von Jamburg und auf Halbinsel Jamal. Große Erschließungsprobleme in Nordsibirien; Urengoj am Polarkreis, Temperaturen im Winter bis -50°C, Permafrostboden, im Sommer Morast. Anlage von Siedlungen kaum möglich, daher „Schicht- bzw. Expeditionsmethode". Etappenstädte für Arbeiterfamilien weiter südlich errichtet, Arbeiter für längere Schichten per Flugzeug in den N.

In ***USA*** verlief Entwicklung anders: Förderung 1990 nur rd. 490 Mrd. cbm, Anteilsrückgang seit 1973 auf nur noch 25% der Weltförderung, zudem nur 4% der bekannten Reserven in USA, in SU dagegen rd. 37%.

Nennenswerte Produktionsmengen nur noch *Kanada* (107 Mrd.), in Europa vor allem *Niederlande* mit dem großen Erdgasfeld in Groningen, *Großbritannien* mit Erdgas aus Feldern in Nordsee; dazu auch *Norwegen.* Zu bedeutenderen Produzenten gehört noch *Algerien.*

## 5.3.1.3 Die Kohle

1989 weltweit 3,5 Mrd. t **Steinkohle** und 1,3 Mrd. t **Braunkohle** gefördert. Seit der Energiekrise von 1973 erfolgte eine verstärkte Exploration, die zu einem Steigen der Kohlevorräte führte.

1974 *Weltreserven* auf rd. 470 Mrd. t SKE geschätzt, 1989 Weltreserven an Steinkohle auf 7400 Mrd. t SKE, an Braunkohle auf 890 Mrd. t. Zusammen wirtschaftlich gewinnbare Reserven 1000 Mrd. t SKE, d. s. 250fache der derzeitigen Jahresförderung. 1973–89 hat Steinkohleförderung der Welt eine jährliche Zuwachsrate von 3% p.a. Kohlevorkommen breit gestreut, dennoch Hälfte der *Weltproduktion* auf nur 2 Länder: VR China und USA. Zum Unterschied von Erdöl decken sich *Hauptproduktionsgebiete* und *Hauptverbrauchsgebiete* weitgehend: auf VR China, UdSSR und USA entfallen 62% des Bedarfs.

*An erster Stelle* (Stein- und Braunkohle) seit 1984 die ***VR China*** mit Förderung von mehr als 800 Mio. t., fast ausschließlich Steinkohle und Anthrazit (99 %). Bedeutendsten Vorkommen liegen im Norden. In Provinz Shansi bei Tatung, in Hopei die Kailan-Gruben, in der NW-Region die Vorkommen von Paotou, zudem zahlreichere kleinere Vorkommen in der Mandschurei, die Grundlage der Industrialisierung bilden (Reviere Fushun, Fu-xin, Ji-xi usw.). In Zentralchina die Provinz Honan mit den Kohlegruben von Ping-ting-shan. Chinas Kohlevorkommen sind ausgezeichnete Grundlage für die industrielle Erschließung, begünstigen durch Streuung über ganze Land die dezentrale wirtschaftliche Entwicklung.

*An zweiter Stelle* in Weltproduktion ***USA*** mit (1989) rd. 830 Mio. t Steinkohle und 80 Mio. t Braunkohle. 60 % der Kohlevorkommen immer noch in Appalachen, v.a. Connelsville Kohlefeld bei Pittsburgh und Anthrazitkohle bei Scranton. Seit etwa 1960 zunehmende Verlagerung des Kohleabbaues nach W, wo riesige Kohlefelder im Tagebau abgebaut werden, geologische Verhältnisse gestatten hohen Mechanisierungsgrad. Braunkohlen in Nord-Dakota und Montana.

*An dritter Stelle* in Weltproduktion ***UdSSR*** mit 580 Mio. t Steinkohle und 160 Mio. t Braunkohle. Problem der ungleichen Verteilung der Vorräte (90 % der Kohlenvorräte liegen in Sibirien) und Wirtschaft (80% der elektrischen Energie westlich des Ural verbraucht). Die beiden größten Reviere sind das Donez- und Kusnezkbecken. Donezbecken umfaßt Fläche von rd. 60000 qkm mit ca. 70 abbauwürdigen Flözen, Anthrazit und beträchtliche Mengen an Kokskohle. *Aber:* Kohle überwiegend im Untertagebau mit relativ hohen Investitions- und Produktionskosten. Dafür niedrige Transportkosten.

Auch das Kuznezkbecken mit rd. 130000 qkm Fläche hat riesige Vorräte an Kokskohle. Hier Abbau vorwiegend im Tagebau, Förderkosten nur rd. 20 % gegenüber Untertagebau, aber höhere Transportkosten; Kampf der Kohlereviere um Investitionsmittel. Neuere Planungen bevorzugen Kusbass-Revier, das zum wichtigsten in UdSSR ausgebaut werden soll (im Jahre 2000: 215 Mio. t Kohle). Ein weiteres Kohlerevier in Kasachstan mit Revieren Karaganda und Ekibastus. Flöze flach gelagert, bis 100 m mächtig, Großteil Kokskohle, Gewinnung vorwiegend im Tagebau.

Weit im Norden liegt Petschora-Revier mit Kohlebecken von Workuta und Ina. Braunkohle v.a. im Moskau-Revier in günstiger Lage zu Hauptwirtschaftsräumen. Großteil verstromt und als Hausbrand. Dazu Kansk Atschinsk, das derzeit groß ausgebaut wird. Braunkohle hat hier Heizwert von 3000–3400 kcal/kg, allerdings Nutzung schwierig. Möglichkeit eines großen kalorischen Kraftwerks gescheitert, da Transport von elektrischer Energie selbst bei Ultrahochspannung über derartige Distanzen wegen Leitungsverlusten nicht wirtschaftlich. *Neuere Pläne:* Anlage von Kohlepipelines.

***Eurasiatischer Steinkohlegürtel*** erstreckt sich von Großbritannien (100 Mio. t) über Nordfrankreich (12), BRD (80) nach Polen (180).

**Tab. 10: Steinkohleförderung und -verbrauch 1989**

| | Steinkohleförderung in Mio. t | | Steinkohlenverbrauch in Mio. t | |
|---|---|---|---|---|
| China | 1016 | 29,5 % | 1025 | 29,5 % |
| USA | 810 | 23,5 % | 735 | 21,1 % |
| SU, UdSSR | 503 | 14,6 % | 476 | 13,7 % |
| Polen | 177 | 5,1 % | 150 | 4,3 % |
| Rep. Südafrika | 175 | 5,1 % | 132 | 3,9 % |
| Indien | 198 | 5,8 % | 85[2]) | 2,4 % |
| Australien | 148 | 4,3 % | 48 | 1,4 % |
| Großbritannien | 98 | 2,8 % | 108 | 3,1 % |
| BRD[1]) | 77 | 2,2 % | 79 | 2,3 % |
| Japan | – | – | 112 | 3,2 % |
| übrige Welt | 240 | 7,0 % | 529 | 15,2 % |
| Welt insgesamt | 3442 | 100,0 % | 3479 | 100,0 % |

[1]) Ohne ehem. DRR [2]) Zahl für 1986 aus Indians Mineral Yearbook 1989, Bd. 2, S. 376–401

*Quelle:* Shell-Erdöl 1991, Heft 4, S. 14

Große Vorkommen auch in Südafrika (175), Indien (198) und Australien (148).

***Größter Braunkohleförderer*** der Welt ist Gebiet der ehem. DDR (rd. 300 Mio. t). DDR einziger Staat, in dem Braunkohle Basis der Energieversorgung (70 % des Primärenergieverbrauches). *Probleme:* Immer tiefer liegende Flöze müssen abgebaut werden, in ca. 40 Tagebauten müssen zur Gewinnung von 1 t Braunkohle bereits 5 cbm Abraum bewegt werden.

In BRD (110) fast gesamte Förderung auf rheinische Revier zwischen Köln und Aachen beschränkt. Braunkohle hier in Ville mit rd. 16000 Beschäftigten im Tagebau gewonnen. 83 % der Braunkohle werden verstromt.

Kohle hätte heute primär Chancen in Stromerzeugung, doch treten beträchtliche *Umweltprobleme*, v.a. *Luftverschmutzung*, auf.

## 5.3.1.4 Uran und Atomenergie

Ende 1990 Kernkraftwerke mit insgesamt 415 Kernkraftwerksblöcken in 24 Ländern mit 338 GW Leistung. Stromerzeugung aus Kernkraft (ohne Osteuropa) 1700 GWh oder 20 % der Welterzeugung an elektrischer Energie.

*Kosten* von Kernkraftwerken heute, selbst bei Nichtberücksichtigung der Endlagerungskosten außerordentlich hoch. Ein 1300 MW Kernkraftwerk kostet rd. 13 Mrd. DM (1985) oder 10000 DM je kW installierter Leistung. Vergleichbare Kosten eines Kohlekraftwerkes einschließlich Entschwefelung und Entstickung 3000 DM je kW.

SU baut auch nach Unfall von Tschernobyl ihre Kernkraftkapazitäten weiter aus. Allerdings mit 10% Anteil an Stromproduktion noch weit unter EG (rd. 1/3). Kernkraftwerke überwiegen in Stromproduktion v. a. in europäischer SU. Energetisch Vorteil, daß sie in relativer Nähe zu Verbraucherzentren errichtet werden können. 1950 wurde in Calder Hall (GB) das erste größere wirtschaftlich genutzte Kernkraftwerk in Betrieb genommen. 1974 in 14 Ländern bereits 170 Atomreaktorblöcke; Wärmeerzeugung durch Kernspaltung in einem Reaktor, sonst Erzeugung wie bei konventionellen Wärmekraftwerken. Nutzenergie dient zur Deckung der *Grundlast*. Anlagekosten aber sehr hoch, Brennstoffkosten wesentlich niedriger, aber Problem ist die Entsorgung.

*Kernenergie* in Prognosen der 70er Jahre als Energie der Zukunft betrachtet. Für 1985 eine Kernkraftkapazität von rd. 560 GW prognostiziert; der Ausbau blieb weit darunter. Ausstieg aus Kernenergie eines der wichtigsten wirtschafts- und umweltpolitischen Themen. Gründe für Umdenkprozeß unter anderem:

- Seit 1948 (Unfall im Atomversuchszentrum Hanford) zahlreiche Störfälle in Kernkraftwerken. Die bisher schwersten im Kernkraftwerk Three Mile Island in Harrisburg (USA) und Tschernobyl (UdSSR). Damit Gefahren der Strahlenverseuchung und des Super-GAU (GAU = Größter anzunehmender Unfall)
- ungelöste Frage der Endlagerung der langfristig strahlenden Abfälle.
- Verschärfung der Sicherheitsbestimmungen, dadurch aber längere Bauzeiten und höhere Kosten.

***Brennstoff*** des Kernkraftwerkes ist U 235, das im Uranerz nur in sehr geringen Konzentration von 0,7%. Wird auf 3% angereichert. In 1 cbm großen Tabletten in 5 m lange Metallröhren gefüllt. 400 Metallröhren ergeben ein Brennelement. Im Reaktor Atomkerne von U 235 gespalten. Es entsteht Kettenreaktion, die Wärmeenergie freisetzt. Über Turbinen wie bei kalorischem Kraftwerk in Dampf und elektrischen Strom. Nur etwa 5% des U 235 der Brennelemente nutzbar.

***Zwischenlager*** für abgebrannte, hochradioaktive Brennelemente zumeist im Kernkraftwerk in Wasserbecken, das Brennelemente kühlt und Radioaktivität aufnimmt.

***Wiederaufbereitung.*** Geringe Nutzungsgrad des U 235 Anlaß zu besserer Nutzung: Restliche Uran und das bei Spaltung entstandene Plutonium 239 nach Zerschneiden der Brennstäbe in kleine Stücke in Säure aufgelöst und weiterverarbeitet in Wiederaufbereitungsanlagen. Anlagen in La Hague (Frankreich) und Windscale (GB). Wiederaufbereitung bringt erhebliche Sicherheitsprobleme, daher geplante deutsche Wiederaufbereitung in Wackersdorf nicht fertiggestellt.

*Energiepolitik* der EG setzt nach wie vor auf Kernkraft, nach Energieprogramm von 1985 soll Anteil der Kernenergie an Stromerzeugung von 30% auf 40% bis 1995 steigen und im Jahre 2020 über 50% erreichen.

Frankreich ist führende Atomenergiemacht mit (1985) Anteil von 65% der Stromerzeugung. Dagegen in BRD 31 %, in Japan 23 %, GB 19 %, USA 16 % und UdSSR 10%. Im Weltdurchschnitt auf Kernenergie 17% der Weltstromproduktion (1987, ohne RGW). USA Mutterland der Kernenergie, mit 111 Kernkraftwerken 105 GW oder rd. 1/3 der Welt. Aber auch hier stagniert Entwicklung. Nur noch die laufenden Neubauten werden fertiggestellt (1990 etwa 2 von weltweit 10 Kernkraftwerken). Seit 1979 kein Bau eines neuen Kernkraftwerkes in USA mehr projektiert.

#### 5.3.1.5 Alternative Energieform

Dazu gehören die regenerativen Energiearten *Sonnen-* und *Windenergie*, *Gezeitenenergie, geothermische Energie*. Haupthindernisse für eine stärkere Nutzung sind geringe Energiedichte und der daraus resultierende große Flächenverbrauch (z. B., Sonnenenergie), landschaftsästhetische Bedenken (z. B. Windenergie), Probleme der tages- und jahreszeitlichen Schwankungen und damit der Speicherung und des Energietransportes, da es sich um zeit- und ortsabhängige Energiequellen handelt. *Vorteil* liegt in der Möglichkeit, sie laufend zu gewinnen. Geht fast ausschließlich auf Nutzung der Strahlungsenergie der Sonne zurück. Die Globalstrahlung auf horizontale Fläche beträgt im Juni zwischen 9 kWh je qm/d in Südspanien und 4 kWh je qm/d in Nordengland, im Dezember zwischen 2,5–0,5 kWh je qm/d. Um die Energie von 1 kWh im kalorischen Kraftwerk zu erzeugen, müssen rd. 2,5 kg Kohle verbrannt werden. Globalstrahlung kann genutzt werden

a) *direkt* durch Umwandlung in Wärme mit Kollektoren,

b) *indirekt* durch Nutzung der Wasserkraft, Wellenenergie, Meereswärme und -strömungen, Windenergie, Fotosynthese.

### 5.3.2 Sekundärenergie: Stromerzeugung

Elektrische Energie ist die wichtigste Form der Sekundärenergie, aus allen Primärenergieträgern herstellbar. Weltstromerzeugung rd. 10000 TWh (FWA, Zahlen für 1989). Großteil des Verbrauches auf Kernräume, (80% allein auf OECD-Staaten, 20 % auf alle übrigen Länder). Kernräume erzeugen relativ hohen Anteil an elektrischer Energie, daher 1986 33% des Primärenergieverbrauches, dagegen in Peripherie nur 19%. 60% der elektrischen Energie werden aus Wärmekraft, 23% aus Wasserkraft und 17% aus Kernenergie erzeugt.

Zwischen den einzelnen Ländern aber stark unterschiedlicher Beitrag der Primärenergieträger

- In arabischen Ländern wird Strom in erster Linie aus ***Erdöl*** (fast 100%) erzeugt, in Italien noch 60%, Japan 25%.
- In Niederlanden vor allem aus ***Erdgas*** (65%), ebenso in Irland (45%).
- ***Steinkohle*** ist dagegen Hauptenergieträger in Dänemark (95%), Südafrika (95%), Großbritannien (65%), USA (60%), Spanien (40%).

- in DDR Strom fast ausschließlich aus ***Braunkohle*** (80 %) erzeugt, in Griechenland mit seinen Braunkohlevorkommen in Megalopolis und Ptolemais (65 %).
- Stein- und Braunkohle erzeugen in VR China 75 %, in BRD immerhin 51 % der elektrischen Energie,
- dagegen hohe Anteile der ***Kernenergie*** in Frankreich (70 %), Belgien (65 %), Taiwan (50 %), Schweiz (45 %), Schweden und Finnland je 40 %.
- ***Wasserkraft*** dominiert in Kanada (70 %), Österreich (60 %), der Schweiz (45 %).
- Auch in vielen Entwicklungsländern hohe Anteile an Wasserkraft, da in ersten Phase der wirtschaftlichen Entwicklung meist das nationale Wasserkraftpotential ausgebaut wird. Südamerika insgesamt hat z.B. Wasserkraftanteil von 70 %. Bei weiterer wirtschaftlicher Entwicklung meist eigene Wasserkraft nicht mehr ausreichend und daher zunehmend Verlagerung auf Wärmekraftwerke. Ausnahme nur in Gebieten hohen Wasserkraftpotentials (Kanada, Österreich).
- Große Bedeutung der Wasserkraft in SU v.a. in Sibirien. Hier Basis der großen Industriekomplexe. Bereits vor 1950 Ausbau von Dnjepr, Wolga und Kama durch Kraftwerksketten. Erst um 1960 Bau des ersten großen Wasserkraftwerks in Sibirien. An Angara, Nebenfluß des Jenissej bei Bratsk großes Kraftwerk mit Leistung von 4500 MW und weiter nördlich bei Ust-Ilimsk und Bogutschany.
- Auch Oberlauf des Jenissei durch Kraftwerkskette ausgebaut, insbesondere Kraftwerk von Sajan-Schuschenskoje. Wasserkraftwerke 1986 in SU 62000 MW und damit 14 % der Stromerzeugung.

*Elektrische Energie wird in Kraftwerken* erzeugt. 3 Arten von Kraftwerken, die jeweils ihre charakteristischen Merkmale und Einsatzbereiche haben.

### *Wärmekraftwerke, thermische oder kalorische Kraftwerke*

Heute wichtigster Kraftwerkstyp zur Stromerzeugung. Strom wird durch Verbrennung fossiler Brennstoffe erzeugt. Da Vorratshaltung möglich (z. B. Erdöltanks) unabhängig von kurzfristigen Schwankungen in Zulieferung von Rohenergie. Wichtig zum Ausgleich der jahreszeitlichen Schwankungen des Energieangebotes der Laufkraftwerke. Chemisch gebundene Rohenergie durch Verbrennung freigesetzt, als Wärmeträger Gas oder Wasserdampf verwendet. Umwandlung in mechanische Energie in Dampf- oder Gasturbinen, die Energie auf Generator übertragen. Baukosten geringer als bei Wasserkraftwerken, aber höherer Aufwand für Rohenergie und Personal. Starke **Umweltbelastung** durch:

- *Abwärme:* Wärmeabgabe beträgt 1,5–2fache der erzeugten elektrischen Energie. Direkte Ableitung in Fluß führt zu Wasseraufheizung und Störung des biologischen Gleichgewichtes. Daher durch Gesetze Erwärmung begrenzt, Anlage von großen Kühltürmen, die Wärme an Luft abgeben.
- *Luftverschmutzung.*

Zwei Hauptformen

*Dampfkraftwerke:* Strom aus Braunkohle, Steinkohle, Heizöl, Erdgas. Standorte bei Kohlekraftwerken direkt an Kohlebasis, um Transportkosten zu minimieren. Bei Öl- oder Gaskraftwerken nahe den Verbrauchszentren. Wegen geringer Regelbarkeit vorwiegend zur Deckung der Grundlast.

*Gasturbinenkraftwerke:* Vorwiegend mit Erdgas oder Heizöl, arbeiten nach Prinzip der Flugzeugturbinen. Kurze Anfahrzeit, daher zur Deckung von Lastspitzen und als Leistungsreserve geeignet.

***Wasserkraftwerke***

Wasserkraft gehört zu regenerierbaren Energieformen, relativ geringe Umweltbelastungen und zumeist Mehrzweckanlagen: Stromerzeugung, Schiffahrt, Bewässerung, Hochwasserschutz. Hohe Baukosten und Schwankungen im Energieangebot, die häufig entgegengesetzt zum Bedarf liegen.

Zwei Grundformen

*Laufkraftwerke:* An Flüssen, keine Speichermöglichkeit, d.h. in Leistung vom nutzbaren Zufluß abhängig. Große Wassermassen, aber geringe Fallhöhe. Nur in Laufkraftwerken mit Schwellbetrieb dient Stauraum als Schwellbecken: Erzeugung kann an tageszeitliche Bedarfsschwankungen angepaßt werden.

*Kraftwerksketten* sind hintereinandergeschaltete Laufkraftwerke entlang eines Wasserlaufes.

*Speicherkraftwerke:* Anlage eines großen Speicherbeckens in Gebirgen. Geringere Wassermengen, aber größere Fallhöhen. Speicherbecken durch Druckrohrleitungen mit tieferliegendem Krafthaus verbunden. Besonders hochwertige Spitzenenergie. Bei *Pumpspeicherwerken* kann Wasser in Zeiten geringer Nachfrage (z. B. Nacht) wieder in Speicher hinaufgepumpt und neuerlich genutzt werden. Nach Dauer der Speicherung unterscheidet man
- Kurzzeitspeicher: Tages- und Wochenspeicher
- Langzeitspeicher: Jahres- oder Saisonspeicher

***Kernkraftwerke***

Trotz Tschernobyl liegt stärkstes Wachstum in Elektrizitätswirtschaft noch auf Kernenergie. 1987 etwa 17% der Elektrizität in Kernkraftwerken erzeugt. Soll bis zum Jahr 2000 auf 20% steigen.

## 5.3.3 Leitungssysteme

Energiedargebot durch Standortvoraussetzungen und Skaleneffekte (wirtschaftliche Mindestgrößen) auf einige Standorte beschränkt. Verteilung in Fläche nur durch Leitungssysteme möglich.

**Stromleitungen:** Besonderer Vorteil der elektrischen Energie ist Möglichkeit der leichten räumlichen Verteilung und Zerlegung in beliebige Größen. Um elektrische Energie von den Kraftwerken zu den Verbrauchern zu bringen ist ausgedehntes Netz von Leitungs-, Schalt- und Umspannanlagen notwendig. Große Energiemengen können über größere Entfernungen nur mit hoher elektrischer Spannung übertragen werden. Je höher die Spannung, desto geringer die Stromverluste, die bei 5–7% des Stromes im Mittel liegen.

a) Dazu Generator mit *Umspannwerk* verbunden und elektrische Energie in höhere Spannung (380 kV, 220 kV, 110 kV) transformiert,

b) dann an Leitungsnetz (Hochspannungs-Freileitungen oder Erdkabel) abgegeben, Hochspannung meist mit 220 kV oder 380 kV betrieben. Investitions- und Betriebskosten bei Kabelleitungen 7–10 mal größer als bei Freileitungen.

c) in Nähe der Abnehmer erfolgt beliebige Umspannung in *Transformatorenstationen* in Mittelspannungsnetze (1 kV, 45 kV) und schließlich in Niederspannungsstrom (220 V, 380 V), der an Endverbraucher verteilt wird.

Jedes Elektrizitätsversorgungsunternehmen hat ein bestimmtes *Versorgungsgebiet*, in dem es Verbraucher mit elektrischer Energie versorgt.

**Pipelines (Öl- und Gasleitungen):** Erdöl und Erdgas werden zu einem Großteil durch Pipelines transportiert, durch sie gelangt Rohöl zu Raffinerien oder zu den Verladeterminalen. Raffinerien haben z. T. eigene Produktenpipelines zu größeren Abnehmerzentren. Pipelines sind besonders wirtschaftliches Transportsystem:

Sie werden daher teilweise auch parallel zu Schiffahrtskanälen angelegt:

- 1979 erbaute ägyptische Sumed-Pipeline mit jährlichen Durchsatzkapazität von 80 Mio. t verläuft parallel zum Suezkanal vom Golf von Suez nach Alexandria.
- Panama Pipeline führt parallel zum Panamakanal mit Kapazität von 40 Mio. t.

Andere Pipelines sollen politisch instabile Wasserwege ersetzen. Typisch sind Pipelinesysteme des Nahen Ostens:

- Irakische Pipelines verbinden Felder von Kirkuk seit 1934 mit Mittelmeer. Zu mächtigem Leitungssystem von 55 Mio. t Kapazität ausgebaut, dessen Terminale in Häfen Tripoli im Libanon und Banias in Syrien. Streitigkeiten mit Syrien über Transitgebühren, daher Ausbau einer weiteren Linie von 1000 km Länge zum türkischen Mittelmeerhafen Dörtyol bei Iskenderun.
- mit US-Unterstützung wurde die Trans-Arabian-Pipeline (TAP-Line) 1950 erbaut. Verbindet saudi-arabischen Ölfelder am Persisch-Arabischen Golf mit libanesischen Mittelmeerhafen Sidon. 1975 aus politischen und wirtschaftlichen Gründen eingestellt.
- Besondere strategische Bedeutung besitzt die saudi-arabische Petroline mit 150 Mio. t Kapazität, die von größten Ölfeldern im E zum Hafen Yanbu am Roten Meer führt. Umgeht damit Golfhafen Ras Tanura und Straße von Hormuz.
  Pipelines dieser Art erhalten im Nahen Osten immer größere Bedeutung. Ihre Gesamtkapazität 1989 bereits über 350 Mio. t, soll bis 1990 auf 500 Mio. t ausgebaut werden. Dennoch gehen 3/4 des Rohölexportes aus dem Nahen Osten von ca. 500 Mio. t p. a. durch Meerenge von Hormus.

Pipelines erhalten zunehmende Bedeutung auch für Kohle- und Erztransporte. Kohlepipeline („slurry-pipeline") geplant für Transport von Braunkohle und Erzkonzentrat von Kansk-Atschinsk in größere Zentren und von Kusbass mit 250 km Leitung nach Nowosibirsk. Großtechnischer Einsatz des Rohrleitungstransports aber erst nach 1990 möglich.

# 6 DIE INDUSTRIE

Die Industrie ist historisch entscheidend für die Herausbildung von Kernräumen und wirtschaftlichem Wachstumsprozeß. Obwohl diese Rolle heute in den Industrieländern immer mehr vom tertiären Sektor (→ Kap. 8) eingenommen wird, gilt sie in den IL ebenso wie für den Wachstumsprozeß der EL als ein besonders wichtiger Wirtschaftssektor.

Die Industrielandschaft der Erde befindet sich seit etwa 1970 in einem gewaltigen Umstrukturierungsprozeß. Dieser ist mehrdimensional und umfaßt Veränderungen in 3 Bereichen:

1) **Veränderungen der Branchenstruktur.** Klassische Branchen, wie Eisen und Stahl oder die Textilindustrie geraten in die Krise, neue Branchen, wie Mikroelektronik, Biotechnologie, Gentechnologie und die Technologie neuer Werkstoffe drängen mit hohen Zuwachsraten vor. Dem Prozeß der Steuerung dieser Umstrukturierungen kommt damit v. a. in den IL hohe Bedeutung zu: Fragen der Neugründung von Industriebetrieben, der Förderung von Produkt- und Prozeßinnovationen und des technologischen Wandels.

2) **Prozeß räumlicher Umstrukturierung.** Die IL verlieren an Industriebeschäftigten, denn der Erosionsprozeß industrieller Arbeitsplätze erfaßt erstmals auch die Städte und Metropolen sowie ihr Umland.

Gleichzeitig setzt eine Verlagerung industrieller Produktionskapazitäten in die bisherige globale Peripherie ein, insbesondere in Länder mit „aufholender Entwicklung" (NIC), wie Singapur, Hongkong, Taiwan und Südkorea. Sie zeichnen in atemberaubenden Tempo den industriellen Entwicklungspfad von Japan nach. Phaszinierend zu betrachten, wie Südkorea innerhalb von 2 Jahrzehnten eine gewaltige Schiffbauindustrie und eine immer lebenskräftigere Autoindustrie aufbaut, wie es den Japanern in der Unterhaltungselektronik (Video-Recorder, TV-Apparate) mit aggressivem Marketing Konkurrenz macht und jetzt auch voll in die Fotoindustrie einsteigt.

3) **Tertiärisierung der Industrie** durch Umstrukturierungsprozeß der industriellen Organisation: Die Fertigung wird in den Hintergrund gedrängt, dispositive Funktionen, wie Planung, Forschung und Entwicklung oder Marketing gewinnen an Bedeutung. „Tertiärisierung" der Industrie zeigt sich u.a. darin, daß die Zentralverwaltungen immer stärkere Konzentrationspunkte in den Stadtzentren bilden, zu typischen Cityfunktionen werden. Die Amerikaner sprechen von „Headquarter-Cities" und meinen damit ein Phänomen, daß derartige Städte, in denen die Führungszentralen konzentriert sind, Entscheidungsgewalt über die Entwicklung umliegender Regionen, ja ganzer Länder ausüben.

## 6.1 Abgrenzung

Eine eindeutige Abgrenzung der Industrie zum Handwerk/Gewerbe ist nicht möglich. Abgrenzungsbeispiele sind:

a) **Die merkmalsspezifische Abgrenzung.** Charakteristische Merkmale der *Industrie:*

- Erzeugung der Güter in größeren Einheiten (Zahl der Beschäftigten, Betriebs- und Gebäudegröße, Produktionswert, Umsatz),
- Erzeugung von Gütern in Massenproduktion oder Serienfertigung für den Markt oder von Großgütern in Einzelfertigung nach Auftrag,
- nach Leitungs- und Ausführungsfunktionen organisierte Betriebsform,
- Zerlegung des Produktionsprozesses in einzelne Produktionsstufen,
- vorherrschende Anwendung mechanischer Verfahren,
- meist Produktion für einen anonymen Absatzmarkt,
- Differenzierung der Arbeitskräfte nach an- und ungelernten und Facharbeitskräften.

Charakteristische Merkmale des *produzierenden Gewerbes* sind: Der klein- und mittelbetrieblich organisierte Teil der Güterproduktion. Meist stark differenzierte Produkte, die in direktem Kontakt mit dem Marktpartner erzeugt werden und in persönlicher Begegnung nachgefragt werden. Streuung (Dezentralität) und Personalität der Beziehungen, ferner Mitarbeit des Betriebsleiters; begrenzte Anwendung arbeitsteiliger und mechanischer Verfahren, vielfach enge Verbindungen mit Handelstätigkeit und Dienstleistungen (Reparatur, Instandhaltung, Montage) sind charakteristisch für das Produzierende Gewerbe.

b) **Die pragmatische Abgrenzung.** Pragmatisch wird vielfach nach der Beschäftigtenzahl unterschieden. In der Regel besteht nämlich zwischen der Beschäftigtenzahl und den übrigen industriellen Merkmalen eine sehr hohe Korrelation. Zudem sind Beschäftigtenwerte relativ leicht erhältlich. Strittig ist nur die Grenze, ab welcher Beschäftigtenzahl im groben Mittel die industriellen Merkmale gegenüber den gewerblichen überwiegen. In den meisten Fällen werden 10 bis 20 Beschäftigte als untere Grenze für industrielle Produktion genommen (Industriestatistik der BRD seit 1976). Sicher ist diese Grenze für einzelne Branchen unterschiedlich, auch bestehen regionsspezifische Differenzierungen. So sind etwa Sägewerke mit 20 Beschäftigten bereits ausgesprochene Großbetriebe. Bei dieser Branche ist es besser, die Abgrenzung nach dem Holzeinschnitt (ab 10000 fm/Jahr) zu treffen.

In der BRD wurden bis 1976 alle Produktionsunternehmen mit 10 und mehr Beschäftigten, die nicht in die Handwerksrolle eingetragen waren, als Industriebetriebe in der „Industrieberichterstattung" erfaßt (Gaebe 1981). 1977 erfolgte die Umstellung der Statistiken auf die Systematik für das Produzierende Gewerbe (***SYPRO***), in dem alle Unternehmen mit 20 und mehr Beschäftigten erfaßt wurden, darunter auch rd. 11000 bisherige Handwerksbetriebe. Derartige Umstellungen in der amtlichen Statistik erschweren naturgemäß die Vergleichbarkeit.

## 6.2 Gliederungen

Art der Gliederung einzelner Branchen hängt vom Arbeitsziel ab. Gliederungsbeispiele:

*1) Nach der Art der erzeugten Güter:*

**Grundstoffindustrie** verarbeitet Rohstoffe des Bergbaues und erzeugt die Grundstoffe für die weitere industrielle Verarbeitung. Dazu gehören die eisenschaffende Industrie, NE-Metallindustrie, Industrie der Steine und Erden, chemische Industrie, Holz- und Papierindustrie, bergbauliche Aufbereitungsindustrie. Wie grob diese Abgrenzung im einzelnen ist kann bereits daraus ersehen werden, daß von der chemischen Industrie eigentlich nur die Grundstoffchemie zu diesen Branchengruppe gehört und von der Papierindustrie eigentlich nur die Zellstofferzeugung. Rohstofforientierte bzw. transportkostenorientierte Standorte überwiegen. Oft findet sich dieser Typ als Pionierindustrie in extrem peripheren Gebieten.

**Investitionsgüterindustrie** erzeugt Maschinen und Einrichtungen, mit denen andere Produkte erzeugt werden können. Die Betriebe sind zumeist technologisch anspruchsvoll, daher ist diese Gruppe besonders für reife, forschungsintensive und hochentwickelte Länder charakteristisch.

Dazu zählen der Maschinen-und Stahlbau, Fahrzeugbau, Eisen- und Metallwarenindustrie, Elektroindustrie, feinmechanische Industrie.

**Verbrauchsgüterindustrie** oder **Konsumgüterindustrie** dient der Erzeugung von Verbrauchsgütern mit Ausnahme der Nahrungsmittel. Dazu gehören die Textil- und Bekleidungsindustrien, Leder- und Schuhindustrie, Glas- und keramische Industrie, holzverarbeitende Industrie, papiererzeugende und papierverarbeitende Industrie, kunststoffverarbeitende Industrie.

**Nahrungsmittelindustrie** verarbeitet landwirtschaftliche Produkte und Erzeugnisse der Meereswirtschaft zu Nahrungsmitteln. Dazu gehören etwa Zuckerraffinerien, Brauereien, Tabakindustrien usw. OTREMBA bezeichnet sie als *„Landwirtschaftliche Aufbereitungsindustrien"*. Charakteristisch sind einstufige Produktionsverfahren, vielfach die Verarbeitung eines einzigen dominierenden Rohstoffes und starke Transportempfindlichkeit. Die Standorte orientieren sich daher entweder nach den landwirtschaftlichen Produktionsgebieten oder den Abnehmern.

*2) Nach Internationaler Klassifikation.* Von den UN 1968 geschaffene „International Standard Industrial Classification of all Economic Activities" (ISIC) auf dem u.a. das alljährlich herausgegebene Standardwerk „Industrial Statistics" beruht. Es unterscheidet 4 Hauptgruppen:

- ***Verbrauchsgüter*** einschl. Nahrungsmittel (non durable consumer goods)
- ***Gebrauchsgüter*** (durable consumer goods)
- ***Zwischengüter*** (intermediate goods)
- ***Kapitalgüter*** (capital goods).

*3) Nach Zahl der Industriebeschäftigten.* Dabei wird häufig eine *Einteilung nach 3 Größenklassen* vorgenommen:

- Bis 100 Beschäftigte = ***Kleinbetriebe***,
- 100–499 Beschäftigte = ***Mittelbetriebe***,
- 500 Beschäftigte und darüber = ***Großbetriebe.***

*4) Nach dem Standortverhalten der Industrie.* Eine Gliederung, die für regionalpolitische Überlegungen von Bedeutung ist.

**Standortgebundene Industrien** weisen auf Grund spezifischer Standortansprüche eine starke Bindung an bestimmte Standorte auf. Dazu gehören etwa WEBER's „Gewichtsverlustmaterialien" (→ 6.5.1.1) bzw. alle Branchen mit hohen Transportkosten.

**Standortungebundene oder „footloose" Industrien** weisen nur geringe Kostenunterschiede für die Produktion auf. Sie können daher ihren Standort überall im Raum wählen und eignen sich in besonderer Weise für Standortansiedlungen in peripheren Gebieten. Es sind durchwegs Unternehmen, deren Transportkostenbelastung gering ist: durch einen hohen „spezifischen Wert" der Materialien, wie etwa bei der Maschinenindustrie oder durch „Gleichgewichtsmaterialien", wie etwa bei der Textil- und Bekleidungsindustrie.

## 6.3 Fläche und Industrieproduktion

Auf einen stark vereinfachten Nenner gebracht, verarbeitet die Industrie Rohstoffe und Halbfertigprodukte unter Verwendung von Energie. Wirtschaftsgeographisch sind 2 Merkmale wichtig:

- stark flächenmäßige Konzentration industrieller Erzeugung,
- Bedeutung der Beziehungsgeflechte, die erst diese Standortkonzentration erlaubt.

### 6.3.1 Die flächenmäßige Konzentration industrieller Standorte

Die industrielle Leistungserstellung erfolgt – im Gegensatz zur großflächig auftretenden Landwirtschaft – auf engem Raum konzentriert. Im Durchschnitt beansprucht die industrielle Nutzung zwar 30–40% der Beschäftigten von Industrieländern, aber nur 1–2% der Fläche der Industriestaaten. Die Beziehung der Industrie zum Boden unterliegt dabei dem Dilemma von steigendem Bedarf und Ressourcenknappheit mehr als bei anderen Standortfaktoren. Die Folgen sind

- *Hohe Bodenwerte* in den Städten und damit ein gewaltiger Impetus für Verdrängungs- und Verlagerungsprozesse. In den Städten kann der Faktor Boden als der wichtigste Faktor generell angesehen werden.

- *Flächenaufschüttungen* in Flüsse und Seen bzw. ins Meer, um die knappe Ressource Boden zu erweitern.
- Die Möglichkeit der Steuerung industrieller Ansiedlung durch die *Bereitstellung von Industrieflächen.*

Selbst in den großen Industrierevieren nehmen die eigentlichen Industrieflächen sich relativ bescheiden aus. So entfallen im 780 qkm großen *Oberschlesischen Industrierevier* nur 38 % der Fläche auf Siedlungen, Industrien und Verkehrsflächen, dagegen 28 % auf landwirtschaftliche Nutzungen und 34 % auf ungenutzte Flächen, vor allem Bergschadensgebiete, Halden, Sumpf- und Wasserbedeckung.
Im *Ruhrgebiet* nimmt die Landwirtschaft immer noch mehr als die Hälfte der Fläche ein und selbst im kleinräumlichen Ausschnitt der Industriestadt Dortmund entfallen noch 40 % der Fläche auf landwirtschaftliche Nutzung.

## 6.3.2 Aufschüttungsflächen – die Neulandgewinnung von Industrieflächen

Trotz der geringen Flächenanteile der Industrie ergeben sich lokal und regional Problem aus Mangel an Boden, Flächenbereitstellung ist in vielen Industriegebieten bereits ein großes Problem. In vielen Fällen wird dem durch Flächenaufschüttungen ins Meer begegnet, so beim Stahlwerk von Llanwern östlich Newport in Schottland. Noch mehr aber ist Japan zum Beispielland für großflächige Industrieraumaufschüttungen geworden.

Japans industrielle Entwicklung nach 1950 war nur möglich, weil die rasch expandierende Schwerindustrie und die petrochemische Produktion Aufschüttungsflächen an den Küsten erhielten.

***Großflächige Aufschüttungen zur Gewinnung von neuem Industrieland*** entstanden erstmals 1920 an der Küste von Kitakyushu, damals eine technische Meisterleistung! Seit dem 2. Weltkrieg verlagerte sich ein wesentlicher Teil der industriellen Entwicklung auf dieses Neuland. Allein 1954–70 wurden in Japan mehr als 270 qkm Industrieneuland an den Küsten gewonnen, weitere 430 qkm kamen zwischen 1971–75 dazu (FLÜCHTER).
Diese Aufschüttungen (japan. „umetatechi") sind besonders an der Bucht von Tokyo, der Ise-Bucht bei Nagoya und der Bucht von Osaka weit verbreitet, also in den dichtest besiedelten Kerngebieten Japans. Darüber hinaus ist aber die gesamte Küste der Inlandsbucht durch eine starke Neulandgewinnung gekennzeichnet.
90 % der Aufschüttungsflächen werden vom Staat durchgeführt, der Rest von privaten Großunternehmen der Stahlindustrie und Mineralölindustrie. Die Kosten variieren je nach Qualität des geologischen Untergrundes sehr stark, besonders ungünstig sind weiche Sedimentschichten und seichte Küsten. Entschädigungen für verlorene Fischereirechte und Aquakulturen können diese Kosten wesentlich erhöhen. Trotzdem ist das Land preisgünstig im Vergleich zu den Bodenpreisen am Festland.

Die Aufschüttungsflächen haben in den letzten 20 Jahren viele Küsten Japans völlig verändert. Ein künstlich geschaffener Küstenindustriesaum legt sich vor die natürliche Küste. Negative Folgen blieben nicht aus
- die Zerstörung der Fischerei und der Aquakulturen
- eine starke Zunahme der Luft- und Wasserverschmutzung

***Aquakulturen*** sind in Japan die Haupteinnahmequelle der Fischer. In der Bucht von Tokyo ist seit 300 Jahren die arbeitsintensive aber gewinnbringende Nori-Kultur weit verbreitet. Es handelt sich dabei um eine Algenart, den „Meerlattich", die während der Wintermonate kultiviert wird. Muschelkulturen ergänzen dies im Sommerhalbjahr. Die Errichtung von Neuland führt meist zur völligen Verdrängung dieser Kulturen.

***Luft- und Wasserverschmutzung*** haben katastrophale Ausmaße erreicht. Vergiftungen durch Quecksilber in Minamata und Kadmium in Toyama erregten weltweites Aufsehen. Lange Zeit waren die gesetzlichen Maßnahmen sehr eingeschränkt. Die japanischen Küstengewässer kippten immer mehr um. Die „rote Flut", entstanden durch ein plötzliches Anwachsen des Planktons, wurde eine charakteristische Erscheinung. Seit 1970 entstanden Bürgerinitiativen, die sich energisch gegen eine weitere Ansiedlung von Pollutionsindustrien wandten. Auch die Behörden widmen sich nun diesem Problem stärker. Trotzdem ist die Umweltbelastung in den Küstengebieten nach wie vor katastrophal.

## 6.3.3 Fehlflächen als Motor industrieller Verlagerungsprozesse

Bereitstellung ausreichender Industrieflächen stellt eine der wichtigsten Maßnahmen der Industrieansiedlung dar, profitiert vom Gegensatz zwischen Land und Stadt.

**In ländlichen Räumen** entwickelte sich die Bereitstellung ausreichender, vielfach aufgeschlossener Flächen zum wichtigsten Bestandteil der Industrieansiedlungspolitik. Aber oft Überangebot, vielfach übertriebene Flächenausweisungen, reine „Wunschwerte".

**In Ballungsräumen** dagegen bildet Fehlen ausreichender Erweiterungsflächen den wichtigsten Stress-Faktor.

Von den 1950–81 aus München ausgelagerten Betrieben haben 88 % (Mehrfachnennungen) fehlende Erweitungsflächen als wichtigste Gründe für die Verlagerung genannt (Decker 1984, S. 58), alte Gebäude/Rationalisierungsmaßnahmen an zweiter Stelle (44 %) und an 8. Stelle kam der Faktor „hohe Grundstückspreise" (11 %). Nimmt man weitere Auslagerungsmotive dazu, die ebenfalls unter den Oberbegriff „Fläche" im weiteren Sinne einzuordnen wären, wie schlechte Zufahrts- und Parkmöglichkeiten (28 %) und hohe Mieten (12 %), so ergibt sich eine überragende Rolle dieses Push-Faktors als Antrieb für Verlagerungen.

*Bodenpreise* und *Mietpreise* in Städten haben besonders steilen Gradienten vom Stadtzentrum nach außen. Erst in einiger Entfernung vom Stadtrand tritt eine Verflachung der Bodenwertkurve ein. Im Stadtumland 50 km vom Zentrum Londons entfernt, sind die Grundstückspreise aber noch 10–20 mal höher als in einer Entfernung von 160 km.

### 6.3.4 Der Flächenbedarf von Industriebetrieben

Moderne Entwicklung der Industrieanlagen durch 2 gegensätzliche Trends charakterisiert:

a) *Zunahme des Flächenbedarfs je Arbeitskraft*, weil anstelle vertikaler Stockwerksproduktion die moderne Transport- und Produktionstechnologie horizontale Erzeugung begünstigt.

b) *Verkleinerung der Produktionsflächen* durch technologisch-organisatorische Entwicklung. Flächenbedarf stark von der verwendeten Technologiestufe abhängig. Umstellung von der Maschinen- auf Bandfertigung brachte zunächst Zunahme der Industrieflächen, Automatisierung mit Prozeßsteuerung verringerte den Flächenbedarf bis um 1950 um mehr als die Hälfte. Durch moderne Hochregallager beträchtliche Flächeneinsparungen.

*Nichtproduktionsflächen* (Parkplätze, Gemeinschaftseinrichtungen usw.) nehmen mehr Platz ein als früher. Insgesamt ergibt sich eine Zunahme der Gesamtfläche aller Funktionen der Industrie, sowohl absolut als auch je Beschäftigtem.

Industriebetriebe können beträchtliche Flächen einnehmen. Insbesondere Stahlwerke, Autoindustrien, Schiff- und Flugzeugbau, Raffinerien und Grundstoffchemie benötigen riesige Flächen.

So umfaßt das Stahlwerk von Tarent eine Fläche von 15 qkm. Davon entfallen 10 qkm auf das Werk selbst, 2 qkm auf Steinbrüche, 3 qkm auf Reserveflächen. Auf dem Werksgelände entstand eine gewaltige Infrastruktur: Ein Straßennetz von 50 km, 200 km Bahnnetz und Förderbänder von 185 km Länge. Allein die Rohstofflager dieses Werkes nehmen eine Fläche von 66 ha ein. Sie nehmen 5 Mio. t Eisenerz und 1.6 Mio. t Kohle auf.
Besonders flächenaufwendig sind die „Baustellenfertigungen“ etwa im Schiffs- und Flugzeugbau. Baudocks von 500000 tdw-Tankern sind 600 m lang. Daneben sind große Hallen für vorfabrizierte Sektionen, Speicher für Ausrüstungsteile, breite Transportwege und Lagerflächen notwendig. Die Odense-Werft in Dänemark weist eine Fläche von 60 ha auf und dies wird als Mindestfläche für eine moderne Großwerft angesehen. Neben dem seeschifftiefen Wasser wird daher die Frage ausreichend großer ebener Flächen zur entscheidenden Standortfrage von Großwerften.

Im EG Raum umfaßt der durchschnittliche Betrieb in der Eisenhüttenindustrie 340 ha (Mikus 1978, S. 29), in der Mineralölindustrie 130 ha und in der Autoindustrie 260 ha.

## 6.4 Verflechtungen als raumwirtschaftliches Merkmal

Infolge der räumlichen Konzentration industrieller Produktion stellen die Verflechtungen mit dem Umland einen besonders wichtigen Aspekt für die industriegeographische Forschung dar. Verflechtungsstrukturen sind für den Industriebetrieb das entscheidende raumwirksame Merkmal.

Die Ermittlung der Verflechtungen ist empirisch ein besonders schwieriger Teil der Forschung. Die wichtigste Möglichkeit, Daten zu erhalten, besteht in Interviews.

## 6.4.1 Typen von Verflechtungen

Je nach Betrachtungsweise gibt es folgende Typen (→ auch Abb. 9).

1) Nach der **Verflechtungsrichtung** lassen sich unterscheiden:

- ***Rückwärtsverflechtungen*** sind alle Zulieferungen (Inputs) an den Betrieb. Alle Zulieferungsorte bilden den ***Beschaffungsraum***.

  Teilweise handelt es sich um beachtliche Mengen. So müssen zur Erzeugung von 1 t Rohstahl in einem herkömmlichen Stahlwerk 4 t an Roh-, Hilfs- und Betriebsstoffen zusammengeführt werden, darunter vor allem 2 t Eisenerz (50 % Fe), 500 kg Koks, 100 kg Quarz, 200–500 kg Schrott, 5000 kwh Strom und große Wassermengen.

- ***Vorwärtsverflechtungen*** sind alle Absatzlieferungen (Outputs) an andere Leistungseinheiten oder an den Konsumenten. Durch Verbindung aller Absatzpunkte entsteht ***der Absatzraum***.
- ***Interne Verflechtungen*** sind Verflechtungen zwischen den Standorten eines Mehrbetriebsunternehmens.
- ***Intermediäre Verflechtungen*** sind Verflechtungen innerhalb der selben Branche, z. B. Lieferungen eines Stahlwerkes in Form von „ingots“ an ein Walzwerk.

2) Nach der **Art der Verflechtungen** lassen sich materielle (Arbeitskräfte, Kapital, Güter) und immaterielle (Kommunikationsverflechtungen) unterscheiden:

- *Güterströme*, d. h. Zulieferungen und Absatz von Roh- und Hilfsstoffen, Fertig- und Halbfertigwaren, Einkaufs- und Verkaufsverflechtungen.
- *Finanzströme, Kapitalverflechtungen:* Außenfinanzierung durch Kredite, laufende Betriebskredite, Förderungen.
- *Industrielle Dienstleistungen* (Wirtschaftsdienste), wie Versicherungen, Betriebsberater, Steuerberater, Reparaturdienste, Reinigungs- und Wachdienste, Serviceleistungen usw.
- *Arbeitskräfteverflechtungen:* In Paläotechnischen Phase noch Einheit von Betriebs- und Wohnstandort charakteristisch: Daher typische Werkskolonien. Betrieb versorgt sich heute aus einem „Arbeitskräfteraum“, der durch Pendelverflechtungen charakterisiert ist. Zumeist geringe Distanzen, Pendelgradienten brechen ab 20 km rasch ab.
- *Kommunikationsverflechtungen:* Informationsaustausch. Schwedische Geographen haben eine Methode entwickelt, die es ihnen ermöglicht, die personalen Kontakte mit anderen Produzenten, Kunden, Finanzinstituten, Regierungsstellen usw. zu messen. Sie gehen davon aus, daß sich ein wesentlicher Teil dieser Kontakte über das Telefon abspielt. Daher lassen sie in sog. „Kontakttagebü-

chern“ Aufzeichnungen der Telefongespräche der Manager führen. Häufigkeit der Kontakte, Richtung, Reichweiten geben wichtige Aufschlüsse. Spitzenmanager verbringen bis zu 40 Wochenstunden mit reinen face-to-face Kontakten (Telefongespräche, Besprechungen).

- *Umweltverflechtungen* durch Emissionen von Geruch, Abwasser, Luftbelastung, Lärm. Entstehen von „Immissionsflächen“, d. h. Flächen starker Schadstoffwirkung.

  Typisch etwa Verarbeitung des Kupfers: Infolge der geringen Konzentration der Kupfererze ist für Gewinnung von 1 t Rohkupfer der Abbau von 150 t Kupfererz notwendige (McDivitt/Manners). Dazu müssen im Durchschnitt 350 t Abraum verlagert werden. Beim Mahlen und Konzentrieren des Erzes entstehen weitere 145 t Schlamm, die in Schlammteichen abgelagert werden. Beim Rösten entstehen 1,8 t Schwefeldioxyd und 1,8 t Asche. Durch Geruch und Lärm erfolgt eine Umweltbelastung bis 600 m um den Betrieb.

- *Produktionsmittelverflechtungen:* Raum aus dem ein Unternehmen Maschinen und Produktionsmittel bezieht („Produktionsmittelverflechtungsraum“).

3) Nach der **Reichweite der Verflechtungen** lassen sich lokale (bis 10 km), regionale (bis 30 km), nationale und internationale Verflechtungen unterscheiden. Vielfach wird auch zwischen einem *Nahbereich* (bis 30 km) und einem *Fernbereich* über (30 km) unterschieden. Meist wird dabei noch eine Entfernung von 100 km abgegrenzt.

***Hinweis zu Abb. 9: Typen von Verflechtungen bei Industriebetrieben*** ***(→ S. 112/113)***

Die Abb. 9 zeigt zwei Typen von Verflechtungen.

***Abb. 9a: Die Arbeitskräfteverflechtungen*** sind wesentlich enger. Sie reichen in der Regel nicht über 30 km vom Betriebsstandort hinaus. Je nach dem Raumtyp zeigen sich aber deutliche Unterschiede:

*Beispiel I:* Ein völlig asymmetrisches und weitgespanntes Einzugsfeld bei der Neugründung *im Ballungsraum*, welche auf die Konkurrenz zahlreicher Betriebe mit bereits etablierten Einzugsbereichen stößt.

*Beispiel II: Im ländlichen Raum* hat dagegen der Einzugsbereich eine mehr kreisförmige Gestalt, eine stärkere Ausschöpfung lokaler Arbeitskräfte und – bedingt durch die zahlreichen kleinen Siedlungen eine weite Streuung von Herkunftsbereichen.

***Abb. 9b: Die organisatorischen Verflechtungen*** in Form von Zweigbetriebsverbindungen zeigen ebenfalls Distanzabhängigkeit. Der Großteil der Zweigbetriebe liegt aber in einer Entfernung von ca. 200 km. Deutlich erkennbar die Konzentration entlang der gut ausgebauten Verkehrswege nach Westen und Süden und die Zweigbetriebe, die im peripheren Gebiet des Wald- und Weinviertels errichtet wurden.

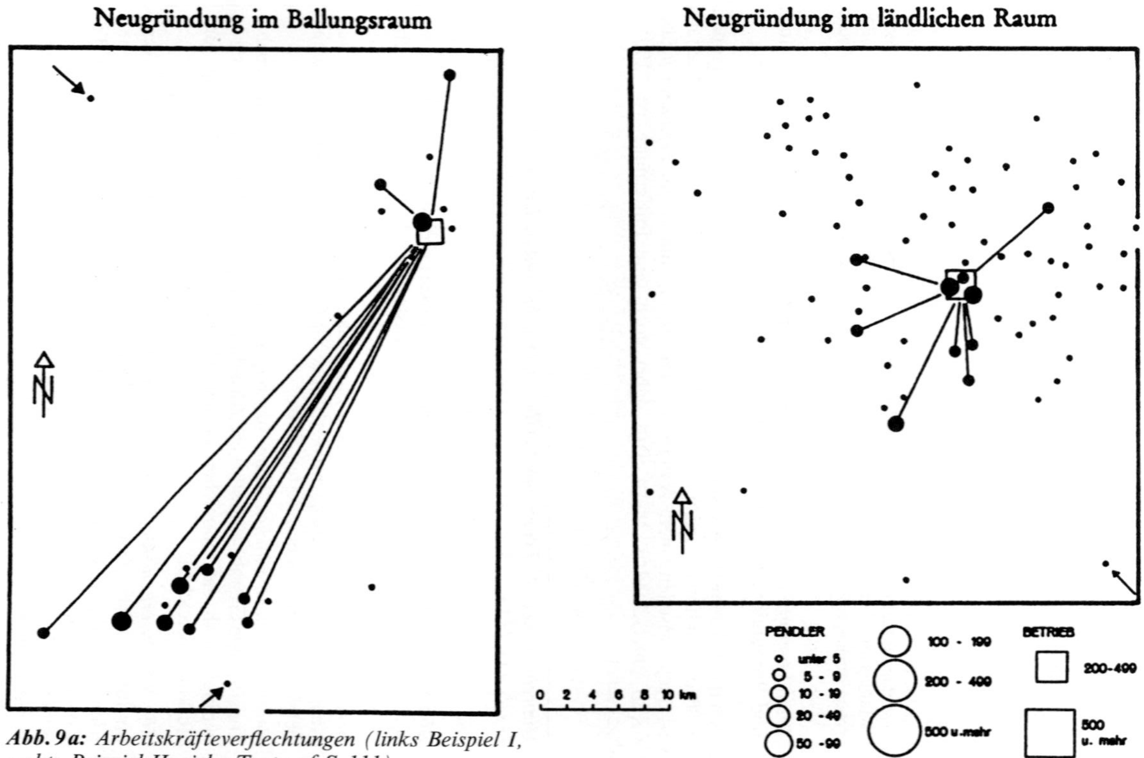


***Abb. 9a:*** *Arbeitskräfteverflechtungen (links Beispiel I, rechts Beispiel II, siehe Text auf S. 111)*

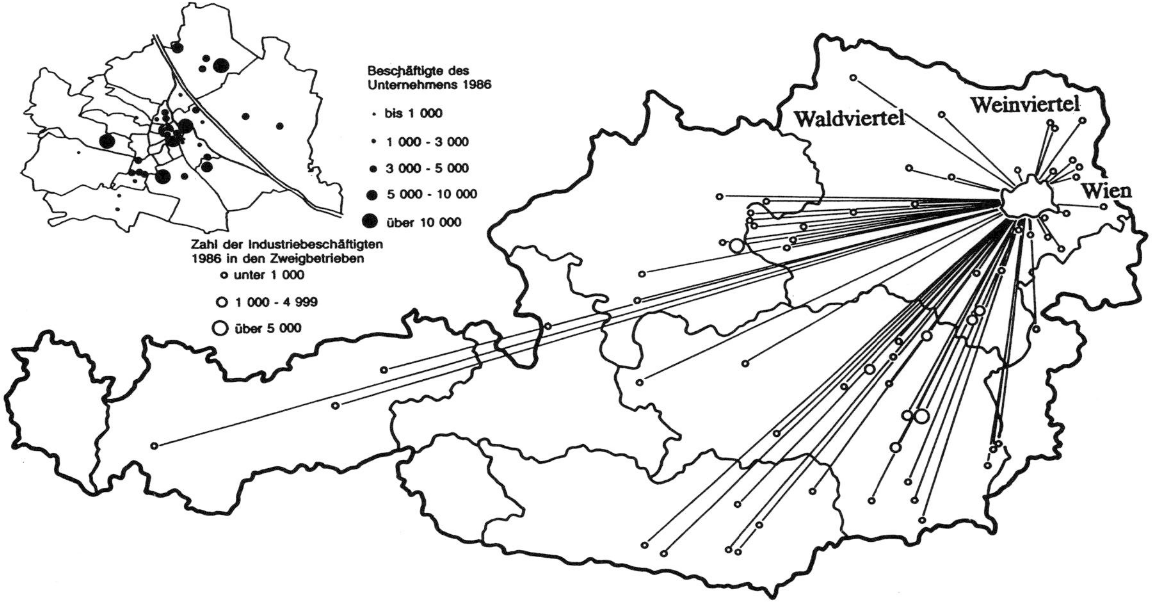


Quelle: Österreichs 10000 größte Unternehmen 1986/87, Österreich 2000 (1987), Trend 987/11
Arnold (1988)

***Abb. 9b:*** *Organisierte Verflechtungen: Zweigbetriebe der Wiener Großindustrie 1986*

## 6.4.2 Agglomerationseffekte

Die Konzentrationsneigung industrieller Betriebe, die zur Herausbildung der Kernräume entscheidend beitrug, wird mit der Existenz von Verflechtungsvorteilen oder Agglomerationseffekten erklärt.

Nach der Art der Entstehung werden 2 Grundformen unterschieden: *Interne und externe Agglomerationseffekte.*

**Interne Agglomerationsvorteile** treten mit steigender Produktionsgröße auf. Sie wirken sich durch Stückkostendegression bei zunehmender Produktion („economies of scale, Skalenvorteile) aus, indem die betrieblichen Festkosten (Gebäude, Boden, wesentlicher Teil der Maschinenkosten) auf eine zunehmend größere Zahl von Produktionseinheiten aufgeteilt werden können. Da die Kosten aus Fixkosten und variablen Kosten bestehen, verbilligt sich durch die Aufteilung das Produkt mit steigendem Output. Dieses Gesetz wird für die Kostenvorteile von Großbetrieben verantwortlich gemacht. Die Vorteile sind umso größer, je höher der Anteil der Fixkosten an den Gesamtkosten. Daher sind Skalenerträge je nach Branche unterschiedlich. Zudem nimmt die Fixkostendegression wenn sich Betrieb entlang der Kostenkurve bewegt zunächst stark ab und verflacht dann immer mehr, so daß auch bei weiterer Vergrößerung keine Ersparnisse mehr eintreten. Wichtig daher optimaler Kostenpunkt.

Was sind die Gründe für das Auftreten derartiger ***economies of scale?***

- *Ersparnisse bei der Kapitalausstattung:* Die Kosten der Kapitalausstattung nehmen nicht direkt mit der Größe zu sondern verlaufen degressiv. Eine Maschine mit doppelter Leistung kostet normalerweise nicht doppelt so viel.
- *Spezialisierungseconomies:* Je größer der Output eines Produktes ist, desto größer sind die Möglichkeiten für eine spezialisierte Anwendung von Kapitalausstattung und Arbeitskräften.
- *Economies in der Lagerhaltung:* Je größer die Zahl an ähnlichen Maschinen ist, desto weniger Ersatzteile müssen gehalten werden.
- *Produktorganisationseconomies:* Je größer ein Betrieb ist, desto mehr können effizientere Methoden der Produktion verwendet werden.

  Die britische Firma Jaguar konnte etwa durch ihre Stapelproduktionstechnik Aufträge nicht erfüllen. 1966 wurde sie durch die British Motor Corporation übernommen. Damit stand genügend Kapital zur Einführung der Fließbandtechnik zur Verfügung mit der schlagartig der Output erhöht werden konnte.

- *„Learning economies“:* mit jeder produzierten Einheit steigt die Erfahrung.

Mit wachsender Betriebsgröße sinken die Kosten je Produktionseinheit. Dafür steigen aber die Kosten für den Absatz („Hoover-Kriterium“).

**Externe Agglomerationsvorteile** entstehen durch Senkung der Beschaffungs- und Absatzkosten. Die Theorie unterscheidet auch hier zwei Arten

- *Lokalisationsersparnisse („localization economies"):* Treten auf, wenn mehrere Betriebe derselben Branche an einem Standort konzentriert sind. Entstehen etwa durch Herausbildung eines hochspezialisierten Facharbeiterstandes, Entwicklung einer spezialisierten Zulieferindustrie und von Dienstleistungen, Entstehen eines „Herkunfts-goodwill" usw.
- *Urbanisationsersparnisse („urbanization economies")* können bei Konzentration von Betrieben unterschiedlicher Branchen auftreten. Kostenvorteile entstehen z.B. durch Transportkostenersparnisse, bessere infrastrukturelle Erschließung (Ver- und Entsorgung), Ansiedlung von Hilfseinrichtungen. *Industrieparks* sind geplante Ansiedlung von Klein- und Mittelbetrieben zur Ausnutzung derartiger Urbanisationsersparnisse.
  Auch bei Kommunikationsverflechtungen treten Urbanisationsersparnisse auf: leichtere Erreichbarkeit von Kontaktpersonen, Ersparnisse bei Kommunikationsmitteln usw. Sie werden für die Konzentration von Zentralverwaltungen oder Marketingfunktionen in den Großstädten verantwortlich gemacht.

Räumlich Nähe von Industriebetrieben wird meist mit der Existenz von ***Agglomerationsvorteilen*** durch Güteraustausch begründet. Die Bedeutung dieser Güterverflechtungen für die Standortballung wurde vermutlich lange Zeit überschätzt, zumal die quantitative Bestimmung erhebliche Schwierigkeiten bereitet. Die Theorie der Agglomerationseffekte wurde von WEBER (1909) entwickelt und seither kaum empirisch getestet. Empirische geographische Arbeiten haben gezeigt, daß die Lieferverflechtungen zwischen Nachbarstandorten der Industrie („assoziierte Standorte") meist viel geringer sind als von der Theorie postuliert. Eher treten Kontaktvorteile oder die gemeinsame Nutzung von Arbeitskräften, Energie usw. auf. Auch bei der Standortwahl spielen Güterverflechtungen als Standortfaktor eine geringe Rolle.

*Allerdings gibt es typische Zulieferregionen*, die zumeist eine lange historische Tradition besitzen. In der BRD gehört dazu das *Bergische Land:* Die Textil- und Bekleidungsindustrie hat ihren Ursprung in der Garnbleicherei im Tal der Wupper. Die Eisen- und Metallverarbeitung ist aus der Werkzeugindustrie, die im 15. Jh. entstand, hervorgegangen. Im Wuppertal entwickelte sich v. a. die Schmalweberei und Flechterei (Barmer Litzen).

Auf dieser Basis kam es zur Agglomeration mehrerer Branchen: die Kabelindustrie wurde angezogen, weil die Kabel umsponnen werden müssen. Die Gummiverarbeitung stellt Gummibänder her und ist damit der Schmalweberei verwandt. Die Chemieindustrie liefert Viskosefäden an Flechter und Bandweber. Auch die Breitweberei und daran anschließende Textilveredlung und Bekleidungsindustrie schlossen sich an. Die Hersteller von Fetten siedelten sich an, weil die Textilfäden gefettet werden müssen. Für die Bekleidungsindustrie entwickelte sich die Metallindustrie als Zulieferer von Haken und Ösen.

Agglomerationsersparnisse traten auf, indem
- das Facharbeiterreservoir neue Unternehmen anzog,
- die Meister sich selbständig machten und eigene Betriebe gründeten, oft zunächst als Zulieferer für den alten Betrieb.

So wurde ein Industriezweig die Basis für die nachfolgende Verarbeitungsstufe, um die sich wieder zahlreiche Zulieferer gruppierten. Allmählich erfolgte die Ausweitung des Absatzes der Zulieferer über die Regionsgrenzen und die Bedeutung der Nähe verblaßte.

Ebenso können aber bei starken Ballungen auch externe ***Agglomerationsnachteile*** auftreten („diseconomies"), wie hohe Grundstückspreise, Verkehrsprobleme, Umweltprobleme. Bis dato wird ein wesentlicher Teil dieser Agglomerationsnachteile in Form von sozialen Kosten auf die Gesellschaft übertragen („externalisiert"). Ab einem gewissen Konzentrationsgrad der Industrie werden die externen Ersparnisse immer stärker durch Agglomerationsnachteile verdrängt. Durch steigende Konkurrenz steigen die Löhne, gehen die Bodenpreise in die Höhe, die Auslastung der Infrastruktur erreicht ihre Kapazitätsgrenzen, auch treten immer größere Umweltbelastungen auf.

### 6.4.3 Industrielle Zulieferbeziehungen

Unter Zulieferungen werden Zulieferungen von Einzelteilen bezeichnet, die im wesentlichen ohne mechanische oder chemische Weiterverarbeitung eingebaut werden. Dazu gehören auch Verpackung und vergebene Lohnarbeiten. Zulieferer fertigen daher gemäß dem Auftrag und der näheren Spezifikation der Abnehmer.

Durch die *räumliche Nähe* von Zulieferern zum Assemblingbetrieb entstehen Lokalisationsersparnisse (→ 6.4.2). Trotz dieser Vorteile gibt es Zulieferverflechtungen auch *über weite Entfernungen.*

In der BRD beziehen nur 17 % der Industriebetriebe ihre Zulieferteile vorwiegend aus dem Nahbereich (= 30 km Entfernung). Selbst Großbetriebe mit mehr als 10000 Beschäftigten und hohem Bedarf an Zulieferteilen vermögen kaum Zulieferbetriebe räumlich an sich zu binden. Nur die eisenerzeugende Industrie der BRD, Sägewerke und Holzbearbeitung sind für eine große Zahl von Zulieferern standortentscheidend. Für rd. 42 % aller Betriebe in Nordrhein-Westfalen hatte die Nähe zu den Abnehmern keine Bedeutung. 26 % sehen bei Transport- und Kommunikationskosten und 24 % bei den persönlichen und technischen Kontakten einen Vorteil.

Um das Zentrum der amerikanischen Autoindustrie in Detroit hat sich eine Vielzahl von Zulieferbetrieben entwickelt. Ähnliches gilt für die Organisation der oberitalienischen Bekleidungsindustrie (Benetton, Pepper). In Italien sind die meisten Klein- und Mittelbetriebe, welche für Großbetriebe zuliefern, in der Nähe des Abnehmers lokalisiert (Mauri 1960, 72).

Um das BMW Motorenwerk in Steyr, Österreich, begannen rd. 70 Betriebe mit Zulieferungen.

Charakteristisch entwickelt ist der räumliche Verbund von Großabnehmern und einem Heer von Zulieferern auch in der japanischen Autoindustrie.

Die Bedeutung der Entfernung eines Abnehmers von seinen Lieferanten wird regional unterschiedlich gesehen. Betriebe in den Randzonen legen stärkere Bedeutung auf räumliche Nähe.

Betriebe, die Nähe als wesentlich sehen, betonen v.a. die Bedeutung für persönliche und technische Kontakte zwischen Abnehmern und Zuliefern (28 % aller Betriebe), Einsparungen bei Frachtkosten, Kommunikationskosten (Telefon) und Reisen (25 %), schnelle und zuverlässige Abwicklung der Lieferantengeschäfte (12 %) unter Beibehaltung kurzer Lieferzeiten (11 %). Dazu kommt die Möglichkeit zum kurzfristigeren Disponieren, Einsparungen bei den Lagerhaltungskosten, schneller Abstimmung technischer Einzelheiten der Zulieferteile. Letzteres erscheint besonders wichtig, wenn der Betrieb nicht in Serie fertigt, sondern auf Neukonstruktionen angewiesen ist. Kommunikations- und Transportkosten sind somit entscheidend. Dabei ist aber der Zeitfaktor wichtiger als die Transportkosten.

Branchenspezifische Unterschiede bewirken, daß einzelne Branchen besonders die Bedeutung der Nähe betonen. Dies gilt v.a. für die Gießereiindustrie und hier besonders für den Eisenguß. Betriebe dieser Branche sind aus technisch-konstruktiven Gründen und wegen der hohen Transportkosten an der Nähe interessiert.

Investitionsgüterhersteller sehen einen Vorteil besonders in geringeren Wartungs- und Reparaturkosten und promptem Kundenservice. In Rezessionszeiten verliert die Lieferantennähe bei 20 % der Betriebe an Gewicht, da viele Betriebe bisher bezogene Einzelteile selbst fertigen, um vorhandene Kapazitäten zu nutzen.

## 6.5 Das Problem des industriellen Standorts – die klassische Frage der Industriegeographie

Die Frage der Standortverteilung und Standortwahl gehört zu den „klassischen“ Themen industriegeographischer Forschung. Auf keinem anderen Gebiet der Wirtschaftsgeographie wurde eine derartige Fülle von Theorien entwickelt. Industriegeographie kann daher nur bei Kenntnis der wichtigsten dieser theoretischen Ansätze verstanden werden.

### 6.5.1 Standorttheorien

Die industriegeographische Forschung bis nach dem 2. Weltkrieg wurde wesentlich von einem Thema beherrscht: Standortwahl von Industriebetrieben. Standorttheorien und empirische Arbeiten über die Standortfaktoren waren bis um 1965 für die Industriegeographie das zentrale Thema, vergleichbar den Landnutzungsstudien der Agrargeographie (Hamilton 1974).

Betrachtet man die Entwicklung der Standortforschung chronologisch, so lassen sich 4 Phasen unterscheiden, in denen jeweils zunehmende Komplexität der Fragestellung auftrat

a) Seit der 2. Hälfte des 19. Jh. wurde von der klassischen Nationalökonomie die ***Frage nach dem optimalen Standort des Einzelbetriebes*** gestellt. Deutschen Nationalökonomen, wie ROSCHER (1865), SCHÄFFLE (1867) und LAUNHARDT (1882), leisteten dabei Pionierarbeit.

WEBER (1909) schrieb das grundlegende Werk und Männer, wie PALANDER, HOOVER oder SMITH haben seine Ergebnisse verfeinert. Umfassendste Erweiterung dieses Ansatzes stellt das Modell von SMITH (1971) dar. In allen Fällen ist das Bestreben, Kosten zu minimieren, standortentscheidend.

b) In einer späteren Phase wird die Frage erweitert auf die Untersuchung der ***Raumstruktur der gesamten Industrie.*** LÖSCH (1940) ist der bedeutendste Vertreter diese Phase. Sein Marktflächenkonzept stellt die Gewinnmaximierung in den Vordergrund.

c) Ab etwa 1955 werden einzelne räumliche Partialmodelle aus den Bereichen Landwirtschaft, Industrie und tertiärer Sektor zur ***Theorie des räumlichen Gleichgewichtes*** erweitert. Vertreter dieser Raumwirtschaftstheorien sind ISARD, LEFEBER und BÖVENTER. Erst ab diesem Zeitpunkt beginnt sich die Industriegeographie, deren Aufgabe bis dahin primär die empirische Überprüfung der nationalökonomischen Theorien war, stärker mit theoretischen Fragestellungen zu befassen.

d) Ab Mitte der 60er Jahre beginnt sich die Industriegeographie stärker von der Nationalökonomie und deren einseitiger Überbewertung ökonomischer Methoden und Variablen zu emanzipieren. Ausgehend von einer unbefriedigenden Verifizierung der Theorien durch empirische Arbeiten entwickelt die Geographie den Verhaltensansatz.

### 6.5.1.1 ALFRED WEBER: Die Suche nach dem optimalen Standort

ALFRED WEBER ist wichtigster Vertreter der 1. Phase, für die Industriegeographie von ähnlicher Bedeutung wie THÜNEN für die Agrargeographie oder CHRISTALLER für die Zentralen Orte. Typisch für die klassische Nationalökonomie ist in seinem Hauptwerk „Über den Standort der Industrie" (1909) die Standortfrage reduziert auf die relativ einfachen Verhältnisse des Einbetriebs-, Einprodukt-Unternehmens, für das der optimale Standort gesucht wird.

Dabei werden sehr einschränkende Prämissen gesetzt, etwa die Voraussetzung einer homogenen Fläche, rein linear mit Entfernung und Gewicht steigende Transportkosten, immobile Arbeitskräfte oder reine Gewinnmaximierung der Unternehmer.

Der optimale Standort ist der Transportkostenminimalpunkt. Transportkosten sind somit der entscheidende Kostenfaktor. Abweichungen vom Transportkostenminimalpunkt erfolgen nur bei Kosteneinsparungen durch billige Arbeitskräfte oder besondere Agglomerationsvorteile. Geometrische Verfahren, wie die Konstruktion von Standortdreiecken und Isolinien werden zu Ermittlung des optimalen Standorts herangezogen.

Dieser optimale Standort ist der Niedrigstkostenstandort, die Kostenstrukturen werden relativ einfach mit Transportkosten und modifizierenden Kosten für Arbeitskräfte und Agglomerationsersparnisse abgebildet.

Einige Begriffe von Weber können auch heute noch für die Beurteilung industrieller Standorte verwendet werden und ebenso sind seine Gedankengänge von Interesse. Weber unterscheidet:

a) *Lokalisiertes Material*, d. s. Rohstoffe, die nur an einem bestimmten Standort vorkommen,

b) *Ubiquitäten*, d. s. Materialien, die überall vorhanden sind.

Daraus leitet er 2 wichtige Kennziffern ab:

- ***Materialindex*** = Gewicht der lokalisierten Materialien / Gewicht der Fertigerzeugnisse
- ***Standortgewicht*** = Gewicht der lokalisierten Materialien + Gewicht der Fertigerzeugnisse.

WEBERS Standortansatz spielt allerdings heute für die Standortwahl von Industriebetrieben nur noch sehr begrenzte Rolle, eignet sich eher zur Erklärung alter Standorte einiger Branchen, etwa der Schwerindustrie.

*Gründe dafür sind:*

a) In Industrieländern sind Verkehrssysteme überall vorhanden (ubiquitär). Transportkosten spielen für Industriebranchen nur noch geringe Rolle (durchschnittlich 3% der Gesamtkosten). WEBERS Theorie konnte in Kanada um 1900 noch 50% aller Standorte befriedigend erklären (WALKER 1980), um 1970 dagegen nur noch 30%.

b) die Schwerindustrie verliert gegenüber der Leichtindustrie ständig an Bedeutung. Transportkostenbelastung der Leichtindustrie aber ist gering, etwa 1% in der Bekleidungsindustrie. Analysen bei der schwedischen Bekleidungsindustrie (LINDBERG 1953, HARRIS 1954, TÖRNQUIST 1962) zeigten zwar wesentliche Unterschiede zwischen dem Kernraum und den peripheren Regionen, aber überall waren die Transportkosten geringer Kostenfaktor: 0,7% im Kernraum, 1,6% in der Peripherie!

c) Transportkostenbelastung wird durch die immer effizientere Verwendung von Rohstoffen herabgesetzt. Eisen- und Stahlindustrie hat den Kokseinsatz, der um 1900 noch bei rd. 2 t je Tonne Rohstahl lag, durch technologische Verbesserungen laufend gesenkt. In den modernen japanischen Stahlwerken liegt er bereits unter 0,5 t. Ein von der Firma Midrex um 1960 entwickelte Direktreduktionsverfahren setzt erstmals anstelle von Koks Erdgas ein und gleiches gilt für den Ersatz von Kohle durch elektrischen Strom in Edelstahlwerken. In allen Fällen werden transportintensive Rohstoffe durch leicht transportierbare substituiert.

d) Durch immer größere Verbreitung des Recycling verlieren Rohstoffstandorte an Bedeutung. Zudem wird heute Konzentrationsgrad der Erze durch verbesserte Aufbereitungstechniken (→ 4.3.2.2) erhöht. In den Welthandel kommen nur noch Eisenerze, die auf 60–70% angereichert wurden. Transportkosten spielen immer geringere Rolle, Eisenerz aus Brasilien z. B. ist für VÖEST in Linz billiger als die Transporte der Fe-armen Eisenerze vom 100 km entfernten Erzberg.

***Hohe Transportkosten*** haben heute nur noch *Getränkeindustrie* mit ihren aufwendigen Gebinden und niedrigem spezifischem Wert, deren Transportkostenbelastung bei 6 %, Betriebe der *Steine und Erdenindustrie*, die *Metallhütten, Sägeindustrie* und sonstige *holzverarbeitende Industrien*; bei der *Zellstoff- und Papierindustrie* liegt der Transportkostenanteil sogar bei 10 %. Zur Senkung der Transportkosten gilt Lage an einer Bahn daher als wichtiger Standortfaktor.

*Geringe Bedeutung der Transportkosten* gilt nur für die gut erschlossenen IL, bei denen die Verkehrsinfrastruktur als fast ubiquitär angesehen werden kann, in EL stellen die Transportkosten noch wichtigsten Standortfaktor dar.

### 6.5.1.2 Die Marktflächentheorie von LÖSCH und die Absatzorientierung der Industrie

LÖSCH (1940) erweiterte Fragestellung auf die Standortstruktur der gesamten Industrie und wählte anderen Ansatz für die Frage der Optimierung der Raumstruktur. Nach ihm bilden die um jeden Produktionsstandort entstehenden Marktflächen das Grundgerüst der Verteilung im Raum. Für die Erzeugung jedes Gutes gibt es

- *untere Grenze* durch die Mindestnachfrage, welche für eine Produktion notwendig ist,
- *obere Grenze*, ab der die Transportkosten so hoch sind, daß kein Kunde mehr bereit ist, dieses Gut zu kaufen.

Jedes Gut hat damit eine ***notwendige Versendungsweite***, die Nachfrage ist gleichmäßig über die Fläche verteilt und es bildet sich für jedes Produkt eine regelmäßige Verteilung von Produktionsstandorten mit kreisförmigem Marktgebiet. Innerhalb dieses Marktgebietes übt der jeweilige Produzent ein regionales Monopol aus, da er die geringsten Transportkosten hat und seine Konkurrenten preislich unterbieten kann.

Da der gesamte Raum lückenlos mit Produkten versorgt werden muß und Überschneidungen nicht vorkommen können (jeder Konsument verhält sich als „homo oeconomicus" und kauft immer das billigste Produkt) entstehen hexagonale (sechseckige) Marktnetze. Ein deutlicher Einfluß der Theorie der Zentralen Orte von CHRISTALLER (1933) ist hier spürbar. Jedes Gut hat in Abhängigkeit von seiner notwendigen Versendungsweite ein Marktnetz mit unterschiedlich großen Sechsecken. Externe Kostenvorteile (Agglomerationsersparnisse) führen dazu, daß unter Beibehaltung der Marktnetze für jedes Produkt, Produktionsstandorte entstehen, an denen möglichst viele Betriebe konzentriert sind. Es bildet sich Hierarchie unterschiedlich großer Standorte.

So faszinierend diese Theorie zunächst ist, so große Nachteile besitzt sie: Homogene Flächen fehlen in der Realität, eher ist eine inhomogene Nachfrageverteilung der Fall. Noch mehr: Das Ergebnis eines hierarchischen Systems von Produktionsstandorten zerstört letztlich die Fiktion homogener Nachfrageflächen, da an den entstehenden Produktionsstandorten sich auch die Bevölkerung konzentriert.

LÖSCHS Marktflächentheorie liefert bestenfalls die Erklärung für einige wenige absatzorientierte Branchen, insbesondere aus älteren Phasen der Industrialisierung vor der Herausbildung von Kernräumen. *Allerdings:* LÖSCH wollte nicht bestehende Standortstrukturen erklären, sondern aufzeigen, wie sie optimiert werden können (normativer Ansatz!).

### 6.5.1.3 Die Minimax-Lösung und die Raumgrenzentheorie von SMITH

Die Suche nach realistischeren Lösungen für das Standortproblem führten zum *Minimax-Ansatz* von GREENHUT (1956) und ISARD (1956): Ihre Lösung ergibt eine Maximierung der Profite durch die Maximierung der Einnahmen und die gleichzeitige Minimierung der Kosten. An die Stelle des Optimierungsprinzips trat damit in der industriellen Standortwahl das Zufriedenheitsprinzip (→ Abb. 10).

Industrieunternehmen müssen unter den Bedingungen der Unsicherheit und der geringen Informationen die relativ beste Standortwahl erzielen. Dies ist nach GREENHUT auch für Agglomerationseffekte entscheidend: Unternehmer neigen zu einer „follow-the-crowd" Entscheidung, d. h. sie bevorzugen die Standortentscheidungen ihrer Vorgänger. Dadurch bilden sich Agglomerationen anstelle isolierter Standorte heraus. Wo die Unsicherheit am größten ist, sind auch die Agglomerationstendenzen am größten. Dies würde sehr gut als Erklärungsansatz für die starken Konzentrationserscheinungen in Entwicklungsländern dienen.

DAVID SMITH, Geographieprofessor an der Universität Florida, entwickelte die Standorttheorie von WEBER und LÖSCH weiter, indem er die Kostenminimierungs- und Gewinnmaximierungskonzepte zusammenfaßte (*Minimax-Lösung*).

In einem Gebiet variieren sowohl Kosten als auch Erträge. Der gewinnoptimale Standort liegt dort, wo die maximale Ertrags-Kosten Differenz gegeben ist. Innerhalb der Gewinnzone kann ein Unternehmer jeden beliebigen Standort wählen, P1 und P2 sind die Standorte der Grenzproduzenten, deren Erträge den Kosten gleich sind. Die Wahl eines außerhalb gelegenen Standortes würde letztlich zum Untergang des Unternehmens führen. Je steiler Kosten- und Ertragskurven verlaufen, desto begrenzter ist die industrielle Standortwahl. Auch hier zeigt sich, daß ein Standortfaktor umso wirksamer ist, je größer seine räumlichen Variationen sind.

Was ist neu an diesem Ansatz?

- SMITH berücksichtigt nicht nur Kosten sondern auch Erträge,
- Er stellt nicht so sehr die Frage nach einem einzigen optimalen Standort, sondern nach einer räumlichen Gewinnzone, in der jeder Standort profitabel ist.
- Er berücksichtigt die Gesamtkosten anstelle der reinen Transportkosten.

Die Einführung der *Gewinnzonen* in die Standorttheorie bedeutete einen wichtigen konzeptionellen Fortschritt. Damit ist erstmals suboptimales Verhalten der Unternehmer möglich, ebenso wie die Auswirkungen von unterschiedlichen Unternehmerleistungen und staatlicher Eingriffe durch Subventionen, Steuern usw. berücksichtigt werden können.

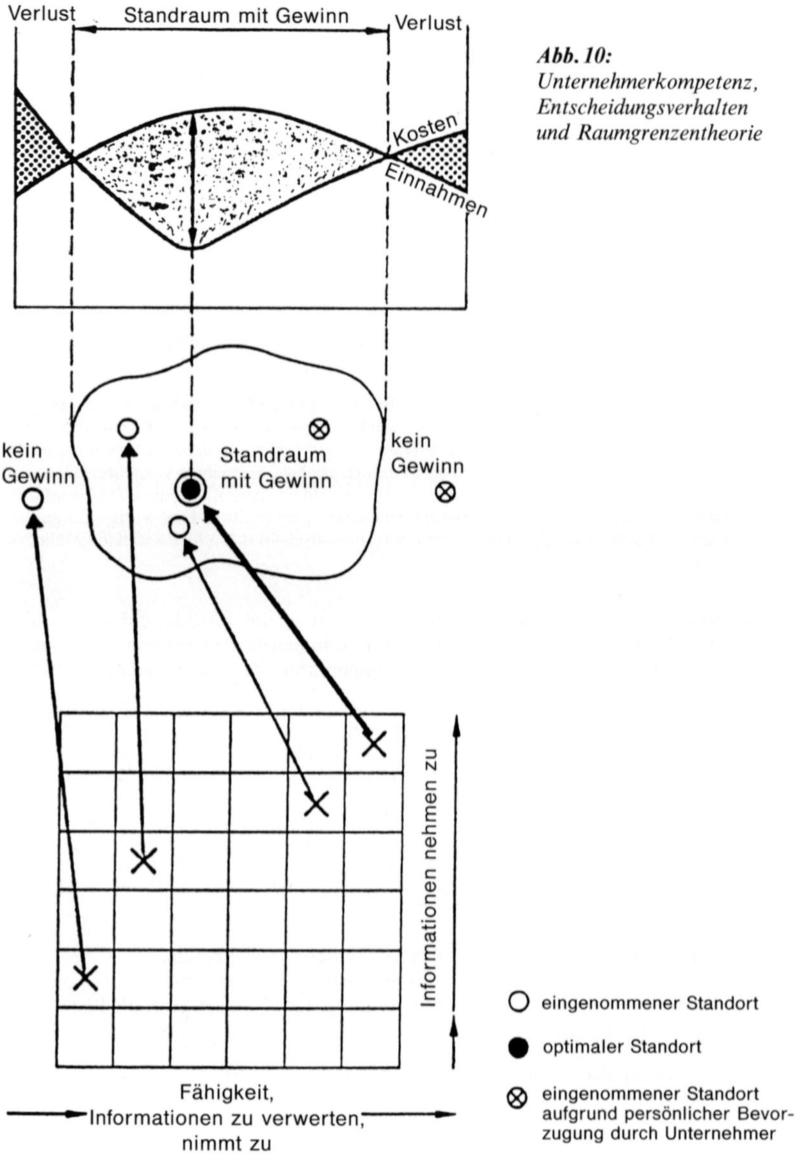


***Abb. 10:*** *Unternehmerkompetenz, Entscheidungsverhalten und Raumgrenzentheorie*

*Qu.:* BRÜCHER 1982, S. 60 (Format leicht verändert)

### 6.5.1.4 Verhaltenstheoretische Ansätze („behavioral approach“)

Während Standorttheorien die Ergebnisse industrieller Handlungsweisen erklären und optimale Verteilungen aufzeigen (normative Theorien: „So soll es sein“), suchen verhaltenstheoretische Ansätze das Zustandekommen von Standortentscheidungen zu erklären. Es handelt sich dabei um einen zur „entscheidungsorientierte Betriebswirtschaftslehre“ (HEINEN) parallelen Ansatz, der Phänomene letztlich auf die dahinterstehenden Entscheidungen zurückführt.

Dieser „behavioristische oder verhaltensorientierte Ansatz“ erklärt v. a. die Subjektivität unternehmerischer Entscheidungen besser. Die empirische Forschung – hier v. a. die Geographie – hat gezeigt, daß in der Realität die Fiktion eines „homo oeconomicus“, der in einem wirtschaftlichen Wunderland operiert, nicht aufrechterhalten werden kann. Der reale Entscheidungsträger verfügt über begrenzte Informationen, eine sehr beschränkte Vorstellungen von seiner Umwelt und zu geringe Informationsverarbeitungskapazitäten, um alle Standorte gegeneinander aufzurechnen. Zudem handelt er nicht nur nach gewinnmaximierenden Prinzipien und ist ein mehr oder minder emotional behaftetes Wesen (BADE 1979)

Zahlreiche Betriebsgründungen erfolgen an Standorten, die auf Grund persönlicher Kenntnisse und Kontakte (Geburtsort oder Ferienort des Firmengründers) oder aus sonstigen irrationalen Gründen (z. B. Erbe eines Grundstücks) gewählt wurden.

Siemens, vor 1945 in Berlin konzentriert, suchte nach Kriegsende einen neuen Standort. Ernst von Siemens, der Schwiegersohn des Gründers, brachte München ins Spiel, eine Stadt, in der seine Schwester wohnte und die er als begeisterter Skifahrer bereits in der Zwischenkriegszeit als Ausgangspunkt für Skitouren in die Bayerischen Alpen gewählt hatte. Obwohl die Stadtverwaltung dieses Vorhaben zunächst keineswegs unterstützte, wurde München zum provisorischen und später zum endgültigen Hauptquartier des deutschen Elektroriesen gemacht (KRUMME 1970).

Die Erkenntnis, daß raumrelevante Entscheidungen nicht nach mathematisch klar ableitbaren ökonomischen Optimierungskriterien verlaufen, führte zu 3 wichtigen Ergebnissen:

a) der Entwicklung des ***Zufriedenheitskonzeptes***,
b) zur Untersuchung der Entscheidungsprozesse selbst und damit dem ***verhaltenstheoretischen Ansatz***,
c) dem Konzept der ***„mental maps“***.

Der Gedanke, daß in der Realität räumliche Entscheidungen von Menschen mit begrenzter Fähigkeit und wenig perfekter Kenntnis der Umwelt getroffen werden, wurde zuerst von WOLPERT (1964) am Beispiel der Landnutzung durch Bauern aufgezeigt und später von PRED (1967) und SMITH (1970) weiterentwickelt.

Bedeutungswandel der Standortfrage:

Die *ökonomische Standorttheorie* fragt wo sich Betriebe niederlassen sollen (normativ). Sie sucht den optimalen Standort.

Die *verhaltenstheoretische Frage* lautet: Wo lassen sie sich nieder und warum lassen sie sich hier nieder (BALE 1981). Gesucht wird der „zufriedenstellende“ Standort, der einen Gewinn ergibt und das Bestehen des Unternehmens sichert. Nur durch Zufall kann dies zugleich auch der optimale Standort sein. *Das Optimierungskonzept wird durch das* ***Zufriedenheitskonzept*** *ersetzt!*

PRED (1967) entwickelte eine ***Verhaltensmatrix***, bei der die Entscheidung bestimmt wird von

- der Güte der Informationen,
- den Fähigkeiten des Entscheidungsträgers („decision maker“), diese Informationen zu verwerten.

Durch Verbindung der Verhaltensmatrix von PRED mit dem räumlichen Gewinnkonzept von SMITH kann das suboptimale Standortverhalten und das Herantasten an den optimalen Standort erklärt werden. Zunehmende Erfahrung kann zu einer immer größeren Annäherung an den optimalen Standort führen.

Persönliche Präferenzen spielen eine große Rolle, indem der Entscheidungsträger letztlich eine Bedürfnisbefriedigung sucht. Durch Gewinnmaximierung etwa ist er bestrebt, Macht und Prestige zu erhalten (SCHMÖLDERS 1978, SZYPERSKI/NATHUSIUS 1977).

Da *persönliche* Faktoren, Emotionen, Wertvorstellungen, Kenntnisse usw. das Standortverhalten wesentlich beeinflussen können, spielen auch gedankliche Vorstellungsmuster von Räumen eine große Rolle. Jeder Mensch hat bezüglich eines bestimmten Raumes gewisse Klischeevorstellungen, verbindet damit gewisse Assoziationen, die objektiv durchaus falsch sein können, aber letztlich sein Handeln bestimmen. Diese ***Vorstellungswelt von Standorten („mental map“)***, die in unseren Gehirnen existiert, unterscheidet sich mehr oder minder stark von der realen Umwelt.

Besitzt eine größere Zahl von Unternehmern ähnliche räumliche Vorstellungen so wird sich dies in ähnlichem Verhalten ausdrücken und damit wird letztlich auch die objektive Umwelt geprägt, entweder durch bestimmte Aktivitäten (z. B. Neugründungen, Abwandern) oder durch „Nichtmaßnahmen“ (Unterlassen einer Erweiterung des Betriebes). Das Raumimage kann damit die Entwicklung eines Raumes wesentlich beeinflussen. Mit positiven Assoziationen besetzte Räume erfahren eine Aufwertung, Räume mit negativem Image werden zusätzlich abgewertet.

Unsere Vorstellungswelt wird dabei wesentlich von unseren Informationen geprägt, ist also eine Funktion der Entfernung, der Häufigkeit der Kontakte, dem Grad der Publizität in den Medien, den eigenen Erfahrungen. Die Erforschung der „mental maps“ stellt einen wichtigen Bereich der Standortforschung und Regionalplanung dar. Regionalpolitische Maßnahmen dürfen die Verbesserung der Vorstellungswelten von unattraktiven Regionen nicht außer acht lassen.

Das **Standortwahlverhalten** spielt sich nach charakteristischen Mustern ab: Dem *Prinzip der Nähe*, der *Minimierung des Suchaufwandes*, der *Reduzierung der*

*Komplexität* der Entscheidung. Darüber hinaus unterliegen Standortbewertungen einem räumlichen, zeitlichen und branchenspezifischen Wandel.

***Das Prinzip der Nähe*** führt dazu, daß Standortwahl grundsätzlich Nähe zum Wohnort oder zum alten Betrieb bevorzugt. Entscheidungsträger verfügen mit ihren „mental maps" über Raumkenntnisse, deren Güte in der Regel mit Entfernung rasch abnimmt. In größerer Entfernung konzentrieren sich diese zudem nur noch auf wenige Gebiete, die durch Werbung, Medien, Geschäftskontakte oder persönliche Beziehungen bekannt sind. Dementsprechend werden Neugründungen überwiegend am Wohnort vorgenommen und Verlagerungen von Betrieben erfolgen über möglichst kurze Distanzen. Der tatsächliche Standortsuchraum ist viel kleiner als das Gebiet aller möglichen Standorte. Die Standortsuche ist auf einen engen Raum begrenzt, der persönlichen Erfahrung zugänglich ist (Ballestrem 1974).

***Das Prinzip der Suchaufwandsminimierung:*** Unternehmer besitzen nur über wenige potentielle Standorte Informationen, treffen subjektive Vorauswahl; Sammeln und Auswerten der Informationen verursacht hohe Kosten und Zeitaufwand. In der Regel werden daher von vornherein nur ein bis einige wenige Standorte ins Kalkül gezogen.

***Das Prinzip der Komplexitätsreduzierung*** betrifft den geographischen Maßstab der Standortentscheidung. Besonders bei größeren Unternehmen, die zumeist rationaleres Standortverhalten zeigen, geht Suchprozeß mehrstufig vor sich, meist in 3 Stufen.

1. wird eine internationale Standortentscheidung getroffen, d.h. die Entscheidung zu Gunsten eines Makroraumes (Kontinent, Land). Dabei spielen vorrangig Fragen des Investitionsklimas, d.h. politische und ökonomische Faktoren eine Rolle.

2. erfolgt eine Entscheidung für eine bestimmte Region. Dabei sind Überlegungen bezüglich des Marktes zumindest unter amerikanischen Verhältnissen besonders wichtig (Wheeler 1980), da Märkte stärkere regionale Unterschiede als Kostenstrukturen besitzen.

3. wird eine lokale Standortentscheidung getroffen. Bei ihr spielen Kostenüberlegungen bezüglich Boden/Miete oder die Verfügbarkeit der industrienahen Infrastruktur oder der Arbeitskräfte eine entscheidende Rolle.

Für jede Größendimension dieses Suchraumes gelten in der Regel unterschiedliche Standortfaktoren (Brede 1971, Ewing 1977, Stafford 1974).

Standortentscheidungen von Großunternehmen gehen häufig in derart rationaler Form vor sich. Der Entscheidungsprozeß bei IBM in New York etwa verläuft in folgenden Schritten (Sedlacek 1988):

1. werden weltweit die günstigsten Investitionsmöglichkeiten nach Kontinenten gesucht und dabei z.B. die Entscheidung zu Gunsten Europas getroffen.

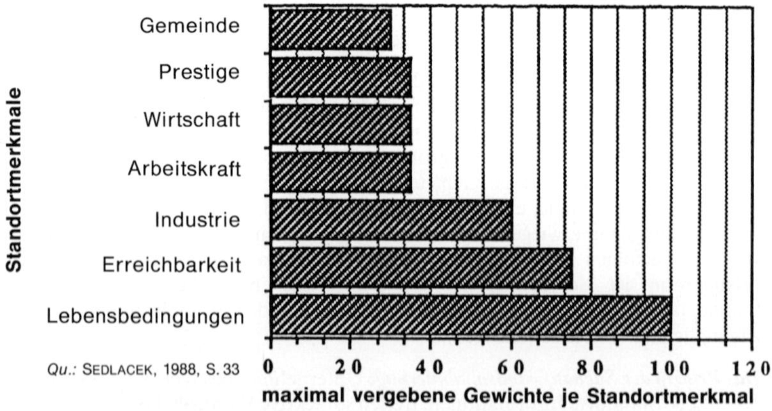


*Qu.:* SEDLACEK, 1988, S. 33

***Abb. 11:*** *Regionale Standortentscheidung bei IBM*

2. wird ein Land in Europa gewählt. Dabei spielen 2 Faktoren eine entscheidende Rolle: Der Absatzmarkt und politische Gründe, d.h. das Bestreben, die Produktionsstandorte auf möglichst viele Staaten zu verteilen.
3. Im gewählten Land werden rd. ein Dutzend Standorte geprüft. Das Vorgehen erfolgt streng rational, indem mehrere Standorte mit einem Punkteschema bewertet werden, das in Abb. 11 mit dem maximal dafür vergebenen Gewichten dargestellt ist.
4. Standort mit höchster Punktezahl wird in einer Projektstudie auf die Realisierbarkeit überprüft und dabei wird der Mikrostandort festgelegt.

## 6.5.2 Standortfaktoren

„Standortfaktoren sind wirtschaftliche Vor- und Nachteile, die sich beim Niederlassen von Unternehmen an einem bestimmten Ort ergeben" Einzelne Betriebe und Branchen benötigen ganz bestimmte Standortfaktoren. Die Bedeutung der Standortfaktoren kann sich aber im Laufe der Zeit ändern – Anpassungsprobleme sind die Folge. Die Wirtschaftspolitik beeinflußt ebenfalls die Bedeutung einzelner Standortfaktoren (MOHS/JACOB 1977).

### 6.5.2.1 Naturgeographische Standortfaktoren

Als naturgeographischen Standortfaktoren gelten *Wasser*, *Klima*, *Bodenbeschaffenheit* und das Vorhandensein von *Rohstoffen*. In der paläotechnischen Industrialisierung spielten diese Standortfaktoren eine besonders große, vielfach standortentscheidende Rolle. Die Relikte sind die Industriegassen entlang der Flüsse: Aneinanderreihungen von Betrieben im Kampf um Wasserrechte entlang der Flüsse bzw. von Werkskanälen.

Klima war für einige Branchen stets bedeutend (GRUNDKE 1955), so etwa für

- die Baumwollspinnereien in Lancashire und in den Neuenglandstaaten Nordamerikas. Für den Spinnvorgang ist eine hohe Luftfeuchtigkeit von Vorteil, da dadurch die Gefahr des Reißens des Fadens wesentlich verringert wird. Gebiete mit einer hohen Luftfeuchtigkeit, die durch Meerwinde verursacht wird, hatten daher einen Standortvorteil.
- Aber auch für die moderne Industrien gewinnt dieser Standortfaktor wieder an Bedeutung: Die Luft- und Raumfahrtindustrie, die eine starke Konzentration in Kalifornien und besonders um Los Angeles bzw. im Süden der USA besitzt.

### 6.5.2.2 Die Rohstofforientierung

Die Verfügbarkeit von Rohstoffen ist für viele Industriebetriebe ein entscheidener Standortfaktor (MILLER 1977, 83), insbesondere in der Frühphase der industriellen Entwicklung, bei der die Transportkosten noch eine entscheidende Rolle für die Standortwahl spielten. Dies gilt etwa am Beginn der amerikanischen Industrialisierung für die Schuhindustrie. Das Vorhandensein des Rohstoffes Leder führte zu einer ersten Konzentration in Massachusetts. Ebenso begünstigte die starke Schafhaltung die Konzentration der Wollindustrie in den Neuenglandstaaten.

Rohstoffe sind stets punktförmig und unregelmäßig über die Fläche verteilt.

*Rohstofforientierung liegt vor, wenn*

- besonders hohe Materialkosten gegeben sind, d.h. der Rohstoffbezug einen besonders hohen Kostenanteil beansprucht. Ein gutes Maß dafür ist das Rohstoffgewicht/Beschäftigtem, je höher, desto stärker sind die Standorte rohstofforientiert.
- hoher Gewichtsverlust der Rohstoffe bei der Verarbeitung eintritt, WEBER spricht in diesem Fall von „Gewichtsverlustmaterialien“. Er berechnet die Größe der Rohstofforientierung mit Hilfe des Materialindex (→ 6.5.1.1).

*Rohstofforientierung weisen heute noch Branchen auf wie:*

- Branchen mit Gewichtsverluststoffen und hohem Gewichtsinput: Eisen- und Stahlerzeugung, Sägeindustrie bei denen ein Gewichtsverlust gegenüber dem Rohholz von 25–40 % entsteht, Aufbereitungsanlagen des Bergbaues, Kupferhütten v.a. bei geringwertigen Erzen.
- Branchen mit leicht verderblichen Rohstoffen: Zuckerindustrie, Milchprodukt-ion, Konservenfabriken, Lachskonservenfabriken, Obstverarbeitung.

Generell hat aber der Einfluß der Rohstoffe als Standortfaktor ebenso abgenommen, wie jener der Transportkosten.

- Der Ausbau der Verkehrssysteme führt zur Senkung der Transportkosten. Insbesondere weite Seetransporte wurden durch moderne Großtechnologie bei den Schiffen entscheidend verbilligt.

- Je komplexer der Produktionsprozeß wird, desto geringer wird die Bedeutung eines einzelnen Rohstoffeinsatzes. Der moderne Betrieb benötigt zahlreiche Roh-, Hilfs- und Betriebsstoffe und setzt Halbfertigprodukte ein. Damit spielt die Bindung an einen einzigen Rohstoffstandort eine immer geringere Rolle. In den USA verarbeiten nur noch etwa 20 % aller Betriebe Rohstoffe direkt. Die meisten Betriebe dagegen verarbeiten nur noch aufbereitete Rohstoffe, die zumeist aus einem breitgestreuten Einzugsgebiet kommen.

Die Kosten für Arbeitskräfte sind in der Vergangenheit wesentlich stärker angestiegen als jene für Rohstoffe.

### 6.5.2.3 Die Kapitalkosten

Auch die Kapitalkosten können räumliche Variationen aufweisen und damit Standortwirksamkeit besitzen (Geoffrey 1973, 59), z. B. durch unterschiedliche Verfügbarkeit von Kapital und unterschiedliches Zinsniveau. Allerdings spielen Kostenunterschiede von Finanzkapital in EL bzw. in den Frühphasen der industriellen Entwicklung eine größere Rolle (Miller 1977). Mit zunehmender wirtschaftlicher Entwicklung wird Kapital mobil. Kapital entsteht

- *intern* durch Sparen der Bevölkerung oder Anlage der Gewinne,
- *extern* durch Kapitaltransfers aus dem Ausland.

Vor allem international bestehen wesentliche Unterschiede in der Kapitalverfügbarkeit, abhängig von der Zinspolitik der einzelnen Staaten und der Bonität. Geld ist aber stets innerhalb eines Landes leichter verfügbar als über die Grenzen, v. a. bei EL ist am Beginn der Entwicklung zumeist ausländisches Kapital notwendig. Internationale Kapitalbewegungen sind oft behindert, etwa durch ein zu hohes Anlagerisiko.

Auch sind besondere Formen des Kapitals, wie Risikokapital, in entwickelten Nationen leichter verfügbar. Andererseits können auch innerhalb von Staaten Unterschiede bestehen. So können Banken höhere Zinsen für periphere Gebiete verlangen (Chinitz 1961, Beckmann 1968).

### 6.5.2.4 Gebäude als Standortfaktor

Fixkapital ist v. a. in Form von Sachanlagevermögen in Gebäuden völlig immobil. Es weist so hohe Standortträgheit („Persistenz“) auf, daß selbst vom Eigentümer aufgegebene Gebäude zu einem wichtigen Standortfaktor werden.

> Im alten Baumwollgebiet von Lancashire kam es nach 1950 zu einem raschen Verfall, viele leerstehende Fabriken standen zu billigen Preisen zur Verfügung, bildeten starken Anziehungspunkt für neue Betriebe. Von rd. 620 zwischen 1951 – 62 stillgelegten Fabriken wurden 67 % neuen Nutzungen zugeführt, 10 % teilweise und nur 23 % blieben ungenutzt. (Holt 1964).

Vermutlich sind auch räumliche Unterschiede für die Erstellung von Gebäuden groß. So stellt SMITH (1971) beträchtliche Kostenunterschiede in den Baukosten zwischen dem Süden der USA mit besonders niedrigem Aufwand je Raumeinheit und dem Norden fest und führt sie in erster Linie auf Lohnunterschiede der Bauarbeiter zurück.

Insbesondere in GB wird diesem Standortfaktor große Bedeutung zugemessen. Der Faktor Gebäude ist v.a. für kleine Unternehmen mit geringer Kapitalausstattung wichtig, die in Produktion gehen wollen. Der Bau von vorgefertigten Fabriken („advanced factories") wird daher in GB als eine besonders gute Voraussetzung für Industrialisierung angesehen. Bauprogramme wie jenes der „English, Welsh und Scottish Industrial Estates Corporations" gelten als die wichtigsten Standortanreize in GB.

### 6.5.2.5 Die Bedeutung des Marktes als Standortfaktor

Der Absatzmarkt stellt einen sehr wichtigen und tendenziell zunehmenden Standortfaktor dar (HARRIS 1954, GREENHUT 1960, SMITH 1971, MANNERS 1972). Allerdings sind weniger die Transportkostenersparnisse durch die Marktnähe von Bedeutung, sondern vielmehr der rasche Marktzugang.

Hinsichtlich der Absatzorientierung können 2 Gruppen von Industrien unterschieden werden:

1. Für die *Finalgüterindustrie*, die direkt an den Handel liefert, sind die regionalen Absatzmengen und die erzielbaren Preise die wichtigsten Marketingvariablen. Sie unterliegen einer geographischen Variation in Anhängigkeit von der regionalen Kaufkraft und Konsumpräferenzen.
2. Industrien, die ihren Output an andere Industrien zur Weiterverarbeitung liefern.

Die Bedeutung des Marktes als Standortfaktor zeigt sich in der *Marktzugänglichkeit (Akzessibilität)*. Diese zieht den Standort an jenen Punkt, zu dem die größte Akzessibilität zu regionalen, nationalen oder internationalen Märkten besteht. Dies trägt letztlich zur Ausbildung der Kernräume bei.

Transportkosten fallen auf der Outputseite v.a. für Industrien ins Gewicht, die sperrige, transportempfindliche oder verderbliche Güter erzeugen. Typisch dafür ist die Möbelindustrie. Sie war 1959 in GB mit 54 % der Branchenbeschäftigten im SE konzentriert (CHISHOLM, 1971), während im Industriedurchschnitt sich nur 29 % der Beschäftigten dort befanden.

In Ländern mit großen Absatzmärkten ist die Bedeutung dieses Standortfaktors wesentlich größer als bei kleinen nationalen Märkten. In den USA etwa stellt die Absatzorientierung bei Untersuchungen zur Standortwahl von Industrieunternehmen stets den wichtigsten Standortfaktor dar.

## 6.5.2.6 Energie als Standortfaktor

Energie spielt als Standortfaktor in zweifacher Hinsicht eine Rolle:

a) ***Historische Standorte:*** In der Frühphase der industriellen Revolution war Energie nur in direkter Form (Wasser, Wind) verwendbar. Insbesondere die Flüsse mit ihrer Wasserkraft zogen zahlreiche Industrien an, es entstand der Typ der Industriegassen, bei dem die Betriebe entlang des Flußufers aufgereiht waren.

*Beispiele* dafür:
- die Industriebetriebe an der amerikanischen Fall-Linie, dem Abfall des Piedmonts der Appalachen zur Atlantischen Küstenebene. Dieser Steilabfall von 100–200 m Höhendifferenz wurde von den Appalachenflüssen in Stromschnellen überwunden. Entlang der Stromschnellen ließen sich seit um 1800 die Textilbetriebe der Neuenglandstaaten nieder, um das gefällsreiche Wasser als Energie für den Antrieb der Maschinen auszunutzen.
- das Gebiet der Textilindustrie von Lancashire am Fuße der Penninischen Kette.

Mit Einführung der Dampfmaschine, insbesondere aber seit Einsatz des Elektromotors (um 1900), nimmt Bedeutung der Energie als genereller Standortfaktor ab. Typisch dafür die *Glasindustrie*. Die Glasmasse muß auf ca. 1500 Grad C erhitzt werden, Energiekosten haben daher einen wesentlichen Anteil an den Gesamtkosten. Bei der Flaschenerzeugung belaufen sie sich etwa auf 33 % der Produktionskosten. Bis um 1900 waren daher brennstoffnahe Standorte, v.a. in der Nähe von Kohlelagern besonders bevorzugt (ALEXANDERSSON 1967, 9). Umstellung auf fast ubiquitär verfügbares Erdgas und Heizöl befreite Betriebe von dieser Standortbindung; sie konnten eher marktnahe Standorte bevorzugen.

Neue Standorte der Glaserzeugung in Österreich, wie sie nach 1970 von den Betrieben gewählt wurden, sind ein gutes *Beispiel* dafür. Während die alten Standorte in *Köflach* auf den Braunkohleanlagen des Weststeirischen Reviers liegen, entstanden neue Glashütten in *Pöchlarn* in der Nähe des Hauptabsatzmarktes, dem Weingebiet der Wachau, und in Kremsmünster im oberösterreichischen Zentralraum.

b) ***Energieintensive Produktionsprozesse***. Heute ist die Energiebasis nur noch dann standortentscheidend, wenn Industrien große Energiemengen benötigen und ein hoher Anteil der Produktionskosten auf den Energieeinsatz entfällt. Dies gilt etwa für die Verarbeitung von Kokskohle zu Koks, die petrochemische Industrie und die Grundstoffindustrie generell, v.a. die Metallhütten, Zementerzeugung, Glasindustrie, Erzeugung von synthetischen Nitraten, besonders die Aluminiumindustrie. Obwohl elektrische Energie über Tausende von Kilometern geleitet werden kann, entstehen doch beim Energietransport hohe Verluste und hohe Kosten.

Daher zeigt etwa die Standortverteilung der Aluminiumindustrie der USA die sukzessive Veränderungen billiger elektrischer Energie
- Die Niagara Fälle waren das erste große Energiepotential. Wegen des Konkurrenzdruckes und damit hoher Energiekosten sind heute nur noch elektrochemische Betriebe mit hohem NPW (Nettoproduktionswert) übrig.
- im 2. Weltkrieg wurde das große hydroelektrische Energiepotential des NW ausgebaut und zog damit die damaligen Standorte, wie die Kupferhütte in Tacoma oder die

Aluminiumhütte nach Oregon und Washington an.
- nach 1960 kamen Standorte nahe Erdöl- und Erdgaslagern im Süden, am Golf von Mexico, dazu.

Wie im Energiekapitel bereits betont wurde, ist es der Industrie gelungen, den Rohstoffeinsatz entscheidend abzusenken. Energie ist heute durch moderne Verbundsysteme quasi ubiquitär. In den IL sind nur noch die Tarifunterschiede wesentlich. So bestehen etwa in ganz Frankreich einheitliche Preise für die kWh-Strom, in Deutschland geringe regionale Unterschiede, in den USA dagegen erhebliche Differenzen (Brücher).

### 6.5.2.7 Der Standortfaktor Arbeitskraft

Die Arbeitskraft erreichte nach dem 2. Weltkrieg eine besonders standortentscheidende Bedeutung, sie wurde für die peripheren Gebiete nach 1960 zum wichtigsten Standortfaktor überhaupt (Cameron und Clark 1966), insbesondere in Zeiten der Wirtschaftskonjunktur. Verknappungserscheinungen am Arbeitsmarkt waren verbunden mit einem Machtzuwachs der Arbeitnehmer als soziale Gruppe, dazu auch Veränderungen der Qualifikationsniveaus v. a. durch Einsatz der Mikroelektronik. All dies trug zu steigenden Arbeitskosten der Unternehmen bei.

Bereits Weber hat diesen Standortfaktor berücksichtigt, indem er ihm standortablenkende Bedeutung als Abweichung (Deviation) vom Transportkostenminimalpunkt zumaß.

Der Faktor wirkt auf 3 Arten standortbildend:

1) als Kostenfaktor beeinflußt er über das Lohnniveau die Produktionskosten,
2) durch die quantitative Verfügbarkeit von Arbeitskräften,
3) durch die unterschiedlichen Qualifikationsprofile (skill-Intensitäten) einzelner Unternehmen oder Branchen.

Zumeist wird der Faktor ***Arbeitskraft als Kostenfaktor*** betrachtet, d.h. Lohnniveauunterschiede werden in den Vordergrund gestellt. Die Anspannung der Arbeitsmärkte in allen IL nach 1960 führte zur Abwanderung lohn- und arbeitsintensiver Branchen aus den Ballungsräumen in die Randgebiete. Global konnten mehrere EL aus dieser Situation wesentliche Wachstumsimpulse ableiten und sich zu reifen IL (Japan) oder Schwellenländern (Taiwan, Südkorea, Puerto Rico) entwickeln.

Die starken Unterschiede im amerikanischen Lohnniveau, besonders das niedrige Niveau im sonnigen Süden, waren auch wesentlich an der Abwanderung von Kapital aus dem Manufacturing Belt beteiligt.

Wo ein hoher Bevölkerungsdruck das industrielle Wachstum übersteigt, sinken Arbeitskosten. Dies war im nordamerikanischen Piedmont, dem östlichen Vorbergland der Appalachen, im Gebiet der Staaten Georgia und der beiden Carolinas im 19. Jh. der Fall, als sich die Baumwollerzeugung aus diesem Gebiet zurückzog. Die Textilindustrie der Neuenglandstaaten verlagerte in der Folge ihre Standorte in dieses Billiglohngebiet. Ähnliches gilt auch für andere Notstandsgebiete, etwa die Anthrazitregion von Pennsylvanien. Zwischen 1920 und 1960 wurden durch den Verfall des Bergbaues zahlreiche Arbeitskräfte arbeitslos, dies zog die Textilindustrie und die Maschinenindustrie an.

Die ***gewerkschaftliche Organisation*** ist nicht in allen Ländern gleich stark. V.a. in Ländern, in denen große räumliche Unterschiede im gewerkschaftlichen Organisationsgrad bestehen, werden diese für Standortverlagerungen von Unternehmen von Bedeutung.

In den Bundesstaaten der USA beträchtliche Unterschiede in der Stärke der regionalen gewerkschaftlichen Organisationen, v.a. im S besitzen sie eine schwache Position (GEOFFREY 1973). Dort ist auch die Arbeitsgesetzgebung hinsichtlich Streikrecht, Arbeitszeitvorschriften und Sicherheitsbedingungen wesentlich unternehmerfreundlicher. Die Verlagerung der Industrie in den sun belt nach 1960 wurde z. T. auch mit diesem geringeren gewerkschaftlichen Organisationsgrad erklärt.

Unterschiedliche ***Produktivität der Arbeitskräfte*** kann Unterschiede im Lohnniveau erklären. Zugleich kann eine schlechte Arbeitsproduktivität die Standortwirksamkeit des Faktors billige Arbeitskraft kompensieren. Hochbezahlte Arbeitskräfte mit hoher Produktivität können letztlich niedrigere Arbeitskosten verursachen als niedrigbezahlte mit geringer Arbeitsproduktivität.

Produktivität hängt aber nicht nur von Fleiß und Ausdauer der Arbeitskräfte ab, sondern auch von der Kapitalausstattung der Unternehmen. In Regionen mit kapitalintensiven Branchen ist daher die Produktivität zumeist höher.

## 6.6 Industrie in Bewegung – die Standortverlagerungen

Industrielle Betriebsbewegungen veränderten seit 2. Weltkrieg in allen Industrieländern wesentlich die räumliche Struktur (SCHLIEBE 1982). Standortveränderung ist eine der Möglichkeiten, mit denen sich Industrie an veränderte Bedingungen anpaßt:

a) an **Veränderungen der industrielle Umwelt** und damit der Standortbedingungen.

b) an **interne Veränderungen.** Mit Unternehmenswachstum treten Skaleneffekte und Engpässe (Arbeitskräfte, Flächen usw.) auf.

Verlagerungen bestimmen entscheidend die räumliche Verteilung der Industrie, 2 Haupttypen lassen sich unterscheiden:

**Vollverlagerungen**, d. h. Verlagerungen des gesamten Unternehmens, Stillegung am alten Standort, Ansiedlung an einem neuen Standort. Zumeist über kurze Distanzen, da Risiken in diesem Fall besonders hoch.

**Teilverlagerung**, d.h. Verlagerung von Betriebsteilen, der Altstandort bleibt erhalten, ein neuer wird zusätzlich eröffnet. Verlagert werden entweder Funktionen (Büro, Lager, Produktion) oder einzelne Produktionsstufen (Spinnen, Weben, Näherei). Es entstehen Mehrbetriebsunternehmen (multiregionale Unternehmen), dabei nach Grad der Verteilung von Entscheidungsmacht 2 Möglichkeiten

- ***Standortspaltung:*** Mutter- und Tochterbetrieb haben gleiche Produktionsprogramm, dementsprechend weitgehend gleiche Funktionen, enge Kontakte, relative Selbständigkeit der Tochter. Oft derartige Spaltung nur vorübergehend, um einer stress-Situation zu begegnen, bis neuerliche Vereinigung an einem neuen Standort erfolgt.
- ***Zweigbetriebsgründung:*** Tochterbetrieb hat nur eine bestimmte Funktion, vielfach eine Produktionsstufe mit standardisierten Fertigungsverfahren, wenig ausgebildeten Arbeitskräften. Geringe Selbständigkeit, meist wesentlich kleiner als Mutterbetrieb und funktionsärmer.

## 6.6.1 Räumliche Orientierung der Verlagerungen

Großteil der Verlagerungen erfolgt aus städtischen Räumen, in denen besonders harte stress-Bedingungen auftreten. Diese Verlagerungen unterliegen gewissen Gesetzmäßigkeiten hinsichtlich Reichweite und Richtung der Verlagerung.

**Suburbanisierung** ist die Verlagerung von Industriebetrieben, Bevölkerung usw. in das unmittelbare Stadtumland, den suburbanen Raum. Suburbanisierung der Industrie und der Bevölkerung sind zwei parallele Prozesse mit ähnlichen Wirkungen und Motiven, aber ohne direkten Zusammenhang.

Die Suburbanisierung setzte in den USA ab dem 1. Weltkrieg ein und erreichte in den 50er Jahren mit dem unübersehbaren Verfall der amerikanischen „downtown" seinen dramatischen Höhepunkt (HEINRITZ/KLINGBEIL 1985). Dem Verfall städtischen Lebensraumes im Zentrum stand auf der anderen Seite das Ausufern städtischer Randsiedlungen in einem Maße gegenüber, daß sich die Ränder benachbarter Städte berührten und zu einem „Siedlungsbrei" ungeheurer Dimension verschmolzen. Es entstand im NE der USA die *atlantische Megalopolis*, welche den europäischen Städtesystemen warnend die Entwicklung vor Augen führte.

> Spätestens ab 1950 begann in den Zentren der USA die Beschäftigtenabnahme der Industrie in großem Ausmaß. San Francisco und Oakland verloren bereits 1958–63 5000 bzw. 3400 Industriebeschäftigte, die durch andere Nutzungen verdrängt wurden (GROVES 1971).

Verlagerungsprozesse in Richtung Stadtumland auch in *europäischen Industriestädten* bereits weit zurückreichend (SCHMID 1960, LICHTENBERGER, GAEBE 1981), doch erreichten sie vor 1960 keine entscheidenden Dimensionen. Die Textilindustrie von Reutlingen, Pfullingen und Urach bildete unter dem Lohndruck der Metallindustrie bereits seit 1890 Zweigbetriebe.

In Europa hörte ab etwa 1960 das bisherige Stadtwachstum auf. Mit beträchtlicher Zeitverschiebung gegenüber der USA begann ab diesem Zeitpunkt der Rückgang städtischer Bevölkerungszahlen, während gleichzeitig die Umlandgemeinden starke Bevölkerungsgewinne verzeichneten. Diese Entwicklung wurde zuerst und lange Zeit – nicht zuletzt wegen der guten Datengrundlage – einzig als Suburbanisierung der Bevölkerung erkannt und untersucht. Daß sich gleichzeitig ein ähnlicher

Prozeß der Stadt-Umland-Verlagerung im industriellen Bereich vollzog, blieb lange unerkannt bzw. wurde nicht problematisiert. Die Entwicklung blieb auch deswegen verborgen, weil die meisten Verlagerungen sich intrametropolitan abspielten, so in Hamburg 1955–59 (ROHR 1971).

Seit etwa 1960 erleben auch die Großstädte Europas eine rasche Abnahme der Industriebeschäftigten und der Industriebetriebe:
- *Wien* hatte um 1960 noch 200000 Industriebeschäftigte, 1990 nur noch knapp über 100000,
- in *Hamburg* setzte ab 1960 eine zunehmende Verlagerung ins Umland ein, wo neue Gewerbegebiete die Attraktivität erhöhten (ROHR 1971),
- in *München* stiegen die Verlagerungen nach 1960 steil an und erreichten 1970 ihr Maximum (DECKER 1984),
- *Greater London* verzeichnete allein 1961–74 den Verlust von 500000 Industriebeschäftigten oder 35 % des Wertes von 1961 (TOWNSEND 1977). Im übrigen erleben auch Teile des tertiären Sektors diesen Suburbanisierungsprozeß, so v.a. der Großhandel und Verkehrsdienste (CAMERON/WARNES 1973).

Das Stadtumland erhielt dadurch wesentliche Wachstumsimpulse. Um *London* setzte bereits 1945–65 eine starke industrielle Entwicklung ein, die den gesamten SE außerhalb von Greater London umfaßte (KEEBLE/HAUSER 1971). 1951 gab es hier 750000 Industriebeschäftigte. Bis 1966 wuchs ihre Zahl um weitere 400000 auf fast 1,2 Mio, d.s. 3,2 % p.a. 53 % des gesamten industriellen Wachstums von England und Wales waren hier konzentriert. Der SE war die wichtigste Zielregion für Verlagerungen. 233000 Arbeitsplätze d.s. 27 % der 1945–65 in Großbritannien durchgeführten Verlagerungen, entfielen auf den SE. Der Großteil davon kam aus London.

In *Hamburg* waren 1968 im Stadtumland 40 % aller Betriebe zwischen 1955 und 1968 durch Verlagerungen aus der Stadt entstanden (ROHR 1971, 24).

In München gab es 1981 im Umland rd. 240 verlagerte Industriebetriebe mit 20000 Beschäftigten, das waren 19 % aller Betriebe und 24 % der Industriebeschäftigten (DECKER 1984).

Auch in Australien, wo eine besonders starke und sehr junge metropolitane Konzentration der Industrie gegeben ist, setzte nach dem 2. Weltkrieg eine starke Suburbanisierung ein, zumeist allerdings als Verlagerung innerhalb der Stadt. *Sydney* verzeichnete 1940–1960 eine Zunahme der Industriebeschäftigten um 168000 oder 88 % (LOGAN 1964). Diese konzentrierte sich v.a. im Stadtzentrum: 1954 hatte die City allein 45 % der Industriebeschäftigten. Bis 1960 sank dieser Anteil durch Verlagerungen auf 34 %. Allein 1954–60 verlor die City 14000 industrielle Arbeitsplätze oder 10 % des Ausgangswertes in sieben Jahren. Gleichzeitig verzeichneten die Vororte eine starke Zunahme.

Suburbanisierungsphänomene machen auch vor den Städten der Planwirtschaftsländer nicht halt. Hier werden sie sogar zur Standortoptimierung in den Planungsprozeß eingebunden.

In *Budapest* wurde für die Verlagerung von veralteten Betrieben in periphere Regionen ein eigener „Industrie-Verlagerungsfonds" gegründet (BENCZE/ERSCEBET 1972).

In *Halle* an der Saale, (ehemalige DDR) wurde durch die Planung 1962 die Auslagerung von 47 % aller Betriebe mit 37 % der Beschäftigten vorgesehen (WALOSSEK 1981). Diese Zahl ist so beachtlich, daß tatsächlich aus Kapitalmangel nur ein Teil realisiert werden konnte. Dabei sollten allein 38 % der Betriebe intraurban und nur ein kleinerer Teil (9 %) über die Stadtgrenze verlagert werden.

## 6.6.2 Verlagerungsrichtung

Verlagerungsbewegungen zeigen nicht nur charakteristische distanzielle Verhaltensmuster, sondern auch ausgeprägte sektorale Verhaltensweisen. Verlagerungen aus Städten erfolgen nach 2 Gesichtspunkten:

1) vom Zentrum nach außen gerichtet oder ***zentrifugal***,
2) in einem relativ engen Winkel, dem „***Verlagerungswinkel***". Dieser wird gebildet durch eine gedachte Verbindungslinie vom Altstandort zum Stadtzentrum und einer zweiten Linie vom Neustandort zum Stadtzentrum. Es zeigt sich, daß dieser Winkel relativ eng ist.

- in München wurde im Mittel eine Radialabweichung von 57 % festgestellt (DECKER 1984),
- in Hamburg von 48 % (ROHR 1971).

Je größer allerdings die Verlagerungsdistanz desto mehr nimmt der Verlagerungswinkel zu. Ab ca. 15 km vom Altstandort steigt die Radialabweichung deutlich an. Die Bewegung selbst wird als „***Korridorbewegung***" bezeichnet (ADAMS 1963, SIMONS 1968, POULSEN 1976). Es dürfte sich dabei um ein charakteristisches Verhaltensmuster von Bewegungsvorgängen allgemeiner Art in städtischen Räumen handeln, da sich ähnliche Erscheinungen auch beim Wohnungswechsel von Personen erkennen lassen. Standortbindungen, sog. „Standortassoziationen" dürften dabei eine wesentliche Rolle spielen, ebenso sektoral begrenzte „mental maps" (→ 6.5.1.4).

## 6.6.3 Push- und Pull-Effekte: Die Motive der Standortverlagerung

Eine Standortverlagerung gehört zu den wichtigsten, den konstitutiven Entscheidungen im Laufe der Entwicklung eines Unternehmens. Dies gilt v. a. für den ersten Verlagerungsprozeß, den ein Unternehmen durchführt und bei dem es noch über keine Erfahrungen verfügt. Später gewinnt diese Anpassungshandlung stärkeren Routinecharakter. Dennoch: Es bestehen wesentliche Barrieren, z. B. Unsicherheit über Auswirkungen auf die Arbeitskräfte (wie viele verlassen den Betrieb?), über bestehende Verflechtungen, die Finanzierung der Übersiedlung. Diese Barrieren führen offensichtlich zu dem Phänomen, daß die Entscheidung bezüglich einer Verlagerung möglichst lange aufgeschoben wird (BULL 1979). Sobald der Entschluß aber gefallen ist, erfolgt die Durchführung i. a. überraschend hastig und oft mit irrationalen Ergebnissen. Dies zeigt sich daran, daß sich verlagernde Betriebe wenig Zeit für eine Standortsuche nehmen: Ein bis wenige Monate im Durchschnitt. Sie wählen den ersten Standort, der ihre „minimalen" Anforderungen erfüllt (Steed 1972, Cooper 1975). Die Folge sind in nicht wenigen Fällen eine Kette weiterer Standortverlagerungen.

- Wichtigster push-Faktor, der Industriebetriebe aus den Stadtzentren vertreibt, ist fast in allen Untersuchungen der Raummangel, das Fehlen von Erweiterungsflächen (Linge 1973, Heinritz/Klingbeil 1985).
- Erst mit weitem Abstand folgen Arbeitskräftemangel oder Verkehrsprobleme. Nur bei Zweigbetrieben treten Arbeitskräfteprobleme als push-Faktor stärker hervor. Der Rückgang des Arbeitskräftemangels in den Ballungsräumen nach 1975 dürfte wesentlich für den Rückgang der Zweigbetriebsverlagerungen verantwortlich sein.

Andererseits ziehen pull-Faktoren die Industrie nach außen. Als solche können, entgegengesetzt zu den stress-Bedingungen in den Städten, Erweiterungsflächen, in Industrieparks verfügbare Parzellen oder Gebäude, Arbeitskräfte usw. angesehen werden.

In GB tragen großmaßstäbige Innenstadtsanierungen stark zu Auslagerungen bei (Bull 1979, Mason 1980, Chalkley 1982). Diese Erscheinung, die dort nicht nur zur Verlagerung von Firmen von den Innenstadtgebieten sondern auch zur Stillegung zahlreicher Betriebe führte, wird als „Planungsblight" bezeichnet.

## 6.7 Die Zweigbetriebsindustrialisierung

Die Zweigbetriebsverlagerung ist der wichtigste Verlagerungstyp. 1955–79 betrug ihr Anteil z. B. an allen Verlagerungsfällen aus Wien im Mittel 58 %.

Zweigbetriebe sind charakteristische Organisationsteile von Mehrbetriebsunternehmen:

a) Zweigbetriebe sind ausgelagerte Produktionsstufen. Zumeist werden voll ausgereifte Produktionsverfahren, deren Produkte standardisiert, mit geringem Knowhoweinsatz erzeugt werden können, ausgelagert. Vielfach arbeitsintensive Teilefertigungen.

b) Zweigbetriebe schaffen sich damit spezifische betriebliche Arbeitsmärkte mit hohem Anteil des sog. „sekundären Arbeitsmarktsegmentes". Die Anforderungen an die Qualifikationsniveaus sind gering. Angelernte Arbeitskräfte überwiegen. Zumeist hoher Anteil weiblicher Arbeitskräfte, vielfach hohe Fluktuationsquoten, teilweise hervorgerufen durch Unzufriedenheit mit den Arbeitsbedingungen. Hohe Fluktuation aber auch von Seiten des Betriebes nicht als negativ gesehen, da die Ausbildungskosten sehr niedrig gehalten werden und zudem die Arbeitskräfte als Konjunkturpuffer betrachtet werden.

c) Zweigbetriebe sind fast immer funktionsarm, d. h. ausgelagert wird nicht nur eine betriebliche Funktion (z. B. nur Produktion), sondern vielfach nur *eine*

Produktionsstufe. Die übrigen Produktionsstufen, ferner Management, Planung, Forschung, Einkauf und Verkauf verbleiben im Stammbetrieb.

d) Zweigbetriebe stellen zudem eine extrem abhängige Form der Industrialisierung dar, d.h. sie sind entscheidungsabhängig vom Stammbetrieb. Meist hoher Grad von Kontrollabhängigkeit. Nur in klar definierten Teilbereichen erhalten Zweigbetriebe begrenzte Autonomie, wie etwa bei Personalentscheidungen, finanziellen Entscheidungen innerhalb eines klar abgegrenzten Rahmen usw.

Es gibt 2 Haupttypen von Zweigbetrieben

1) **Kapitalintensive Zweigbetriebe**, zumeist Zweigbetriebe großer multiregionaler Unternehmen. Bei Errichtung des Zweigbetriebes werden eigene Gebäude erstellt, sofern nicht produktionsgerechte Hallen vorhanden sind. Diese Zweigbetriebe zeichnen sich durch hohe Arbeitsplatzstabilität aus.

2) Zweigbetriebe, die mit **geringem Kapitaleinsatz** gegründet werden. Sie tragen von vornherein spekulativen Charakter, sind auf konjunkturellen Wachstumsschub ausgerichtet und bevorzugen daher bestehende Gebäude, die sie mit geringen Kosten adaptieren (z.B. aufgelassene Schulen). Sie werden als „verlängerte Werkbänke" oder „Rucksackbetriebe" bezeichnet. Zumeist klein, unter 100 Beschäftigte, extrem funktionsarm, stellen sie ein außerordentlich fluktuierendes Element betrieblicher Produktion dar, v.a. von Bekleidungsfirmen als Konjunkturpuffer gewählt. In rezessiven Wirtschaftsphasen werden sie ohne wesentliche Kapitalverluste sehr rasch wieder stillgelegt. Sie haben wesentlich das ungerechtfertigt schlechte Image der Zweigbetriebe begründet. Dieser Typ ist Ergebnis einer Anpassungshandlung an Konjunkturzyklen, wie sie z.B. in der BRD und Österreich vorkommen.

Oberitalienische Firmen kommen zu ganz anderen Organisationsformen: Oberitalienische Bekleidungsunternehmen, wie Benetton oder der Jeanserzeuger Pepper, beschränken sich im wesentlichen auf die Organisation von Zulieferungen, den Absatz und Qualitätskontrollen. Die Eigenproduktion ist auf die Erstellung von Muster, also den knowhowintensivsten Teil der Fertigung beschränkt. Die Fertigung selbst wird an eine große Anzahl von privaten Kleinunternehmen im Umkreis um die Zentralen und Stammbetriebe vergeben.

Pepper etwa beschäftigt nur 250 Personen, dagegen arbeiten in den Zulieferbetrieben 2500 Beschäftigte. Es sind rd. 200–250 Familienbetriebe mit durchschnittlich nur 10 Beschäftigten je Betrieb. Sie erhalten vom Hauptbetrieb die Muster und die Zulieferteile (Stoffe, Knöpfe, Reißverschluß usw.), führen die Verarbeitung durch und liefern zur Qualitätskontrolle, Verpackung und Vermarktung an Pepper zurück.

Dadurch ergeben sich für die Großfirmen eine Reihe von Vorteilen:

- durch Externalisierung der Produktion wird ein saisonaler und ein Konjunkturpuffer geschaffen, die zahlreichen kleinen Familienbetriebe können auf Auftragsschwankungen viel flexibler reagieren als ein Großbetrieb.
- der gewerkschaftliche Organisationsgrad ist in derartigen Kleinbetrieben gering. Probleme mit den Gewerkschaften, wie sie in Großunternehmen auftreten, werden umgangen.

# 6.8 Die Industrieregionen der Erde

## 6.8.1 Die räumliche Verteilung – Ergebnis eines Diffusionsprozesses

Die Industrialisierung der Erde begann in Großbritannien und breitete sich von hier aus in einem Diffusionsprozeß über die Erde aus (Abb. 12). Frankreich, Belgien und Deutschland waren jene Länder, auf die die Industrialisierung zuerst übergriff. In den Frühphasen waren v. a. Kohlefelder Ansatzpunkte für die Bildung von Industriekernen. So entstand ein riesiges „schwerindustrielles Dreieck“, das die wichtigsten Kernräume Europas umschließt und von den englischen Midlands über das nordfranzösische Industriegebiet, die Sambre-Maas-Furche, Rotterdam, Antwerpen – Rhein – Ruhr zum lothringischen Schwerindustriegebiet reicht.

Von hier ergriff die Industrialisierung bald Nordamerika, das bereits ab etwa 1850 in die Phase des take off eintrat. Gefördert durch den Bahnbau und seine Verflechtungsmechanismen setzte ein rascher Industrialisierungsprozeß ein. Später traten die UdSSR (nach 1920/30) und Japan (ab 1910) als weitere industrielle Kernräume dazu. In Ansätzen bereits ab 1900 (Industrierevier im nordöstlichen Dekkan), zumeist aber nach 1945 entstanden auch in der bisherigen globalen Peripherie neue Industriekerne.

Um die großen globalen Kernräume gruppieren sich somit Gebiete, die teilweise bereits Erscheinungen peripherer Räume aufweisen, aber noch von industriellen “Randkernen“ durchsetzt sind.

Nach außen zu schließen dann die eigentlichen peripheren Gebiete mit geringem Industrialisierungsgrad, niedrigen Einkommen, höheren Arbeitslosenrate und geringerer regionalwirtschaftlicher Leistungskraft an.

Innerhalb dieses Verteilungsmusters lassen sich nach Alter, Struktur und Industriedichte 5 industrielle Typregionen unterscheiden:

- *Alte Industrieregionen:* Ruhrgebiet, Saarland, Südbelgien, Manufacturing Belt,
- *Gebiete der Hafenindustrie an den Küsten* und den Binnenwasserstraßen. Norddeutsche Häfen, Häfen am Golf von Mexiko, Chemical Strip zwischen Baton Rouge und New Orleans, Wasserstraßen Rhein, Rhone usw.
- *Monozentrische Industrieregionen:* Paris, London, New York
- *Neue Industriegebiete:* Bayern, Industriedreieck Italiens, sun belt in den USA, Taiwan, Singapur usw.,
- *Schwach industrialisierte periphere Gebiete*

Für jeden Typ soll ein Beispiel aus Europa gebracht werden, das die besonderen Merkmale, Entwicklungsprozesse und Probleme aufzeigt (→ 6.8.2 bis 6.8.6).

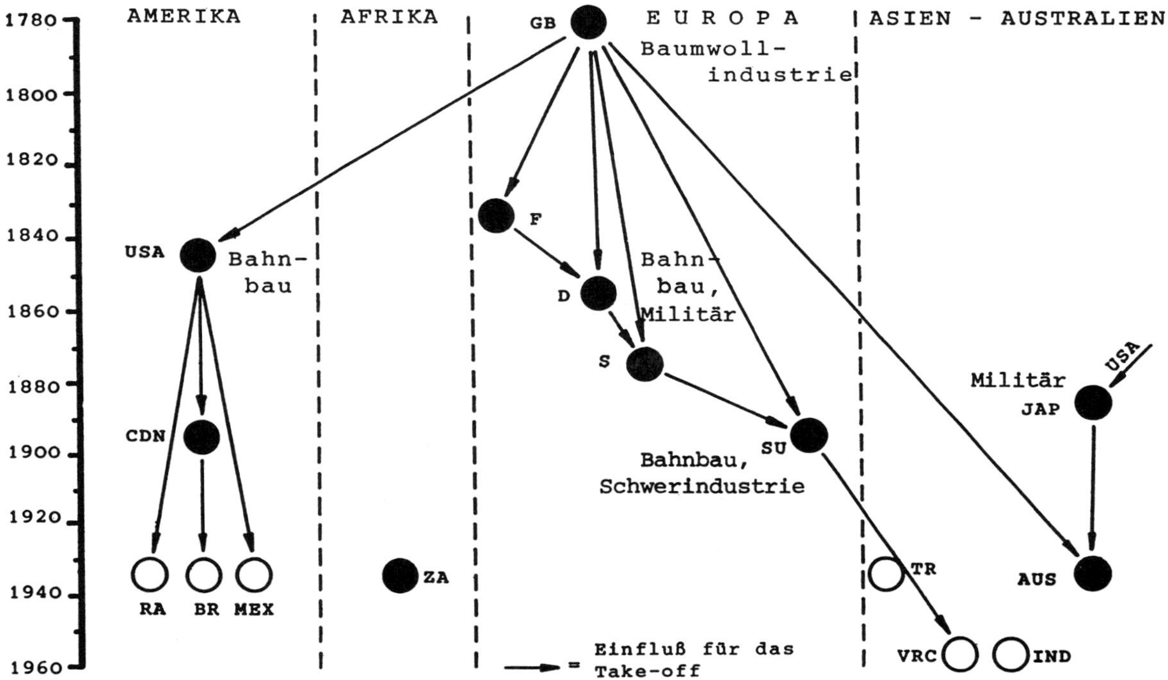


*Qu.*. Rostow, W., The Stages of Economic Growth. 1961, S. 1

***Abb. 12:*** *Raum-Zeit-Modell des industriellen Entwicklungsprozesses (Take-off-Stadium)*

## 6.8.2 Die alten Industrieregionen

Für die Kernraumbildung waren zunächst die Rohstoffe und damit die Rohstofforientierung der Industrie entscheidend, besonders die klassischen Rohstoffe Steinkohle und Eisenerz wurden kernraumbildend (WEBERsche Standorttheorie → 6.5.1.1).

Eine Achse alter Industrieregionen zieht in NW-SE Richtung von Großbritannien über Nordfrankreich, Belgien, das Ruhrgebiet, das Harzvorland und die Leipziger Bucht bis Oberschlesien. Sie verdankt in erster Linie den Steinkohlevorkommen ihre Existenz. Es sind daher alte Industriegebiete des 19. Jh., die heute durchwegs Krisensymptome aufweisen.

Diese Gebiete früher Industrialisierung weisen Industrien auf, die vorwiegend Produkte der Reife- und Sättigungsphase des Produktlebenszyklus erzeugen. Unter dem Druck der Billigproduktion in den Schwellenländern der Erde sind sie gezwungen, Kapazitäten abzubauen. Stillgelegte Betriebe, Arbeitslosigkeit, verfallende Anlagen und vielfach beachtliche Altlasten sind die Folgen.

Das große Problem dieser Regionen ist daher die Frage, ob es gelingt, den kumulativen Schrumpfungsprozeß durch geeignete Maßnahmen in einen neuerlichen Wachstumsvorgang umzupolen. Alte Industrieregionen sind daher Beispiele, daß auch Regionen zyklische Entwicklungsprozesse aufweisen.

Offensichtlich setzt sich der myrdalsche kumulative Wachstumsprozeß nicht ad infinitum fort, sondern schlägt unter bestimmten Voraussetzungen sogar in einen Schrumpfungsprozeß um. Dieses Phänomen wird mit einer geringen Anpassungsfähigkeit des regionalwirtschaftlichen Systems erklärt. Diese mangelnde Flexibilität ist auf eine Reihe von Merkmalen zurückzuführen (wenig flexibles Management, geringe Zahl von Industrieneugründungen, geringe Forschungsintensität usw.).

***Das Ruhrgebiet – eine Alte Industrieregion im Wandel***

Das Ruhrgebiet ist das größte europäische Industriegebiet. Es veränderte sich unter dem Einfluß neuer Produktionsmethoden aus Großbritannien von einem kleinbetrieblichen, agrarisch strukturierten Raum von 1850 zum Eisen- und Stahlgebiet um 1900. Seine Entstehungsbedingungen und Wachstumsvorgänge sind typisch für alle Alten Industrieregionen (Diercke 1988, S. 34/35).

Vor 1830 kleine Standorte von eisenerzeugenden und -verarbeitenden Betrieben in Mittelgebirgen (Sauerland, Bergisches Land). Hier gab es wichtige Rohstoffe: Kleine Eisenerzvorkommen, Holzkohle, Wasserkraft der zahlreichen kleinen Flüsse.

Entscheidend wurde eine Prozeßinnovation aus GB. Dort hatte man um 1780 erfolgreiche Versuche mit der Verwendung von Kokskohle im Verhüttungsprozeß von Eisenerz zu Roheisen gemacht. Erst rd. 50 Jahre später setzte sich diese bahnbrechende Erfindung, welche die Eisenerzeugung von der Bindung an die Waldregionen löste, auch im Ruhrgebiet durch. Die Einführung der Dampfmaschine befreite zudem von der Standortbindung an Flüsse und kurbelte zusammen mit dem Bahnbau die Nachfrage nach Kohle und Eisen gewaltig an. Ab 1830 setzte ein rasch sich entwickelnder Kohlebergbau ein, der in Form von Vorwärts- und Rückwärtsverflechtungen auch Standorte der *eisenerzeugenden Industrie* und des *Maschinenbaues* an sich zog. Wenig später wurde entdeckt, daß Kokereigase und -teere, bisher nur Abfallprodukte bei der Kokserzeugung, sich zur Erzeugung chemischer Produkte, v.a. Farben und Arzneimittel, eigneten. So entwickelte sich die *Kohlechemie* im Ruhrgebiet.

Ab 1870 wurde dieser Standortraum auch für die *Glaserzeugung* interessant. Hohe, bei der Stahlerzeugung entstehende Prozeßwärme konnte für die besonders wärmeintensive Glasindustrie kostengünstig verfügbar gemacht werden, Ruhrgebiet wurde Hauptstandort dieser Branche in Deutschland. Bevölkerungsballung führte zum Wachstum absatzorientierter Industrien, z.B. *Nahrungsmittelerzeugung*, speziell *Brauindustrie*. Nach dem 2. Weltkrieg kamen 2 weitere Branchen ins Ruhrgebiet, die *Elektroindustrie* und die *Bekleidungsindustrie* (Arbeitsplätze für weibliche Arbeitskräfte).

Dieser kumulative Wachstumsprozeß, der zur Herausbildung eines reifen Industriereviers führte, zeigt mehrere charakteristische Merkmale

a) Die Bedeutung von Innovationen als auslösende und den Verdichtungsprozeß weitertreibende Faktoren,

b) das dynamische Wachstum von zunächst einer oder einigen wenigen Branchen, die durch Vorwärts- und Rückwärtsverflechtungen immer weitere Betriebszweige in diesen Prozeß mitreißen,

c) das Entstehen neuer Standortvorteile, die ursprünglich gar nicht vorhanden waren. So brachte die Bevölkerungskonzentration erst die Voraussetzungen für absatzorientierte Industrien, und die Verfügbarkeit unterbeschäftigter weiblicher Einwohner wurde Standortvoraussetzung für die lohnintensiven Branchen der Bekleidungs- und Elektroindustrie.

Heute entfallen auf das Ruhrgebiet 1/3 der Exporte der BRD und rd. 13% der EG-Gesamtexporte. Hier werden mehr als 30% an Kohle und Stahl des EG-Raumes erzeugt und 15% des Rohöles raffiniert.

Bis ca. 1950 hatte die Ruhrkohle in Deutschland eine monopolartige Stellung als Energieträger, stellte den wichtigsten Rohstoff für die Kohlechemie dar und wies eine ganz besondere Eignung für die Kokserzeugung und damit die Verhüttung von Eisenerz auf. Alle drei Absatzbereiche sicherten dem Ruhrbergbau eine steigende Bedeutung in der Nachkriegszeit.

1938/40 wurden im Ruhrgebiet pro Jahr rd. 130 Mio. t Kohle gefördert, d.s. rd. 10% der gesamten Weltkohleförderung (Dege 1983). Aus einem Teil dieser Kohle wurden im Jahr mehr als 30 Mio. t Koks erzeugt, das waren rd. 23% der damaligen Kokserzeugung der Erde, eindrucksvolle Beweise für die enorme weltwirtschaftliche Stellung des Ruhrgebietes!

Die von 300000 Kumpel (1940) geförderte Kohle war nach dem 2. Weltkrieg der absolut dominierende Grundstoff für alle anderen Wirtschaftszweige und die entscheidende Voraussetzung für den Wiederaufbau des kriegszerstörten Deutschlands.

Was seit 1958 folgte ist ein Lehrbeispiel für das Umkippen einer Region aus einem kumulativen Wachstumsprozeß in einen Prozeß kumulativer Schrumpfung.

Die Konkurrenz billigen Erdöls führte 1958 zur ***ersten Kohlekrise*** (1958–73) und zu ersten *Zechenstillegungen*. 1968 wurde die Ruhrkohle AG (RAG) als Einheitsgesellschaft des Ruhrbergbaues gegründet. Sie übernahm die verlustträchtigen Bergwerke mit den darauf lastenden Schulden. Die Kohleproduktion sank von 130 Mio. t auf 90 Mio. t (1967), die Zahl der Gruben von 160 (1939) auf 57 (1969). Insbesondere im südlichen Ruhrgebiet wurde ein Großteil der Zechen stillgelegt. Gleichzeitig erfolgte eine rasche Beschäftigtenabnahme von 470000 (1957) auf 123000 (1969). Durch die Konzentration auf die rentabelsten Zechen und straffe Rationalisierungsmaßnahmen war der Produktionsrückgang weniger stark als der Beschäftigtenabbau, die Nettoproduktivität erhöhte sich. Mitte der 60er Jahre war die Arbeitslosenrate im Ruhrgebiet zweimal höher als im Durchschnitt.

Der Rückgang des beschäftigungspolitisch so wichtigen Kohlebergbaues fällt mit einem weiteren Anstieg der Bevölkerung zusammen. 1950 hatte das Ruhrgebiet 4,5 Mio. Einw. und 1965 5,7 Mio. Damit aber war der Höchststand erreicht, seither setzte eine drastische Bevölkerungsabnahme auf 5,1 Mio. Menschen (1958) ein.

Das Ruhrgebiet drohte in dieser Phase erstmals in einen kumulativen Schrumpfungsprozeß abzugleiten. Infolge gegensteuernder Maßnahmen und einer für den Kohlebergbau durch das Ansteigen der Öl- und Gaspreise günstigen Situation kam es nach 1973 zu einer vorübergehenden Stabilisierung der Kohleförderung. Es entstand die Illusion, daß die Kohlekrise bereits überwunden und der Ruhr-Bergbau vor einer neuen Chance stünde.

Der Verfall der Öl- und Gaspreise seit 1981 und die Krise der Stahlindustrie, die den Absatz von Kohle an die Hüttenwerke drosselte, führte nach 1980 zu einer ***zweiten Kohlenkrise***. Neue Zechenstillegungen und Rationalisierungsmaßnahmen waren die Folge. Bis 1995 soll die Förderung auf 46 Mio. t pro Jahr gesenkt werden. Die Zukunft des Kohlebergbaues an der Ruhr ist unsicher. Der heute wichtigste Abnehmer ist die Stromwirtschaft. Sie hebt zum Ausgleich ihrer Mehrkosten von Kunden den sog. „Kohlepfennig“ ein.

Zwei neue Entwicklungen verstärkten die Krise entscheidend:

- Seit 1973 verringerte sich durch die Wirtschaftsflaute das Potential an verlagerbaren Industrien. Die Zweigbetriebsgründung von Industriebetrieben, bis dahin als Allheilmittel für strukturschwache Regionen betrachtet, fiel weitgehend aus.
- Ab 1974/75 setzte die Krise der europäischen Stahlindustrie ein. Die Eisen- und Metallerzeugende Industrie, die 1970 im Ruhrgebiet noch 247000 Beschäftigte aufwies, verzeichnete bis 1986 einen Erosionsprozeß auf 150000.

Die ständigen Stillegungen machten es unmöglich, die *sozialen Auswirkungen* durch Frühpensionierungen oder Übernahmen in andere Werke aufzufangen. Massenentlassungen und Arbeitslosigkeit waren die Folge, die Stahlkrise erschütterte erstmals das Selbstvertrauen der Bevölkerung des Ruhrgebietes, denn anders als bei der ersten Kohlekrise, konnten nun in einer durch Rezession gedrückten Wirtschaft die entlassenen Arbeitskräfte nicht mehr durch ein Paket umfangreicher Sozialhilfen aufgefangen werden.

Rückgang der Beschäftigtenanteile in der Industrie (Noll 1988): 1961 noch 62 %, sanken bis 1986 auf 42 %; der Anteil des Bergbaues an den Beschäftigten verringerte sich gleichzeitig von 15 % auf 6 %, jener der Stahlindustrie von 12 % auf 8 %.

Nun gerieten auch andere Branchen in die Krise, der kumulative Schrumpfungsprozeß war da! Der Maschinen- und Anlagenbau, stark exportorientiert und von den Ölstaaten und dem Ostblock abhängig, kam durch deren Finanzprobleme in eine Krise, ebenfalls die chemische Industrie mit 13 % der Beschäftigten des Ruhrgebietes, denn Grundstoffe, wie Stickstoff, Wasserstoff, Methan, Ammoniak, Schwefelsäure oder Salpetersäure, verloren an Bedeutung.

Der stärkste Gegner des Ruhrgebietes aber ist sein ***Image***. Es ist *die Vorstellung eines verschmutzten, unattraktiven, von Problemen behafteten Industriegebietes.*

Schon frühzeitig wurden umfangreiche Hilfsmaßnahmen eingeleitet, wie massive finanzielle Förderungen zur Umstrukturierung, die Ansiedlung neuer Industrien, wie v. a. der Opel-Werke in Bochum mit damals 18000 Beschäftigten, Verbesserungen im Bereich der Verkehrs- und Versorgungsinfrastruktur und Entwicklungsprogramme, wie das 1968 von der Landesregierung Nordrhein-Westfalen beschlossene „Entwicklungsprogramm Ruhr“. Zudem befindet sich die gesamte Planung im Ruhrgebiet bereits seit 1920 bei einer einzigen zentralen Planungsbehörde, dem „Siedlungsverband Ruhrkohlenbezirk“ (SVR), seit 1979 in **“Kommunalverband Ruhrgebiet“** (KVR) umbenannt.

Es ist heute noch zu früh, um abschätzen zu können, wieweit es gelingt, diesen Schrumpfungsprozeß umzupolen. Doch deuten einige Entwicklungen darauf hin, daß eine echte Sanierung gelingen könnte.

So hat sich der tertiäre Sektor stark ausgeweitet und einen Teil der Industriebeschäftigten übernehmen können. Der Anteil des Dienstleistungsbereiches an den Beschäftigten stieg 1961–86 von 38 % auf 57 %. Gleichzeitig haben sich die Umweltbedingungen und die Wohn- und Freizeitverhältnisse in großen Teilen des Ruhrgebietes entscheidend verbessert.

### 6.8.3 Die Hafenindustriestandorte

Die Küstenstandorte haben als Terminale des Welthandels eine besondere Bedeutung erhalten. Basierend auf ihrer Hafenfunktion haben sie eine charakteristische Industriestruktur, als „Hafenindustrie“ bezeichnet. Große *Schiffswerften* insbesondere in Hamburg (Howaldtswerke, Deutsche Werft), Bremen (AG "Weser", Bremer Vulkan), in Kiel oder Flensburg gehörten bis um 1970 zu den wichtigsten Branchen, die eine weitverzweigte Zulieferindustrie beschäftigten. Die Krise der europäischen Schiffbauindustrie bewirkte schwere Einbrüche. Nur staatliche Subventionen und eine Spezialisierung im Schiffbau rettete die Reste dieses Sektors. Daneben tritt traditionell die *Grundstoffindustrie* in den Vordergrund, zumeist basierend auf der Verarbeitung importierter Rohstoffe, so etwa die Kupfererzeugung in Hamburg. Mächtig entwickelt ist auch die Nahrungs- und Genußmittelindustrie, die zahlreiche Rohstoffe aus den Überseeländern, wie Fette, Gerbstoffe, Chemikalien, Kaffee, Kakao oder Tabak verarbeitet.

Eine ***wasserorientierte Industrieachse*** erstreckt sich in N-S Richtung beiderseits von *Rhein* und *Rhone*. In der Form von Industriegassen reicht sie auch in die Nebentäler von Main, Neckar, das schweizerische Alpenvorland an der Aare und in den Raum St. Etienne. Der Wasserweg als Verkehrsachse und das Wasser Hilfs- und Betriebsstoff für die Industrie und die Energieerzeugung sind die wichtigsten Standortvoraussetzungen. Nach 1960 hat sie entlang der Rhone ihre Fortsetzung bis Marseille gefunden. Charakteristisch ist die Bindung an die großen Wasserstraßen als transkontinentaler Verkehrsraum. Die Industrialisierung ist wesentlich jünger und bis heute dynamisch, Wachstumsindustrien der Nachkriegszeit treten stark hervor, v.a. chemische und petrochemische Industrie, Wasserkraft, Atomkraftwerke, kalorische Kraftwerke und Raffineriestandorte.

Rotterdam im N und Marseille-Fos sur Mer im S sind die großen Welthäfen, über die der Austausch mit anderen Kontinenten vollzogen wird.

Entlang des Rhein folgen die bedeutenden Binnenhäfen Duisburg, Mannheim, Köln, Ludwigshafen, Wesseling und Frankfurt am Main. Hier liegen die wichtigsten Standorte der chemischen Industrie Europas, so Hoechst in Frankfurt am Main, BASF in Ludwigshafen und die drei großen Schweizer multinationalen Konzerne, Hoffmann-La Roche, Sandoz und CIBA-Geigy in Basel. Ausgehend von den beiden Hauptimporthäfen versorgt ein Erdöl- und Erdgas-Pipelinesystem die zahlreichen Raffinerien, die u.a. im Raum Karlsruhe konzentriert sind. Auch die Maschinen- und Fahrzeugindustrie hat hier Hauptstandorte gefunden, so Ford in Köln, Opel in Rüsselsheim, Mercedes in Stuttgart.

Für das Neckargebiet ist das Fehlen von Rohstoffen besonders charakteristisch. Das industrielle Wachstum wurde durch Betriebsverlagerungen aus der ehemaligen DDR stark gefördert.

### *Der Industrieraum Marseille*

Der Raum Marseille weist ca. 80000 Industriebeschäftigte auf und verdankt seine Dynamik einer jungen Entwicklung nach 1960 (Diercke 1988, S. 95).

In **Marseille**, in einem engen Talkessel gelegen, fehlte wie in den meisten anderen Mittelmeerstädten bis ins 19. Jh. stärkere Industrialisierungsimpulse. Nachdem 1835 Algerien französische Kolonie geworden war, kam es zu einer raschen Expansion des Hafens, die ihn um 1850 nach London, Liverpool, Hamburg und New York zum fünftgrößten Hafen der Welt machte. Die Hafenerweiterungen stießen aber ebenso wie das Bevölkerungswachstum auf das Problem der Raumenge. Bereits nach dem 1. Weltkrieg wurde daher die Lagune des Etang de Berre im W der Stadt durch erste Hafenanlagen erschlossen und eine Raffinerie in Lavera mit petrochemischer Verarbeitung erbaut. Die Sperre des Suezkanals und der Bau immer größerer Tanker nach 1960 bedeutete für den Raum Marseille wie für jeden anderen Hafen der Welt eine tödliche Bedrohung. In Zusammenhang mit den Dezentralisierungsplänen der französischen Regierung ("Le grand Delta") entstand das gewaltige Projekt eines **Europahafens Süd**. Dazu wurde der Golf von Fos gewählt, der durch seine Tiefe wesentliche geeigneter für einen Ausbau als der flache Etang de Berre ist. Hier in Fos entstand ab 1960 einer der bedeutendsten Industriestandorte Frankreichs. Anlage eines Riesenhafens, der Schiffen bis zu 250000 twd (→ 7.3.1) die Nutzung erlaubt.

Um den Etang de Berre entstand eine gigantische Raffineriekapazität von 50 Mio. jato, d. s. 40 % der jährlichen Erdöleinfuhren von Frankreich. Etwa die Hälfte des in Fos und Lavera gelöschten Erdöls wird in den 4 Raffinerien verarbeitet, die restliche Hälfte wird per Pipeline in die Raffinerie nach Lyon gepumpt oder weiter in die Raffineriezentren Mannheim und Karlsruhe. Seit 1972 wird auch Erdgas aus Algerien, das in Flüssiggastankern transportiert wird, verarbeitet. Im Erzhafen werden Eisenerze aus Afrika und Fernost gelöscht.

Durch staatlichen Druck errichtete die lothringische Stahlgesellschaft SOLLAC (Société Lorraine de Laminage Continu) das riesige integrierte Stahlwerk von Fos-sur-Mer, das von der Tochtergesellschaft SOLMER (Société Lorraine et Méridionale de Laminage Continu) betrieben wird. Ebenso ließ sich die Ugine Kuhlmann, ein lothringisches Unternehmen, das auf Spezialstähle konzentriert ist, hier nieder. Beide Betriebe zusammen besitzen die Hälfte der Stahlkapazität von Frankreich.

Insgesamt umfassen die Hafen- und Industrieanlagen von Fos mehr als 70 qkm Fläche. Fos stellt heute *den* Wachstumspol Südfrankreichs dar. Hier wurde die sektorale und regionale Wachstumspoltheorie durch die staatlich geförderte Ansiedlung von Industrien mit rd. 40000 Beschäftigten erprobt! Als Rückkoppelung erwarteten sich die Planer im weiteren Standortraum Languedoc-Provence die Ansiedlung privater Industrie-, Dienstleistungs- und Transportbetriebe und eine starke Expansion der Bauwirtschaft, in Summe eine indirekte Beschäftigungsexpansion um den Faktor 10, d. h., als rd. 400000 Beschäftigte.

## 6.8.4 Die monozentrischen Industriestandorte

Bei den monozentrischen Typregionen wurden Standortfaktoren entscheidend, die als „Ballungsvorteile", v. a. als „Urbanisationsersparnisse" zusammengefaßt werden können(→ 6.4.2): Verfügbarkeit der Infrastruktur, gut ausgebildete, durch Zuwanderung laufend ergänzte Arbeitskräfte, Marktpotentiale, Zulieferbeziehungen, hochwertige Forschungseinrichtungen usw. Dieses Bündel von einzelnen Standortfaktoren beginnt seine Anziehungskraft zu verlieren, da die Agglomerationsnachteile immer stärker spürbar werden: Verkehrsinfarkte, Umweltprobleme, hohe Grundpreise usw. Der Abbau industrieller Kapazitäten in den großen monozentrischen Gebieten ist eine der faszinierendsten Erscheinungen der modernen Industrieentwicklung.

Seit dem 19. Jh. entwickelten sich zahlreiche Metropolen zu großen industriellen Kernräumen: Berlin, Paris, Hamburg, London, Barcelona und Mailand usw., in vielen Fällen noch heute die wichtigsten Industriestandorte ihres Landes. Dies gilt v.a. für

- *Paris*, das 25% der Industriebeschäftigten Frankreichs aufweist,
- *Greater London*, rd. 20% der 5,4 Mio. Industriebeschäftigten des Landes (1985) sind hier konzentriert.

Noch mehr als diese beeindruckenden quantitativen Werte sind die qualitativen Aspekte. Diese Städte sind Steuerungszentralen von gigantischem Ausmaß. London hat von den 250 umsatzstärksten Industrieunternehmen Europas allein 60 oder 24%, Paris hat 25 oder 10%, Hamburg immerhin noch 4%.

Von diesen Metropolen aus wird über Zweigbetriebe, Kapitalverflechtungen, Absatz- und Zulieferbeziehungen ein wesentlicher Teil der Industrie der jeweiligen Länder kontrolliert. Zugleich unterscheiden sie sich wesentlich von den übrigen Industriegebieten in ihrer strukturellen Zusammensetzung: die Branchenstruktur ist breit diversifiziert. Mit Ausnahme der Grundstoffindustrie, die zumeist nur durch Zentralverwaltungen repräsentiert ist, sind alle Branchen vertreten, typisch für einen reifen Industrieraum im Sinne der Phase des Massenkonsums von Rostow.

Das Schwergewicht liegt dabei auf modernen wachstumsintensiven Branchen, solchen, die Perroux als „motorische Einheiten" bezeichnet und die für industrielles Wachstum nach der Wachstumspoltheorie eine so entscheidende Rolle spielen.

### *Metropole Paris*

Hier sind 38% der französischen optischen Industrie, rd. 50% der Auto-, Elektro- und feinmechanischen Industrie und 55% der pharmazeutischen Industrie konzentriert, außerdem modeorientierte Branchen (z.B. 71% der Parfumerzeugung). Keine Frage, daß von diesen Zentren wesentlich die industrielle Entwicklung ganzer Länder abhängt.

Charakteristisch ist auch die *Verteilung der Industrie* innerhalb der Stadtlandschaften (Diercke 1988, S. 93):

- In der **Innenstadt** konzentrieren sich die modische Bekleidungsindustrie und die Druckereien und Verlage. In Paris sind diese Branchen v.a. im 2., 3., 9. und 10. Arrondissement nördlich des Louvre mit der Achse der Rue de Sebstopol konzentriert. Zumeist befinden sich hier auch die Zeitungsviertel. Alle diese Betriebe sind klein, vielfach auf mehrere verstreute Standorte aufgeteilt, in

Stockwerken produzierend. Sie stehen unter einem außerordentlichen Verdrängungsdruck, der durch hohe Mieten und besonders scharfe Umweltschutzauflagen und starke Verkehrsprobleme erzeugt wird.

- Um diese innerste Zone legt sich die mit Industrie angereicherte **Vorstadtzone des 19. Jh.** In Paris ist sie v.a. im Westen durch die Konzentration der metallverarbeitenden Industrie, v.a. des Maschinenbaues und der Autoindustrie gekennzeichnet. Es sind vielfach Großbetriebe mit mehr als 1000 Beschäftigten, wie die großen Autowerke von Citroen in Saint Queu und Clichy, Peugeot in Colombes, Simca in Putaux oder Renault, dem größten Industrieunternehmen in Frankreich, mit seinem Hauptwerk, das 35000 Beschäftigte zählt, in Billancourt.

  Diese Industriebetriebe entstanden im 19., teilweise wie die Autoindustrie im 20. Jh. am Rand der damaligen gründerzeitlichen Wachstumszone. Heute sind sie längst von der Wohnverbauung umzingelt und einzementiert, Erweiterungen kaum mehr möglich. Sie belasten ihre Umwelt durch Verkehr und Emissionen besonders stark. Diese Zone ist ein Gebiet starker Auslagerung von Industriebetrieben. Ein Großteil verlagert aber in das städtische Umland, die Grande Couronne, mit ihrem hohen Freizeitwert und vergrößert damit nur die städtische Expansion.

- Das **städtische Umland**, die Grand Couronne, ist heute die eigentliche Ausbauzone der Industrie. Dabei zeichnen sich in Paris zwei Ausweitungsachsen ab:

  *entlang der Seine* in Südrichtung, wo eine fast geschlossene 40 km lange Industriezone bis Corbeil und Melun reicht,

  *seineabwärts* nach NW bis zur „Ville Nouvelle“ von Cergy-Pontoise. Hier ist *Rouen*, das als Stadt 100000 Einwohner zählt, als Conurbation dagegen 400000, ein besonders wichtiger Stützpunkt. Es ist zugleich ein wichtiger Hafen für den Stückgutumschlag, da die Seine bis Rouen mit Schiffen bis zu 8 m Tiefgang befahren werden kann. Die Großtanker laufen dagegen Le Havre an, mit 51 Mio. jato Umschlag (1987) nach Marseille zweitgrößter Hafen Frankreichs.

  Der Ausbau des Ölhafens *Antifer* ermöglichte einen bequemen Erdölumschlag, Raffinerien und riesige petrochemische Anlagen ließen sich hier nieder. In dieser Zone erfolgt auch die Dezentralisierung der Autoindustrie von Paris. Renault etwa hat wichtige Zweigbetriebe in Rouen und Le Havre gegründet.

Durch industrielle Dynamik der Großstädte und die damit verbundenen Probleme für Verkehr und Umwelt wird bei Raumplanungen der Versuch gemacht, die industriellen Konzentrationen aufzulockern und das ungehemmte Wachstum der Metropolen zu bremsen. In Paris werden ebenso wie in London seit ca. 1970 Standortkontrollen durchgeführt

- so bestehen in der Region Parisienne unterschiedlich hohe Steuern für Industrie- und Büroflächen. 4 Zonen wurden geschaffen, wobei die innerste die höchsten Abgaben je neugeschaffener Flächeneinheit fordert und
- zudem werden für die Aufgabe von Industrieflächen im Stadtkern Prämien gezahlt.

Dieses Bestrafungs- und Anreizsystem fördert die Auslagerungsprozesse sehr stark, sie werden in den Zielgebieten durch Niederlassungsanreize ergänzt. Seit 1960 ist es damit immerhin gelungen, in Paris eine Verlangsamung des industriellen Wachstums einzuleiten, das unter der Entwicklung der gesamten französischen Industrie liegt.

## 6.8.5 Die neuen Industrieregionen des 20. Jahrhunderts

Die neuen Industriegebiete befinden sich in voller Entwicklung, haben Standortvorteile, wie hohen Wohn- und Freizeitwert, hohes Standortimage, rasch wachsende Bevölkerung und damit dynamische Absatzmärkte, ausreichende Verfügbarkeit über Boden und Arbeitskräfte.

In Ansätzen seit um 1900 herausgebildet, fehlen diesen Räumen meist die charakteristischen Schwerindustrien der alten Industrieregionen und damit auch die Revierbildung mit hoher Konzentrationsdichte. Disperse Standortstrukturen sind vielmehr charakteristisch. Erst generalisierend betrachtet lassen sie sich zu einer Industrieregion zusammenfassen.

Sie beruhen im wesentlichen auf neuen Branchen des 20. Jh., der Kfz- und Flugzeugindustrie, der Elektroindustrie, der Erzeugung elektronischer Ausrüstung, chemischen Industrie und Kunststoffindustrie. Es sind Industrien mit ganz anderem Standortverhalten als jene der alten Industrieregionen. Sie haben eine breite Standortwahl, sind aber nicht footloose, denn sie benötigen

1. eine Vielzahl von Rohstoffen und Halbfertigwaren,
2. gute Verbindungen zu den Teile- und Rohstoffzulieferern und den Absatzmärkten,
3. hochwertige Arbeitskräfte.

Ursprünglich hatten sie daher ihre Standorte in den Ballungsräumen. Durch die technische und ökonomische Entwicklung und die Regionalpolitik erfolgte später eine stärkere Dezentralisierung. Es zeigt sich auch, daß viele dieser Branchen zumeist in den klimatisch begünstigteren Gebieten im Süden liegen. Dazu gehören Südfrankreich, Süddeutschland, Südwestengland oder der sun belt in den USA.

***Bayern – neuer Industrieraum mit raschem Aufschwung***

Vor 1945 war die Industrie in Bayern kleinstrukturiert und beruhte noch auf einer starken agrarischen Basis, die 28 % der Industriebeschäftigten ausmachte. Vereinzelte Standorte zeigen die bescheidene industrielle Entwicklung:

- die Holz-, Zellstoff- und Papiererzeugung und Kunstseideerzeugung im Spessart
- die Randwirtschaftliche Aufbereitungsindustrie in Franken
- die Zementindustrie, Brauindustrie und Konservenindustrie im Maingebiet
- die Spielwarenerzeugung in Nürnberg
- das chemische Industriedreieck am Inn

Seit 1960 erlebte dieser Raum eine **starke industrielle Dynamik**, zunächst durch *Flüchtlinge* aus den ehemaligen deutschen Ostgebieten und der DDR viele von ihnen gut ausgebildet und unternehmungsfreudig. 1968 machten sie 16% der Bevölkerung Bayerns aus. Sie errichteten die Betriebe, die sie in ihrer Heimat verlassen hatten: Textil- und Bekleidungsbetriebe, Glaserzeugung, Schmuckwarenindustrie. Viele wanderten in die Kleinstädte Bayerns, wo sie ausreichende Arbeitskräfte vorfanden. Daraus erklärt sich auch die stark disperse Raumstruktur dieser Ansätze. Die Verbesserung der Infrastruktur beseitigte Nachteile der abseitigen Lage, die unzureichende Energiebasis wurde durch *Ausbau von Raffinerien* seit 1960 überwunden. 1965 hatten südlich der Mainlinie 10 Raffinerien mit mehr als 30% der deutschen Raffineriekapazität ihren Standort. Allein auf Bayern entfielen 18% (1969) verglichen mit 0% im Jahre 1961. Die Ölraffinerien zogen zahlreiche damit verflochtene Branchen an.

In der Folge kam es zu einer starken Zunahme der *Elektroindustrie*, des *Maschinenbaus* und *Fremdenverkehrs*. Dieses Gebiet wurde zum Haupt-Standortraum des zweitgrößten deutschen Industrieunternehmens, der Elektrofirma Siemens. Siemens zählt weltweit 350000 Beschäftigte, davon arbeiten 220000 oder 63% in Deutschland und davon wiederum 130000 oder 59% in Bayern (DOBLER/FÜRSTENBERG 1989). Um 1850 in Berlin gegründet, verlegte das Unternehmen nach dem 2. Weltkrieg seinen Stammsitz nach München und begründete damit in Bayern seinen Kernraum mit Standorten in Erlangen, Augsburg usw. Der neue technologische Schub nach 1980 führte an diesen Standorten zu hohen Investitionen in neue Produkte und Produktionsverfahren. Die Firma, die 12% ihres Umsatzes für Forschung und Entwicklung aufwendet, schuf in München-Perlach neue Labors für die Entwicklung des 1 MB- und 4 MB-Chip, die im Regensburger Halbleiterwerk gefertigt werden. In Augsburg entstand ein neues Werk für Arbeitsplatzsysteme, in Nürnberg für Produktionsautomatisierung.

Immer stärker weicht das Unternehmen dabei auf Mittelstädte und ländliche Räume außerhalb der Agglomerationen aus, insbesondere für die Fertigungsstätten. Die technologische Entwicklung um München erhielt bereits die Bezeichnungen „Silicon Bavaria“ bzw. „Isar Valley“. Auch in der Oberpfalz wurde Siemens zu einem wichtigen Arbeitgeber mit Werken in Regensburg, Amberg, Cham und Regenstauf.

### 6.8.6 Industrieentwicklung in peripheren Gebieten

In den peripheren Gebieten ist der Produktionsfaktor Boden überreichlich und zudem billig, dafür treten hinsichtlich Marktzugänglichkeit Nachteile auf. Zum entscheidenden Standortfaktor wurden aber die *Regierungsinterventionen*. Der Staat sichert sich hier zunehmende Kontrollen über die Standortlenkung. Insbesondere in Großbritannien, aber auch in Süd-Frankreich und allen südeuropäischen Ländern gibt es starke staatliche Eingriffe in den Standortentscheidungsprozeß der Industrie.

Periphere Gebiete weisen offensichtlich derartige Standortnachteile auf, daß Privatkapital nicht in ausreichendem Maße bereit ist, diese Standorte zu akzeptieren. Die rein ökonomischen Faktoren würden, wenn man MYRDALS regionaler Wachstumspoltheorie Folge leistet, zu einer immer stärkeren Begünstigung der Kernräume tendieren. *Seine Schlußfolgerung:* Staatliche Eingriffe müssen die Nachteile dieser Gebiete korrigieren und sie für Industrieansiedlung attraktiv machen.

### *Großbritannien – Beispiel der Regionalpolitik*

Kein anderes Land in Europa setzt so rigoros das regionalpolitische Instrumentarium des Anreizes v. a. aber des Verbietens ein wie GB, das Land des ehemaligen Manchesterliberalismus. Bereits 1934 erfolgte die Abgrenzung von **Special Areas**, Sondergebieten mit einer doppelt so hohen Arbeitslosigkeit wie der Rest des Landes (TURNER 1974, HEINEBERG 1983). Zunächst wurden noch sehr restriktive kleine Gebiete in Südwales, Tyneside und Clydeside abgegrenzt (KÜPPER 1970) und Regierungsbeauftragte entsandt, die Hilfsmaßnahmen organisierten. Schon bald wurde aber der Anreiz der Industrial Estates zusammen mit Finanzierungserleichterungen eingesetzt. 1936 entstand der *Team Valley Industrial Estate* im Süden von Newcastle. Dieser Industriepark wurde erstmals durch den Staat geschaffen, während sie vorher rein privatwirtschaftlich organisiert waren, sollte Arbeitslose aus den Kohlerevieren von Durham und vom Schiffbau am Tyne aufnehmen. Heute sind in diesem Industriepark, der 280 ha umfaßt, rd. 17000 Beschäftigte in 100 Industriebetrieben konzentriert.

1936 folgte in dem von einer schweren Industriekrise betroffenen Südwales bei Cardiff der *Treforest Estate.* Bereits 1938 hatte er 2000 Beschäftigte, 1944 sogar 16000, da zahlreiche Rüstungsbetriebe aus den bombengefährdeten Gebieten Südenglands verlagerten. Auch die Notstandsgebiete im N profitierten von kriegsbedingten Verlagerungen, da zahlreiche Fabriken zur Herstellung von Kriegsausrüstung (R. O. F.– Royal ordnance Factories) aus strategischen Gründen dezentralisiert wurden.

Seither wurden die Abgrenzung der Fördergebiete ebenso wie die Namensgebung mehrfach geändert, eines der großen Probleme der britischen Wirtschaftspolitik. Generell dabei Ausweitung der Fördergebiete, indem jede Region Druck ausübte, aufgenommen zu werden. Das Gießkannenprinzip trat zum Nachteil der konzentrierten Dezentralisierung immer stärker hervor.

1980 erfolgte nach zahlreichen Änderungen innerhalb weniger Jahre die letzte Ausweisung der Wirtschaftsförderungsgebiete, die nun euphemistisch als *"Areas for Expansion"* bezeichnet werden. Sie behält im wesentlichen die großräumige Förderung von 2/3 des Landes bei, differenziert aber nach 3 Kategorien:

- Special development areas
- Development areas
- Intermediate areas

Durch die spätere konservative Regierung Thatcher erfolgte eine starke *Reduzierung der Areas of Expansion*, die 1982 nur noch 25 % der erwerbstätigen Bevölkerung gegenüber 45 % im Jahre 1978 umfaßten.

Es gab eine abgestufte Förderung durch:
- gestaffelte Zuschüsse (regional development grants) für neue Betriebsgebäude und Maschinen,
- zeitweilige mietenfreie Überlassung von Fabriken (advanced factories),
- finanzielle Unterstützung neuer Arbeitsplätze. Seit Beitritt zur EG (1973) werden auch Finanzhilfen der EIB (Europäischen Investitionsbank) für die Gebiete der staatlichen Wirtschaftsförderung und des EG-Regionalfonds von dem die wirtschaftsschwachen Gebiete von GB 28 % der Mittel erhalten, eingesetzt.

Für das wirtschaftliche Problemgebiet der Nordschottischen Highlands und der Inselgruppen legte der *"Scottish Plan"* von 1966 3 Entwicklungszentren fest:
- Invergordon – Inverness am Moray Firth
- Wick – Thurso in Caithness mit dem neuen Kernkraftwerk in Downray
- Ft. William mit seinen Aluminiumindustrien und Kraftwerken. Zugleich wurde das "Highlands and Islands Development Board" (HIDB) in Inverness mit der regionalen Wirtschafts- und Sozialförderung betraut.

Diese Anreizpolitik GB ergänzten Verbote in den Ballungsräumen. 1947 wurde mit dem *"Town and Country Planning Act"* eines der wichtigsten Instrumente der regionalen Wirtschaftsförderung eingeführt: Für alle geplanten Industriebauten mit mehr als 5000 square feet (465 qm) muß ein sog. IDC (Industrial Development Certificate) beim zuständigen Industrieministerium beantragt werden. Diese *Industriestandortkontrolle*, die den SE Englands, London und die Midlands, also den besonders begünstigten Standortraum betrifft, wurde in der Folge immer weiter verschärft, indem ab 1960 auch Erweiterungsbauten von bestehenden Fabriken und sogar Büros der IDC-Kontrolle unterzogen wurden. Die 1965 eingeführte *Bürostandortkontrolle* sollte das Wachstum des Bürosektors in SE-England begrenzen. Zudem erfolgte eine Verlagerung von Regierungsbehörden aus London.

Der britischen Regionalplanung ist immer das Fehlen eines klaren regionalpolitischen Konzeptes vorgeworfen worden, sicher zu Recht. Es ist für die Wirtschaft schwierig, sich an laufend veränderte Rahmenbedingungen anzupassen. Eines aber ist sicher: Anreizpolitik und Standortkontrolle zusammen bildeten ein sehr mächtiges Instrument zur Standortverlagerung der Wirtschaft. Dies zeigt sich etwa an der starken Verlagerung von Büros aus dem Zentralraum London. Dezentralisierungstendenz ist erstaunlich, wenn auch Großteil im SE verbleibt.

Die Verlagerung von Industriebetrieben in die Development Areas war noch stärker. Allerdings zeigte sich auch in GB, daß zumindest kurz- und mittelfristig die Verflechtungen selten imstande sind, starke regionale Wachstumsimpulse auszulösen. Um 1960 zwang die britische Regierung mittels IDC-Kontrolle die sehr expansive Autoindustrie Zweigbetriebe in den Development Areas zu errichten. Um diese neuen Betriebe entstanden aber keine größeren Konzentrationen von Zulieferfirmen, diese verblieben in den traditionellen Zentren.

***Dänemark – Musterbeispiel für die Industrieentwicklung in einem Agrarraum***

Dänemark hat keine Bodenschätze, welche für eine klassische Industrialisierung die Grundlage geboten hätten (GLÄSSER). Seine einzigen Ansatzpunkte sind die starke Landwirtschaft und die zahlreichen Hafenstandorte. Auf dieser Basis entwickelten sich zunächst eine landwirtschaftliche Aufbereitungsindustrie und der Schiffbau, allerdings erst spät, zumeist nach dem Schutzzollgesetz von 1863.

Um 1910 war die landwirtschaftliche Produktion noch wesentlich stärker als die industrielle, Dänemark war noch ein reiner Agrarraum. 1938 betrug der Anteil der Industriegüter am Export erst 23 %. Erst nach dem 2. Weltkrieg ist eine rasche Ausweitung der Industrieproduktion erfolgt. 1960 erreichte der Exportanteil der Industrie am Gesamtexport 42 %, 1970 schon 68 %. Hochspezialisierte Maschinen und Instrumente und elektronische Geräte sind die wichtigsten Exportprodukte.

Die eisen- und metallverarbeitende Industrie ist in erster Linie mit der Herstellung stark veredelter Erzeugnisse befaßt. Mit 40 % der Industriebeschäftigten ist sie heute die führende Branche, während die Nahrungsmittelerzeugung noch 17 %, die Textil-, Bekleidungs- und Lederindustrie dagegen nur noch 9 % ausmachen. Die Umstrukturierung auf eine moderne Branchenstruktur ist somit vorzüglich gelungen.

Dänemark ist heute einer der führenden Produzenten von Schiffsmotoren und spezialisiert auf elektrische und elektronische Schiffsausrüstung. Halbfabrikate, wie Stahlbleche, machen nur einen geringen Anteil der Erzeugung aus. Das Stahlwalzwerk von Frederiksvaerk im nordöstlichen Seeland verarbeitet v. a. Altmetalle.

Daneben existiert noch eine starke *landwirtschaftliche Aufbereitungsindustrie:* Erzeugung von Fleischwaren und Konserven im Norden Jütlands, bedeutende Brauereien, wie Carlsberg und Tuborg (Diercke 1988, S. 84).

Auf den kargen Geestflächen waren die „Heidebauern“ frühzeitig zum Nebenerwerb gezwungen. Die Schafhaltung wurde Basis der *Wollspinnereien.* Ab 1900 entwickelten sich mehrere Baumwollspinnereien in Vejle, Kopenhagen, Ålborg und Grenå.

Auch die chemische Industrie ging von der landwirtschaftlichen Produktion aus: Die Düngemittelerzeugung bildete den Ausgangspunkt. 3 große Superphosphatfabriken stehen in Fredericia und Nörresundby in Jütland und in Kalundborg auf Seeland. Der bedeutendste Kunstdüngerproduzent ist „Superfos“, der durch den Zusammenschluß mehrerer Einzelunternehmen entstand.

Die starke *Schiffbauindustrie* wird durch die größte Schiffswerft, die Odense-Lindö-Werft, dominiert. Sie stellte sich vom Bau großer Tanker auf kleinere Schiffstypen um.

# 7 DER VERKEHR

Personen, Güter, Informationen sind im Raum beweglich. Die Mobilität nimmt mit dem wirtschaftlichen Entwicklungsprozeß eines Landes wesentlich zu. Bewegungsvorgänge (Interaktionen) gehören zu den Kennzeichen der modernen Wirtschaft. Verkehrssysteme stehen in vielfacher Wechselbeziehungen zum Raum: *Direkt*, indem sie einen Raum durch Verkehrsbauten gestalten (z. B. Verkehrsbündel von Autobahn, Straße und Bahn beherrschen heute das Kanaltal oder die Brennerroute) oder *indirekt* raumgestaltend an der Herausbildung von Kernräumen und peripheren Gebieten mitwirkt. Der moderne Verkehr hat sich weitgehend von natürlichen Begrenzungen gelöst (→ 7.1.2.2). Relief und Klima wirken in erster Linie über die Kosten, weniger dagegen bestimmend für Art und Intensität des Ausbaues. In der folgenden Darstellung wird nach den wichtigsten Verkehrsmitteln: Bahn, Straße, Schiff und Flugzeug gegliedert.

## 7.1 Der Bahnverkehr

Bahnnetz der Erde rd. 1,3 Mio. km, davon je 300000 km auf Nordamerika und Europa. Weltweit 2 Tendenzen:

**In den globalen Kernräumen** mit einem aus dem 19. Jh. überkommenen dichten Bahnnetz zeigt sich ein großräumiger ***Schrumpfungsprozeß des Netzes***.

- *"Rückzug aus Fläche"* beschränkt auf periphere Gebiete der Industrieländer: Nebenbahnproblem.
- in Ballungsräumen nimmt Attraktivität der Bahnen zu. *Neubau von U-Bahnen, Zentralverschiebbahnhöfen, S-Bahnen.* Dazu organisatorische Verbesserungen *(Verkehrsverbund)*. Wesentliche Erhöhung der Angebotsqualität, Steigerung der Nachfrage, zunehmende Verdichtung des Bahnverkehrs.
- zwischen den Ballungsräumen auf Hauptbahnstrecken Aufwertung durch neue Technologie: *Hochgeschwindigkeitsbahnen, Huckepackverkehr.*

**In der globalen Peripherie** dagegen Trend zur ***Ausweitung des Netzes***. Bahnbau zur wirtschaftlichen Raumerschließung (BAM, Tanzam, VR China). Jährlich rd. 500 km neue Bahnstrecken, v. a. in Afrika, Indien, Lateinamerika, besonders in VRChina.

### 7.1.1 Der Rückzug aus der Fläche – das Nebenbahnproblem

**Nebenbahnen** sind Bahnstrecken mit weit unterdurchschnittlichem Verkehrsaufkommen, geringem Auslastungsgrad, Streckenführung in wirtschaftsschwachen, meist peripheren Gebieten. In Österreich rd. 39 % des gesamten Bahnnetzes, in Niederösterreich etwa 55 %.

Nebenbahnen in Europa ab 1870/80 entstanden. Abgelegene, wirtschaftsschwache Gebiete, die vom privaten Bahnkapital nicht akzeptiert, erhielten vom Staat zur Verbesserung der Wirtschaft Bahnen. Lokalbahnen wegen der geringen Rentabilisierung besonders billig (Trassenführung, Unterbau) errichtet, teilweise nur Schmalspurbahnen. Problem des Bahnbaues: Entweder Baukosten durch möglichst geradlinige Trassenführung ohne Rücksicht auf Siedlungen zu minimieren oder durch Anbindung möglichst vieler Siedlungen Baukosten und Nutzerkosten zu maximieren. Beide Strategien beschritten, daher Nebenbahnhöfe oft fernab von Siedlungen oder weite Umwege und ungünstige Trassenführung (enge Kurvenradien). Geschwindigkeiten und Frequenzen sind gering, daher geringe Verkehrsleistungen: Auf inzwischen stillgelegten bayerischen Nebenbahnen nur 8000–16000 pkm/km (Durchschnitt Deutsche Bundesbahn: 120000 pkm/km) und 7000 tkm/km (Deutsche Bundesbahn: 180000). Im Personenverkehr nur Auslastungen von 6–13 %, bei Güteraufkommen 4 %. Geringer Kostendeckungsgrad.

Nebenbahnen primär in peripheren Gebieten: Daher sind 60–100 % der Transportleistung landwirtschaftliche Güter. Lagerhäuser liegen meist an Bahnen: Düngemittel, Baustoffe, Futtermittel, Heizöl, feste Brennstoffe, Holz). Im Mittel 70 % der empfangenen und 30 % der versendeten Güter von Lagerhäusern per Bahn transportiert.

**pkm = Personenkilometer** = Zahl der beförderten Personen mal zurückgelegter Entfernung

**tkm = Tonnenkilometer** = Gewicht der beförderten Güter mal zurückgelegter Entfernung

**Streckenstillegungen** in der BRD und GB z. T. rigoros. In der BRD (Streckenlänge 1988: 30000 km) 1950–85 3000 km stillgelegt, Personenverkehr auf weiteren 7000 km eingestellt. In Österreich 1945–80 nur 300 km stillgelegt, auf weiteren 200 km Personenverkehr eingestellt, zusammen 7 % des Bahnnetzes. Folgen: Betriebe werden zum *gebrochenen Verkehr* mit Lkw zum nächsten Bahnhof gezwungen, höhere Terminal- und Transportkosten. Ab 20 km Entfernung verzichten 100 % aller Kunden auf Bahn als Verkehrsmittel, damit auch Wegfall der Erlöse aus „*Langlauf*" auf Hauptstrecken.

**Nachfragegruppen** des ländlichen Raumes in hohem Maße auf öffentliche Verkehrsmittel angewiesen (4-A Gruppe: Arme, Alte, Ausländer, Auszubildende), Großteil fährt zu Sozialtarifen, muß auf Busse umsteigen. Vielfach Bedienungsqualität verbessert: Bedienungshäufigkeit, bessere Anpassung der Strecken an Siedlungsstruktur.

### 7.1.2 Der Bahnverkehr zwischen den Verdichtungsräumen: Der Schienenschnellverkehr

Bahnetz in Industrieländern hauptsächlich im 19. Jh. geschaffen, nach 1918 kaum verändert. Damit *Anpassungsprobleme* an geänderte Bedingungen:

a) Stark hierarchische Netzstruktur. Großteil der Leistungen auf wenige Hauptstrecken konzentriert. In der BRD 90 % der Verkehrsleistungen auf 50 % der Bahnstreckenlänge.

b) Bahn muß mit einem Fuhrpark des 20. Jh. auf Netzstruktur aus Mitte des 19. Jh. fahren. Trassenführung, Radien und Unterbau entsprechen nicht den Leistungsmöglichkeiten moderner Züge.

c) Politische und wirtschaftliche Veränderungen führen zur Herausbildung neuer Magistralen. In der BRD Umpolung des W-E Verkehrs (dominierend bis 1945) in N-S Verkehr des EG-Raumes. In Österreich dagegen verloren die nach N und E gerichteten Hauptbahnen der Monarchie an Bedeutung gegenüber West- und Südverbindung. Wichtigste Magistralen erreichen mit 120 Zügen pro Tag und Richtung die Grenze der Belastbarkeit.

d) Bahn für Personenverkehr gegenüber Pkw und Flugzeug kaum konkurrenzfähig. Daher Pläne zum Ausbau des *Hochgeschwindigkeitsverkehrs (HGV)* zwischen den Kernräumen.

### 7.1.2.1 Die Entwicklung des HGV

Japan eröffnete 1964 nach nur 5 Jahren Bauzeit die 500 km Strecke zwischen den Verdichtungsräumen Tokio-Osaka (Diercke 1988, S. 177). Tokaido-Shinkansen mit 260 km/h. Technisch und ökonomisch großartiger Erfolg: 1975 um weitere 600 km bis Hakata (Kyushu) verlängert (Sanyo-Shinkansen). Weitere 7000 km darunter der 54 km lange Seikan Tunnel unter dem Meer zwischen Honshu und Hokkaido sind in Bau.

Erfolge der japanischen Staatsbahnen mit diesem Superzug ermutigte den Internationalen Eisenbahnverband (UIC), 1973 Leitplan für europäisches Schnellstreckennetz mit 6000 km Länge zu konzipieren. Erste HGV-Strecken sind im Bau bzw. bereits in Betrieb: Die „Direttissima“ der Italiener, neu trassierte Schnellstrecke Florenz-Rom, der französische „train a grande vitesse“ (TGV), der seit 1981 zwischen Paris und Lyon mit 260 km/h verkehrt (Diercke 1988, S. 95) bzw. die Ausbaustrecke Paris-Bordeaux, die britischen „High speed trains“ (HST), die London mit Glasgow und Bristol verbinden und das Grundnetz in Deutschland insbesondere mit den Neubaustrecken Hannover-Würzburg (330 km) und Mannheim-Stuttgart (100 km). Diese noch getrennten Ansätze sollen durch Ausbau der Strecke Paris-Brüssel-Köln und den neuen Ärmelkanaltunnel (50 km, geplante Fertigstellung 1993) zu einem europäischen Kernnetz zusammengeschlossen werden Überwindung auch des Verkehrshindernisses Alpen durch sog. „Basistunnel“. Planungen am Brenner- und Semmeringbasistunnel.

### 7.1.2.2 Die Raumwirksamkeit des HGV

20jährige Erfahrungen in Japan, mehrjährige in Europa ergeben erste empirische Erkenntnisse bezüglich Wirksamkeit des HGV als „Gestaltungsfaktor des Raumes“.

Weitgehende **Überwindung des Naturraumes** durch aufwendiges System von Kunstbauten (Tunnel, Brücken, Dämme, Aufständerungen). Bei deutscher Neubaustrecke Hannover-Würzburg 30% der Strecke durch Tunnel, 10% über Brücken. Sanyo-Shinkansen: 55% durch Tunnel, darunter einen 18 km langen Untermeerestunnel nach Kyushu. Von der 250 km durch Toskana führenden Direttissima 30% in Tunnel, weitere 12% auf Viadukten.

Gewaltige **Nachfragesteigerung:** Shinkansen und TGV im ersten Betriebsjahr Verdopplung des Passagieraufkommens gegenüber der alten Strecke. Je Hälfte davon auf Induktion (Erregung neuer Nachfrage) und Substitution (Verlagerung von Flugzeug und Straße auf Bahn). Gegenüber Flugverkehr bis ca. 500 km Distanz zeitlich konkurrenzfähig.

**Betriebswirtschaftlicher Erfolg:** Einnahmen wesentlich höher als Kosten. Amortisation der gesamten Investitionen und Kapitalkosten des Tokaido-Shinkansen nach nur sieben Jahren.

Auswirkungen auf **Wirtschaftstruktur der Bahnknoten:** Starke Aufwertung der Bahnhofsviertel als Standorte des Einzel- und Großhandels, von überregionalen Handelsketten zu Filialgründungen genutzt. Veränderungen der zentralörtlichen Bedeutung. Nagoya z.B. verlor Konsumentenpotentiale an Tokio und Osaka. Ebenso Abbau von Führungsfunktionen in Zweigbetrieben, Stärkung der Entscheidungsmacht in den Headquarters der Firmen entlang der Bahn.

Auswirkungen auf **Umwelt** zunächst negativ. Trassenführung des Tokaido-Shinkansen führt durch dichtverbautes Gebiet, Lärm und Vibrationen. Neuere Anlagen senken Belastung durch siedlungsferne Trassierung und Lärmschutzwände, problematisch aber Zerschneidung der Landschaft. Dagegen Flächenverbrauch gering: Zweigleisige Neubaustrecke mit Planum (Grundfläche beim Bahn- und Straßenbau) von 14 m verbraucht 2–3 ha/km Streckenlänge, eine sechsspurige Autobahn mit 38 m Breite dagegen 6–8 ha/km. 500 km lange Shinkansen-Strecke braucht weniger Fläche als Flughafen Narita.

**Regionalwirtschaftliche Effekte** während des Baues begünstigen Kernräume. Enorme Aufwendungen: 1 km Neubaustrecke kostet durchschnittlich 25 Mio. DM, 1 km Ausbaustrecke (alte Trasse wird adaptiert) rd. 1,4 Mio. DM. Regional wirksame Ausgaben sehr hoch : 80–97% in Region des Bahnbaues. Aber: HGV vornehmlich in Ballungsräumen ausgebaut.

### 7.1.3 Die Organisation des Bahnverkehrs im Ballungsraum: Der Verkehrsbund

In Ballungsräumen erfuhr Schienenverkehr wesentliche Attraktivitätssteigerung, da seit ca. 1973 Umdenken den öffentlichen Personennahverkehr (ÖPNV) begünstigt, organisatorisch wichtigste Verbesserung ist *Einführung von Verkehrsverbundsystemen* in den Ballungsräumen Europas.

***Hauptproblem: Bewältigung des Pendelverkehrs durch***

a) Optimale Verknüpfung der einzelnen öffentlichen Verkehrsmittel: Autobus, Bahn, S-Bahn, U-Bahn, Straßenbahn.

b) Schaffung einheitlicher Fahrscheine und Tarifverbund für alle Verkehrsmittel. Für umsteigende Berufspendler Verbilligungen, da sie bisher bei jedem Verkehrsmittel die teuren Anfangskilometer zahlen mußten. Aber Problem der „Durchtarifierungsverluste", d.h. wer trägt die entstehenden Mehrkosten.

c) Verknüpfung der öffentlichen Verkehrssysteme mit dem Pkw in Form des „Park and Ride Systems".: An Endpunkten und Halteorten Zupendeln mit Individualverkehrsmitteln durch Anlage von Parkplätzen erleichtert.

### 7.1.4 Die Ausweitung des Streckennetzes – die Bahn als Erschließungsfaktor

In globalen Peripherie ist Bahnbau noch heute wichtige Voraussetzung für Raumerschließung. Rentabel v.a. wenn landwirtschaftliche Rohstoffe oder Bergbautonnage Transportvolumen von mindestens 200000 t p.a. ergeben. *Nachteil:* In Entwicklungsländern belastet Bahn Außenhandelsbilanz, da Großteil der Schienen und des rollenden Materials importiert werden muß. Zudem raumwirksame Effekte des Bahnbaues linear auf wenige km breiten Streifen begrenzt. Die berühmtesten Beispiele für Neubau von Bahnen nach dem 2. Weltkrieg sind die Tanzam (Ostafrika) und die BAM (Sibirien).

**Tanzania-Zambia Railway (Tanzam)**, verbindet Hafen von Daressalam mit dem sambischen Kupfergürtel, 1900 km lang, von Chinesen in nur 5 Jahren erbaut und 1976 in Betrieb genommen (Diercke 1988, S. 140/141). Kupfer sichert Basisauslastung, obwohl Bahnen nach Angola und Mosambik existieren. Bahnbau war politische Entscheidung, um die damals von Weißen beherrschten Transitrouten zu meiden. Daher Projekt von Weltbank abgelehnt.

**Baikal-Amur-Magistrale (BAM)** wurde 1974 begonnen, 3200 km lang, hinsichtlich Streckenlänge, Schwierigkeiten des Baues einzigartig (Diercke 1988, S. 150/151, 154). Im sowjetischen Transportsystem nimmt Bahn immer noch 1. Platz ein. Vom gesamten Welteisenbahngüterverkehr der Erde von (1985) über 7000 Mrd. Netto-tkm entfielen über 50% auf SU. 1986 fast 4 Mrd. t Güter per Bahn transportiert, wesentlicher Teil Massengüter, v.a. Steinkohle (19%), Erdöl und Erdölprodukte (11%), Mangan- und Eisenerze (11%).

BAM beginnt in Taischet an der Transsib ab, führt über 700–1000 km hohe Plateaus zum Baikalgebirge, durch hohe Gebirge und entlang tief eingeschnittener Täler weiter bis Tynda, schließlich durch versumpfte Niederungen und hohe Gebirge bis zum Hafen von Sovjetskaya Gavan, führt parallel zur Transsib.

Mit dem Bau der BAM verfolgte man mehrere Ziele:

***Entlastung der Transsib***, die Leistungsgrenze erreicht hat. BAM soll 35 Mio. jato (–Jahrestonnen) transportieren, zum Großteil Erdöl aus dem Raum Tjumen zu den Raffinerien im Fernen Osten (Chabarowsk, Komsomolsk) und nach Japan. Daneben Hölzer und Holzprodukte. Dazu soll auch Containerverkehr zwischen Westeuropa und Japan gesteigert werden. „Sibirische Landbrücke“ verkürzt Weg Europa-Japan gegenüber Schiffahrt durch Suezkanal von 20000 km auf 13000 km. Containertransport organisiert durch sowjetische „Sojuztransit“ bzw. deren Tochter „Sibtransit“ dauert 25–30 Tage von Grenze im W bis Fernosthäfen.

***Erschließung rohstoffreicher Gebiete:*** Reiche Eisenerzlager bei Schelenogorsk und Aldan, große Kupferlager im Udokangebiet, ferner Zink, Bleierze, Molybdän usw. Abgebaut auch die riesigen Steinkohlevorkommen im Becken von Tschulman, wo unter nur 15 m mächtigen Deckschichten bis zu 30 m mächtige, fast horizontale Flöze. Ebenso große Kohlevorkommen im Burejabecken bei Urgal. An Flüssen entlang BAM werden Wasserkraftwerke errichtet, so an der Zeja, Vitim und Bureja.

***Industrielles Entwicklungsband*** entsteht entlang Bahn, bestehend aus mehreren “Territorialen Produktionskomplexen“ mit Schwerpunkten Bergbau, Eisen- und Stahlindustrie, Buntmetallindustrie und energieintensiven Branchen.

***Kultivierung von 1,1 Mio. ha Neuland*** im Trassenbereich, v. a. in feuchteren und wärmeren östlichen Teilen. Versorgung der Siedlungsinseln in Jakutien.

***Intensivere forstwirtschaftliche Nutzung*** durch BAM ermöglicht. Waldflächen im näheren Trassenbereich auf 20 Mio. ha., Holzvorrat auf 4 Mrd. cbm geschätzt.

***BAM als Leitlinie der Verkehrserschließung des Umlandes.*** Von Knotenpunkten ausgehend werden Transsib und BAM durch Straßen verbunden, die Zwischenraum aufschließen. Sog. Kleine BAM verbindet die Transsib bei Bamovskaja mit Ugolnaya, im Bau bis Jakutsk.

## 7.2 Der Straßenverkehr

Straßen erschließen einen Raum flächenhaft. Gegenüber anderen Verkehrssystemen geringe Baukosten, daher dichte Netzstruktur mit unterschiedlichen Hierarchieebenen (Autobahnen, Schnellstraßen, Regionalstraßen, Bundesstraßen, Ortsstraßen, Güterwege) möglich. In Erschließungsqualität somit wesentlicher Unterschied zur linear aufschließenden Bahn und der punktuellen Aufschließung durch Flug- oder Seehäfen.

### 7.2.1 Die Bedeutung des Fernstraßenbaues für die regionale Wirtschaftspolitik

Fernstraßenbau gehört zu wichtigsten Instrumenten der traditionellen Förderpolitik, die zugleich Infrastrukturpolitik ist. Punkt-achsiale Raummodelle der Raumplanung wiesen den „Entwicklungsachsen“ eine besondere Rolle bei Raumerschließung zu:

Einerseits durch **Bündelung der hochrangigen Verkehrsinfrastruktur** zwischen zwei Kernräumen. POTTIER (um 1970): Raumentwicklung geht in erster Linie von derartigen Entwicklungsachsen aus.

Andererseits durch Bau von Fernstraßen **aus Kernräumen in die Peripherie**, dadurch sollen Wachstumsimpulse aus Kernräumen in periphere Gebiete gelenkt werden. Fernstraßenbau hat dabei Schlüsselstellung für regionale Entwicklungspolitik. Schaffung der Standortvoraussetzungen durch die öffentliche Hand, Reaktionen privater Investoren auf Standortanreize.

Fernstraßenbau sollte drei Arten von Reaktionen auslösen:

- ***Verringerung der Transportkosten*** und damit Verlagerung von Betrieben aus den Ballungsräumen in die Peripherie,
- ***Verringerung der Pendelzeiten***, damit Möglichkeit des Pendelns aus den peripheren Gebieten in die Kernräume,
- ***Innerregionale Standortverbesserungen*** für Standorte entlang der Verkehrsbänder.

In der Realität zeigten sich aber vielfach andere Reaktionen:

a) Standortverhalten der Industrie erfuhr keine wesentliche Beeinflussung. Auslagerungstätigkeit von Industriebetrieben aus Kernraum verstärkte sich kaum. Ausnahmen sind Branchen, die auf regionale Kundenpotentiale angewiesen (Verbrauchermärkte, Straßentransportbetriebe, Großhandel).

Dagegen in Kernräumen starke Wirkung von Fernstraßen (Autobahnen, Schnellstraßen) auf Standortverhalten der Industrie. Hohe Zahl von Niederlassungen an Autobahnauffahrten. Als wichtigste Standortfaktoren: Vorteil des Transportkostenminimalpunktes, Ausdehnung von Kundeneinzugsbereichen und Arbeitsmärkten, Werbewirksamkeit. Fernstraßenbau verstärkte somit primär die Standortvorteile der Kernräume.

b) Pendeltätigkeit aus peripheren Gebieten in den Kern weitete sich aus. Damit stärkere sozioökonomische Umschichtungen in der Landwirtschaft: Übergang vom Vollerwerbs- zum Nebenerwerbsbetrieb, Betriebsauflassungen. Jüngere und besser ausgebildete Arbeitskräfte pendeln zunächst aus und wandern dann ab, fehlen somit für die Entwicklung des peripheren Raumes. Verkürzung der Fahrzeiten führt zu verändertem Einkaufsverhalten: Sog urbaner Verbrauchergroßmärkte verstärkt. Erhöhter Kaufkraftabfluß. Andererseits im Stadtumland Suburbanisierungsprozesse der Bevölkerung: Bau von Wohnsiedlungen und Zweitwohnungen im Einzugsbereich der Fernstraßen.

c) Lokale Standortverbesserungen entlang der Fernstraßen für Standorte der Peripherie. Meist aber nur innerregionale Umschichtungen von Betrieben.

d) Regionale Wirkung während des Baues im allgemeinen groß, bei Fernstraßen 30–90 % des Investitionsvolumens. Höhe aber abhängig von Leistungsfähigkeit der regionalen Wirtschaft.

Insgesamt zeigten sich nicht die erwarteten starken Impulse für periphere Gebiete, vielfach sogar eher destabiliserende Effekte. In vielen Industrieländern daher heute Zurückstellen weiterer Ausbaupläne. Ergänzung der Infrastrukturpolitik durch neue Form der Regionalpolitik: **Endogene Entwicklungspolitik**, d. h., eine aus der Region kommende, dieser vorwiegend zugute kommende und von der regionalen Bevölkerung akzeptierte Entwicklung.

### 7.2.2 Straßenbau als Mittel der Verkehrserschließung in Entwicklungsländern

Straßenbau hat für EL eine Reihe von Vorteilen: Flächenhafte Raumerschließung, geringe Kosten, Baumaterial fast überall lokal vorkommend, geringe Belastung der Handelsbilanz, relativ arbeitsintensiv. Viele EL bevorzugen daher Straßenbau im Zuge der Entwicklungspolitik.

Auch hier stellten sich nicht immer die erwarteten positiven Wirkungen ein.

**Veränderungen der Wirtschaftsstruktur und Außenverflechtungen**. Durch erleichterte Transporte Ansteigen des Basissektors der Wirtschaft: Importe steigen an, Umstellung auf landwirtschaftliche Exportprodukte, Veränderungen der Konsumgewohnheiten.

In *Mali* erfolgte Ausweitung des Baumwollanbaues und der Bestände an Vieh, beides Exportprodukte. Gleichzeitig stagnierte Erzeugung heimischer Nahrungsmittel (Hirse, Reis), da Konsumveränderung zu Weizen, der aber importiert werden muß.

**Zentrenstärkung**. Bessere Erreichbarkeit von Marktzentren, Entstehen neuer Zentraler Orte bzw. Veränderungen im zentralörtlichen Gefüge.

In *Nordkamerun* etwa waren Marktorte vor Straßenbau während der Regenzeit Mai – Oktober auf den unbefestigten Straßen kaum erreichbar, nach Bau Aufwertung. Rasches Wachstum von Zentren, wie Maroua und Garoua. Gefahr des Entstehens räumlicher Disparitäten.

**Zuwanderung und ökologische Probleme**. Straßenbau führte zu starker Zuwanderung der Bevölkerung, raschem Ausbau der straßennahen Siedlungen.

An *Transamazonica* erfolgt die Ansiedlung der „Nordestinos“, der armen Bevölkerung des trockenen Nordostens. Entlang der Straße Einzelhöfe und in Abständen “Agrovilas“ als Zentrale Orte. Wo tropische Bevölkerung weiterhin shifting cultivation betreibt, muß sie infolge Siedlungsverdichtung vielfach die Umtriebszeiten reduzieren. Damit fehlt Zeit für Gesundung des Nährstoffhaushaltes. *Folge:* Verarmung der Böden und Erosion (→ 2.1.1.2).

Anders an Straßen in Trockengebieten: Bevölkerungsverdichtung und Ausdehnung der Rinderhaltung führen zur Überweidung und zu Erscheinungen der Desertifikation („Wüstwerden“). Besonderes Problem durch Deckung des Brennholzbedarfs, da in kurzer Zeit alle Holzbestände im Umkreis der Straße vernichtet werden. So führte Straßenbau z. B. in Nordkamerun zur Vergrößerung der Bevölkerung von Maroua von 19000 Einw. (1950) auf 80000 (1982). Immer mehr Brennholz muß in Umgebung eingeschlagen werden: Pro Jahr rd. 450 qkm (Fläche von Wien!). Die Umtriebszeit ist für eine Regeration in Trocken- und Dornsavannen Nordkameruns zu kurz.

**Technische Probleme** treten v.a. bei der Straßenerhaltung auf: Nach wenigen Jahren infolge der exzessiven klimatischen Verhältnisse starke Verschleißerscheinungen an den Bitumendecken, teilweise auch weil Untergrundverhältnisse beim Bau zu wenig berücksichtigt wurden.

## 7.3 Der Seeverkehr

Weitaus größte Teil des Welthandels spielt sich über See ab. Ein weltumspannendes Seeverkehrssystem umfaßt Häfen und Schiffe als Systemelemente; Nachfrage ist die Energiezufuhr welche das System in Bewegung hält. Seeverkehrsbänder stellen Leitungen dar, in denen hochgebündelt maritimer Verkehr abläuft.

### 7.3.1 Charakteristika des Seeverkehrs

Wasser ist Idealfall einer fast homogenen Fläche, dennoch weist Seeverkehr wesentliche räumliche Unterschiede auf:

Transozeanische Verbindungen im wesentlichen nur zwei Verkehrsmittel, bei denen sich nach dem 2. Weltkrieg klare Funktionsteilung herausbildete: *Flugverkehr*, der v.a. Passagiere befördert und *Schiffsverkehr* für Gütertransport.

Auch bei Seeverkehr spiegelt sich Zweiteilung in Kernraum und Peripherie wider:

- ***maritime Kernräume*** bestehen aus den großen industriellen Kernen der Erde. Hier größte Standortkonzentrationen der Welthäfen (– Häfen mit mehr als 50 Mio. jato Umschlag), von hier laufen gebündelt die maritimen Verkehrsbänder höchster Intensität aus.
- ***maritime Peripherie*** hat zumeist Häfen mit geringem Umschlag, keine Konzentrationen, sondern dispers entlang der Küsten. Welthäfen sind reine Rohstoffexporthäfen, Frachtbänder haben geringes Frachtvolumen.

**Seeverkehrssystem** zeigt stark exponentielles Wachstum mit Verdopplung alle 10 Jahre: Um 1930 rd. 500 Mio. t, 1960 über 1 Mrd. t, 1970 über 2 Mrd. t, 1980 über 4 Mrd. t geladene Güter im Außenhandel. Erst danach Rückgang auf (1985) 3,4 Mrd. t, hervorgerufen durch Rückgang des Transports zahlreicher Massengewichtsrohstoffe (Erdöl, Kohle, Eisenerz). Die jüngsten Zuwachse entfallen durchwegs auf Trockengut.

**Tab. 11: Die Entwicklung der Schiffsgrößen nach Schiffstypen**

| Größenklassen in 1000 dwt | Tanker | | Kombinationsfrachter | | Trockenfrachter | |
|---|---|---|---|---|---|---|
| | | | 1984 in 1000 dwt | | | |
| 10–40 | 29743 | 10,6% | 1456 | 3,5% | 112190 | 63,0% |
| 40–150 | 84723 | 30,2% | 8366 | 19,8% | 35199 | 19,8% |
| 150– | 165813 | 59,2% | 32378 | 76,7% | 30698 | 17,2% |
| Welt | 280279 | 100,0% | 42200 | 100,0% | 178087 | 100,0% |
| | | | 1990 in 1000 dwt | | | |
| 10–40 | 28581 | 11,9% | 1712 | 5,3% | 113334 | 55,9% |
| 40–150 | 85346 | 35,6% | 6124 | 18,9% | 41407 | 20,4% |
| 150– | 125494 | 52,4% | 24498 | 75,8% | 47958 | 23,7% |
| Welt | 239421 | 100,0% | 32334 | 100,0% | 202699 | 100,0% |

*Quelle:* Maritime Transport 1989, S. 73

**Entwicklung des Seeverkehrs** verbunden mit gewaltigen Größenexpansion der Systemelemente, v.a. der Schiffe. 1890 bis 1988 blieb Zahl der auf Weltmeeren verkehrenden Schiffe annähernd gleich (rd. 34000 mit je über 100t). Volumen aber stieg von 20 Mio. BRT auf 370 Mio. (1988) bzw. 600 Mio. dwt. Die größten Schiffe der Erde sind Tanker: Nach dem 2. Weltkrieg hatte Standardtanker der USA („Liberty“) 17500 dwt. Heute ULCC mit über 320000 dwt. Allerdings ist derzeit das Größenwachstum im Tankerbau gestoppt. Tanker mit mehr als 300000 dwt werden heute nicht mehr gebaut, das Bauprogramm verlagerte sich vorwiegend auf Tanker mit weniger als 160000 dwt. Tab. 11 zeigt die Verteilung der Tankerflotte auf die drei Größenklassen, wobei fast die Hälfte der Kapazität auf die größte Klasse mit mehr als 150000 dwt entfällt. Ganz anders aber sieht die Relation bei den Orders aus, bei denen die Größenklasse zwischen 40000 und 150000 dwt am meisten vertreten ist.

Dagegen ist der Trend zu immer größeren Schiffseinheiten von mehr als 200000 dwt bei den Ore and Bulk carriers nach wie vor vorhanden.

***Begriffe des Seeverkehrs***

**BRT** = Bruttoregistertonne = Maß für den Bruttoraumgehalt eines Schiffes, gemessen einschließlich der nicht dem Transport von Waren dienenden Räume, wie Maschinen- und Mannschaftsräume. Eine BRT = 2,8 cbm.

**dwt** = deadweight ton = Tragfähigkeit eines Schiffes in Tonnen, entspricht dem maximal zulässigen Zuladungsgewicht (Ladung, Vorräte, Treibstoff, Wasser)

**VLCC** = Very Large Crude Oil Carrier = Tanker mit 160000–320000 dwt

**ULCC** = Ultra Large Crude Oil Carrier = Tanker mit mehr als 320000 dwt

*Daraus wichtige Folgewirkungen:* Immer größere Werften und Häfen, auch Standortverlagerungen des gesamten Systems: „Kampf um seeschifftiefes Wasser“ für Werften und Häfen entscheidend. ULCC haben Tiefgang von mehr als 20 m und benötigen daher Wassertiefe von mindestens 30 m. Daher Hinausrücken der Hafenanlagen in immer tieferes Wasser, Entstehen neuer „off-shore“ Häfen und Erdölterminals. Typisch etwa Hinauswandern des Rotterdamer Hafens. Auch Probleme bei Benutzung von Wasserstraßen: ULCC können Ärmelkanal oder Straße von Malakka nicht mehr befahren.

Sechs Produkte beherrschen den Welthandel mit Schiffen: ***Rohöl und Ölprodukte*** und ***Trockenfrachtwaren:*** *Eisenerz, Kohle, Getreide, Phosphate* und *Bauxit/Tonerde.* Auf die 5 Trockenfrachtgüter entfallen 56 % der tkm-Leistung. Im Mittel erfolgen die Schiffstransporte über eine Distanz von 6700 km.

Seit dem 2. Weltkrieg Trennung des Stückgutverkehrs vom Massengutverkehr und Diversifizierung bei Schiffstypen mit 2 Trends:

1) Bau von extrem spezialisierten Schiffen. **Massengutfrachter** (bulk-carriers) nur auf *eine* Massenfracht, z. B. als Erzfrachter nur auf Eisenerz spezialisiert.

***LASH-Schiffe*** sind sinnvoll, wo Umladung von Binnenschiffen auf Seeschiffe notwendig. Beim LASH-Verkehr („lighter aboard ship“) werden die Leichter, große kastenförmige Behälter von bis zu 300 t, die im Wasser schwimmen, zu Schubverbänden zusammengestellt und operieren so auf den Binnengewässern. Sobald sie das Meer erreichen, werden Leichter mitsamt ihrer Last an Bord des Mutterschiffes gehievt und so über den Ozean transportiert.

***RO/RO-Schiffe*** („roll on – roll off“) transportieren nur Lkw-Züge mit ihren Ladungen im Schiffsrumpf.

Einen gewaltigen Aufschwung erlebte die ***Containerschiffahrt:*** Völlige Veränderung der Hafenanlagen, da Container große Stellflächen benötigen, dafür aber ohne Lagerschuppen im Freien abgestellt werden können. Zudem führten sie zur Herausbildung ganz neuer Handelswege („Landbrücken“) z. B. „Nordamerikanische Landbrücke“ per Bahn quer durch USA von New York – San Francisco oder “Sibirische Landbrücke“ benutzt Transsib von Leningrad nach Wladiwostok.

***Tanker*** sind der weitaus wichtigste Schiffstyp. 1989 entfielen rd. 130 Mio. t Kapazität oder 32 % der gesamten Weltflotten (einschließlich Fischereifahrzeuge) auf sie.

***LNG*** (liquefied natural gas) ***und LPG Frachter*** (liquefied pertroleum gas) transportieren Flüssiggas. Die Kapazität dieser Schiffe macht rd. 10 Mio. Bruttotonnen aus.

2) **Einzweckfrachter** haben einen großen Nachteil; Problem der Rückfracht, müssen meist mit Wasser als Ballast fahren. Daher gleichzeitig Entwicklung von **Mehrzweckfrachtern** („combined carriers“). OBO-carrier (Ore/bulk/oil) kann wahlweise Erz, trockenes Schüttgut (z. B. Getreide) oder Öl transportieren.

Allerdings haben diese Mehrzweckfrachter in den letzten Jahren zunehmend an Bedeutung verloren. Sie machen nur noch einen kleinen Anteil an der gesamten Welthandelsflotte aus. Der Grund liegt in den ungünstigen Baukosten zwischen einem konventionellen Tanker und einem Kombinationsschiff derselben Größe. Neuere Gesetzgebung, wie sie etwa in den USA nach dem Tankerunfall der Exxon Valdez in Alaska den Bau von doppelten Böden und Schiffsrümpfen notwendig macht, hat aber dieses Kostenverhältnis verringert. Kombinationsfrachter werden allerdings derzeit relativ wenig für Öltransporte verwendet.

141 Länder von insgesamt 170 Staaten der Erde haben eine eigene **Handelsflotte**. Selbst Binnenstaaten, wie Österreich und die Schweiz besitzen eigene Flotten. Unter österreichischer Flagge laufen 21 Schiffe mit 90000 BRT, die schweizerische Handelsflotte hat 340000 BRT. Beide Länder müssen aber wesentlichen Teil ihres Außenhandels von fremden Flaggen besorgen lassen. Andere Länder, die mehr Schiffsraum haben als sie zur Versorgung des eigenen Landes benötigen, z. B. Norwegen, Schweden, Italien, Griechenland, betreiben sog. „***cross trade***", d. h., Trampschiffahrt zwischen fremden Häfen. Die Handelsflotten der großen Industrieländer, USA, Großbritannien, BRD, Frankreich, Japan usw., haben dagegen fast ausschließlich Linien- oder Trampschiffahrt für das eigene Land.

50–60 % der **Schiffahrtstonnage** sind auf Linienschiffahrt unterwegs, d. h., mit langfristigen Transportverträgen (um 1850 erst 20 %); v. a. Massengüter werden so verschifft (Erz, Öl, Holz, Getreide). 40–50 % betreibt Trampschiffahrt, d. h., Kapitän sucht sich je nach Wirtschaftslage, Jahreszeit und Höhe der Frachtrate selbst seine Ladung.

Die größte Handelsflotte der Erde hat Liberia (100 Mio. dwt., 1986). Wie bei Panama (65 Mio.), Zypern (14) und Singapur (10) handelt es sich dabei überwiegend um sog. „***Fluchttonnage***". Diese Länder werden als „**Billigflaggenländer**" bezeichnet. Aus wirtschaftlichen Gründen, hauptsächlich wegen geringerer Steuern, niedrigem Lohnniveau und milder Vorschriften, „flaggen" v. a. amerikanische und griechische Reeder aus. Insgesamt stehen 30 % der Weltschiffahrtskapazität unter Flagge dieser *Offenregisterländer*. 1981 empfahl UNCTAD die Abschaffung der Billigflaggen, die 1986 ausgearbeitete internationale Konferenz über Schiffsregistrierung und Flaggenrecht begnügte sich allerdings mit Regelung der Verhältnisse: Flaggenstaat hat u. a. nun Verpflichtung, seine Schiffe in technischer, versicherungsmäßiger und sozialpolitischer Hinsicht zu überwachen.

## 7.3.2 Raumstruktur des Seeverkehrs

Seeverkehr konzentriert sich auf extrem hierarchische Netzstrukturen: den nord- und südatlantischen Seeverkehrsraum, die Mittelmeer-Asien-Route, den pazifischen Seeverkehrsraum.

**Der nordatlantische Seeverkehrsraum** entwickelte sich zwischen den industriellen Ballungsräumen Nordamerikas und NW-Europas im Nordatlantik als das weitaus bedeutendste Seeverkehrsband der Welt. Früher auch bedeutendste Passagierroute, nach 2. Weltkrieg aber durch Flugzeug verdrängt. Überragende Stellung im Massengutverkehr geblieben. Quantitativ hat ostgerichteter Verkehr ein viel größeres Volumen als westgerichteter, da Nordamerika neben industriellen Gütern auch Massengüter, wie landwirtschaftliche Produkte, Holz und Kohle liefert, Europa dagegen vorwiegend Industriewaren mit höherem spezifischem Wert.

Im 19. Jh. hatten New York und London Monopol des Handelsverkehrs, seither zahlreiche neue Häfen:

in *Kanada* wurden Montreal und Quebec als umschlagstärkste Häfen durch Sept Iles (23 Mio. t 1986) und Port Cartier, die Eisenerze von Labrador exportieren, abgelöst.

Größter Hafen der *US-Atlantikküste* ist New York, daneben Philadelphia, Baltimore und Norfolk.

*Auf europäischer Seite des Atlantiks* liegt die neben Japan außergewöhnlichste Hafenkonzentration der Welt: Beherrscht von Rotterdam, nach wie vor umschlagstärkster Hafen der Welt (249), dem belgischen Haupthafen Antwerpen (90) und dem größten Hafen der BRD, Hamburg (54). Dazu aber auch London (48) und Le Havre (47).

Die beiden transatlantischen Wirtschaftsräume auch dadurch gekennzeichnet, daß im S jeweils Mittelmeere anschließen, die ihrerseits bedeutenden Seehandel entwickelten. Auf amerikanischer Seite entwickelte sich New Orleans (143) zum größten Hafen, der von der Industrialisierung des sun belt und der Bedeutung des Mississippi-Schiffahrtssystems profitiert. Daneben haben sich Houston und Tampa (45) zu Welthäfen entwickelt, ergänzt durch System mittelgroßer Häfen, wie Baton Rouge, Beaumont und Corpus Christi. Von diesen Golfhäfen rd. 20 % des US-Exportes, u. a. Reis und Baumwolle, exportiert.

**Der südatlantische Schiffahrtsraum** ist gekennzeichnet durch die Kern-Rand-Verflechtungen NW-Europas und der USA mit Südamerika und Afrika. Austausch von Fleisch, tropischen Agrarprodukten, Erzen und Erdöl gegen Industriegüter. Dementsprechend überwiegen auf lateinamerikanischer Seite die großen Rohstoffexporthäfen, wie Aruba und Curacao, in denen Rohöl der Maracaibo Felder in großen Raffinerien verarbeitet wird, Amuay als Hauptölexporthafen, Macapa als Hauptexporthafen für die Erze des Amazonasbeckens, darunter die Manganerze der Serra do Navio und Tubarao (62 Mio. t) in Brasilien, Hauptexporthafen für die reichen Eisenerzlager von Itabira. Alle diese hochspezialisierten Rohstoffexporthäfen haben hinsichtlich des Umschlagvolumens die Hauptstädte weit überflügelt. Rio de Janeiro (24), Santos (29) oder Buenos Aires besitzen wesentlich geringeren Umschlag.

**Die Mittelmeer-Asienroute durch den Suezkanal** ist das zweitwichtigste Seeverkehrsband der Erde, längste Handelsroute und größte Tradition.

Im Mittelalter beherrscht von Venezianern und Arabern, später durch England. Zum Unterschied vom atlantischen Seeverkehrsraum zahlreiche Engstellen, die Verkehr kanalisieren und Überwachung ermöglichen: Enge von Gibraltar, Suezkanal, Straße von Bab-el-Mandeb und Malakkastraße. Großbritannien beherrschte einst Straße durch Kette militärischer Stützpunkte (Gibraltar, Malta, Zypern, Aden, Singapur).

Zum beherrschenden Hafen des Mittelmeers entwickelte sich die Hafengruppe *Marseille-Fos-sur-Mer*, von Frankreich zum „Europort du Sud“ ausgebaut (→ 6.8.3). Größere Bedeutung noch *Genua* (46), *Venedig-Porto Maghera* (26) und *Triest* (23), ferner *Alexandria*, Haupthafen Ägyptens.

Am östlichen Endpunkt der Route liegt der wichtigste Hafen Südostasiens, *Singapur* (121), gefolgt von Hongkong (62). Austausch von Industriewaren, Zement und Dünger aus Europa gegen Massengüter, wie *Erdöl und Erdölprodukte aus dem Persischen Golf*, Jute aus Bangladesh, Gummi und Zinn aus Singapur und Malaysia, Weizen, Rohwolle und Milchprodukte aus Australien und Neuseeland.

Dieser Wasserweg hat eine große Ausweichroute („***Kap-Route***“): Seeweg um das Kap der Guten Hoffnung. Bedeutung seit Eröffnung des Suezkanals (1869) stark zurückgegangen, da Seeweg Indien-Großbritannien dadurch um mehr als 40 % verkürzt. Engstellen der Seefahrtswege aber besonders verwundbar: Unterbrechung des Suezkanals durch kriegerische Auseinandersetzung im Nahen Osten führte zu gewaltigem Bauprogramm von Supertankern (VLCC und ULCC), das v.a. Japan an sich riß. Obwohl 1975 Suezkanal wiedereröffnet und seit 1980 auf 15 m vertieft und für Tanker bis 150000 dwt befahrbar, fließt doch größte Teil des Erdöls in Supertankern um S-Afrika. Ausgangspunkt ist Persische Golf, einer der Hauptbrennpunkte globalstrategischer Auseinandersetzungen. Hier liegt vor der Ostküste Saudi-Arabiens der rein umschlagmäßig größte Hafen der Welt: *Ras Tanura* (400 Mio. t). Den zweiten Endpunkt der Kap-Route bildet *Rotterdam* als Hauptölimporthafen für ganz Europa. Im übrigen wird die „Kap-Route“ nur noch von Fracht- und Kühlschiffen zwischen Europa und Australien benutzt, weil sie Energiekosten für die Kühlung und Kanalgebühren sparen können.

Mit Transittonnage von 270 Mio. t ist ***Suezkanal*** noch immer der bedeutendste Schiffahrtskanal der Erde. Allerdings 1984 noch fast 400 Mio. t, seither drastischer Rückgang der Erdöllieferungen aus den arabischen Ländern.

**Tab. 12: Wichtige Kanäle**

| Kanal | Transittonnage in Mio. t 1988 | 1989 |
|---|---|---|
| Suez-Kanal | 250 | 266 |
| Panama-Kanal | 158 | 149 |
| Nord-Ostsee-Kanal (Kiel-Kanal) | 53 | 62 |
| Welland Kanal (St. Lorenz) | 43 | 48 |

Qu.: FWA, 1990, S. 918. FWA, 1992, S. 952

**Der Pazifische Ozean** entwickelte erst spät wirklich bedeutenden Güterverkehr. Erst die Entwicklung Japans zum neuen Weltkern, der Aufschwung der pazifischen Küstengebiete Nordamerikas und Ostasiens bildeten Ausgangspunkte für Netz intensiver Verflechtungen. Schwellenländer haben bereits außerordentlich bedeutende Häfen: Singapur (121), Hongkong (62) und Kaohsiung (Taiwan, 61).

Struktur dieses Seeverkehrsraumes geprägt durch den gewaltigen Rohstoffbedarf der japanischen Industrie. Rohstoffwege aus Pazifischen Raum und Persischem Golf laufen in den japanischen Häfen zusammen (Diercke 1988, S. 231), die eine in der Welt einmalige Konzentration des Seeverkehrs darstellen: Kobe, Yokohama, Kawasaki, ferner Chiba und Nagoya haben Jahresumschlag von je 80–150 Mio. t.

Dagegen Haupthäfen der pazifischen Küste Nordamerikas wesentlich geringere Bedeutung: Nur Vancouver, Los Angeles und Long Beach haben um die 50 Mio. t. Großteil der transpazifischen Handelswege verläuft durch Engpaß der ***Panamakanalroute***. Erst 1914 eröffnet, von Beginn an durch USA beherrscht. Dient vornehmlich der Verflechtung zwischen West- und Ostküste Nordamerikas. Dagegen Bedeutung für Europa geringer, da Australien und Ferner Osten via Suezkanal günstiger zu erreichen. Daher Gütervolumen mit 150 Mio. t (1989, 1981 noch 180 Mio.) deutlich geringer als jene des Suezkanals. Diese Kanäle stellen eine wichtige Begrenzung für Schiffsgrößen dar. Jener Größentyp von Schiffen (65000 dwt und 13 m Tiefgang), welcher die Panamaschleusen passieren kann, wird als „Panamax“ Typ bezeichnet. Zumeist transportieren Schiffe dieser Größe Getreide, seltener Erze oder Kohle. Anders als der Suezkanal, der eben verläuft, kann der Panamakanal kaum erweitert und vertieft werden.

## 7.4 Die Binnenschiffahrt

In den Industrieländern wurden die großen Wasserstraßen zu wichtigen Leitlinien der wirtschaftlichen Entwicklung (→ 6.5.2.1 und 6.8.3). Die Binnenschiffahrt, v. a. auf Rhein, Rhone, Donau, Dnepr, Dnestr, Wolga und auf den nordamerikanischen Binnenwasserstraßen hat eine große Bedeutung für den Schwergütertransport erlangt. V. a. Massengewichtsrohstoffe, wie Kohle, Eisenerz, Chemikalien, Schotter und Baustoffe, Weizen usw. werden bevorzugt auf Binnenschiffen transportiert.

*Nordamerika* hat ein ausgedehntes Wasserstraßennetz: Die Binnenschiffahrtsgebiete des Mississippi und der Großen Seen umgeben zangenförmig den gesamten Ostraum. Auf diese beiden Verkehrswege entfallen 80 % der nordamerikanischen Binnenschiffstransporte.

Das **Mississippi-System** entwickelte sich im 19. Jh. zum bedeutendsten Verkehrsweg der USA als es zusammen mit dem Ohio die Transporte von Kohle und Stahl aus den Appalachen besorgte. Heute sind New Orleans und Baton Rouge die beiden Hauptterminale des Systems. Dieses ist durch ein Netz von Kanälen mit 3 m Tiefe, die weit den Mississippi und seine Nebenflüsse hinaufführen, befahrbar gemacht.

Das *System des St. Lorenz und der Großen Seen* besaß außerordentliche Bedeutung für die frühe Erschließung NA und die Herausbildung des Manufacturing Belts (Diercke 1988, S. 194/195).

Für die moderne Großschiffahrt war es notwendig, die Zugänglichkeit durch Anlage von Kanälen zu verbessern: Der *Kanal von Sault St. Marie*, die Verbindung zwischen Oberem See und Huron See, ist heute der frequentierteste Kanal NA, seine Schleusen können 300 m lange Schiffe mit bis zu 50000 t Tragfähigkeit abfertigen. Der um 1930 fertiggestellte *Welland-Kanal* stellt die Verbindung zwischen Ontariosee und Eriesee her und umgeht damit die Niagarafälle.

Eine Tat kontinentaler Bedeutung war die Eröffnung des ***St. Lorenz-Seeweges*** 1959. Dieser diente der Umgehung der zahlreichen Stromschnellen am St. Lorenz oberhalb von Montreal, die eine Großschiffahrt unmöglich machen. Durch diesen Kanal können Ozeanschiffe bis zu 9 m Tiefgang in das System der Großen Seen einfahren. Allerdings ist der St. Lorenz Seeweg nur 7–8 Monate im Jahr offen. Die Stahlwerke, etwa jene von Hamilton, sind daher zu umfangreichen und kostspieligen Rohstofflagern gezwungen.

Beide Systeme sind über den Illinois Waterway, der den Illinois River und einen Kanal über die Wasserscheide zum Michigan See umfaßt, miteinander verbunden.

Neben Nordamerika hat **Europa** das größte Netz an Binnenwasserstraßen. Frankreichs große Flüsse (Loire, Garonne, Seine, Rhone usw.) werden durch ein weites System von Kanälen verbunden, wie den Canal du Midi, Canal du Centre, Marne Canal usw. Viele dieser Kanäle aber zu schmal und nur für kleinere Schiffe nutzbar, vielfach auch mit Hausbooten für den Fremdenverkehr.

***Rhein*** ist wichtigster Binnenwasserweg in Europa (1988: 37 Mrd. tkm), bis Basel schiffbar (Diercke 1988, S. 72), mit bedeutenden Binnenhäfen, wie den Duisburger Häfen (54 Mio. t Umschlag, 1988), Köln (10 Mio. t) und Karlsruhe (10 Mio. t), mehrere Nebenflüsse, wie Mosel (3 Mrd. tkm) und Main (2,1 Mrd. tkm) kanalisiert. Bau des ***Rhein-Main-Donau-Kanals***, verbindet Main bei Aschaffenburg mit Donau bei Passau, fast 700 km lang, davon rd. 620 km befahrbar, Fertigstellung 1992.

Im norddeutschen Tiefland zahlreiche W-E Kanäle. Der 1938 fertiggestellte *Mittellandkanal* verbindet Ems, Weser und Elbe (2,5 Mrd. tkm). Der fast 100 km lange Kiel-Kanal (Nord-Ostsee-Kanal) verbindet das Mündungsgebiet der Elbe und die Ostsee. In N-S Richtung führend verbindet der Dortmund - Ems Kanal die Häfen von Bremen und Emden mit dem Ruhrgebiet, u. a. Eisenerztransporte aus Schweden.

Dichtes Wasserstraßennetz in den *Niederlanden* und *Belgien*. Amsterdam wird durch den Nordseekanal mit dem Hafen von Ijmuiden verbunden. Der Albert-Kanal verknüpft Antwerpen mit der Industrieregion an Sambre und Maas und begünstigte die Industrialisierung des Kempenlandes.

Die *SU* hat ein riesiges Binnenwasserstraßennetz von rd. 140000 km, zumeist im europäischen Teil. Dazu große Kanalsysteme, wie der *Moskau-Wolga-Kanal* oder der *Wolga – Don Kanal*.

# 7.5 Der Flugverkehr

## 7.5.1 Charakteristika des Flugverkehrs

Raumstruktur durch zwei Funktionselemente bestimmt:

a) *Knoten* in Form von ***Flughäfen***. Flugzeug hat als überwiegendes Langstrecken-Verkehrsmittel relativ wenig Flughäfen, die zudem infolge starker Bündelung der Verkehrswege klare hierarchische Strukturen besitzen. Sie sind für eine Betrachtung der Raumstruktur des Flugverkehrs besonders geeignet, da in Form von Passagieraufkommen jederzeit leicht verfügbare Zahlen vorliegen. Dabei interessiert nicht der Einzelflughafen einer Stadt, sondern der Knoten insgesamt, das Flugzentrum. Paris hat 3 Flughäfen: Le Bourget, Orly und Charles-de-Gaulle. In Summe bilden sie mit ihrem Passagieraufkommen das Flugzentrum Paris.

b) *Kanten* in Form von ***Luftstraßen***. Luftraum aufgeteilt in Bewegungslinien in Form von Luftstraßen, Warteschleifen, Anflug- und Kontrollzonen, die jeweils entsprechende Installationen auf der Erde haben (Kontrollzentren für Luftstraßen, Kontrolltürme der Flughäfen). Statistische Erfassung der Flugstrecken wesentlich schlechter.

## 7.5.2 Das Raummuster des globalen Flugverkehrs

Starke Abhängigkeit des Flugverkehrs von den bedeutenden Wirtschaftszentren. Daher Einteilung möglich in:

**Flugverkehr der Kernräume**: Stark entwickelter Flugverkehr, hohe Frequenzen, hohe Flugnetzdichte, bedeutender *Wirtschaftsflugverkehr*. Enorme Entwicklung des *Flugtourismus*, dem einzelne Fremdenverkehrsorte und Flughäfen ihre Bedeutung verdanken: Palma de Mallorca, Las Vegas. In den Kernräumen größte Fluggesellschaften der Erde, Weltflugzentren und Großflughäfen.

**Flugverkehr der globalen Peripherie**: Umfaßt die EL und gering besiedelte, schlecht erschlossene Teile der IL im Grenzraum zur Anökumene: Weitmaschige Netze, geringe Frequenzen und international wenig bedeutende Flughäfen. Ausnahmen die Hauptflughäfen wirtschaftlich erstarkter Schwellenländer: Taipeh, Hongkong, Singapur, Mexico City oder europäisch besiedelter Industriestaaten: Sydney, Johannesburg. Flugverkehr hat aber als Verkehrsmittel im Binnenverkehr für die Bevölkerung große Bedeutung, daher höchste Dichte von Piloten und kleinen Flugplätzen.

**Flugverkehrsraum Europa** hat einen hohen Anteil des internationalen Flugverkehrs am gesamten Verkehrsaufkommen, ist Folge der politischen Aufsplitterung Europas. Binnenverkehr wegen geringer Distanzen meist durch Bahn und Straße bedient. Wirtschaftszentren liegen in Europa im Mittel nur 500–700 km entfernt, also an unterer Grenze des Zeitvorsprungs von Flugzeugen, in USA dagegen durchschnittlich 1200 km. Daher hat Europa auch wesentlich geringeres Luftverkehrsaufkommen.

Starke Entwicklung des *Fernflugtourismus*. Großraumjets, überwiegend Charterflugverkehr, hohe Sitzplatzauslastung (über 90 %), während im *Linienflug* Sitzladefaktor nur etwa 50–60 %.

Die ***Weltflugzentren Europas*** liegen exzentrisch im W: *London* und *Paris* wichtigste Ausgangsflughäfen für den Transatlantikflug. Jedes dieser beiden Zentren hat 3 Flughäfen mit einer Passagierleistung von (1989) 65 Mio. (London: Heathrow, Gatwick, Luton) und 44 Mio. (Paris: Orly, Le Bourget und Charles-de-Gaulle) und an die 900000 jato Fracht. Größenmäßig kann nur noch Frankfurt am Main, die 3. Drehscheibe des europäischen Flugverkehrs mithalten (26 Mio. Pass.), das zugleich besondere Bedeutung als Frachtterminal (1,1 Mio. t) besitzt.

Um diese 3 Flugzentren gruppieren sich mit deutlichem Abstand die übrigen Flughäfen (jeweils 10–20 Mio. Pass.). Sie sind in den meisten Fällen Drehscheiben für internationale Verbindungen:
- die Hauptstädte der 3 Mittelmeerstaaten Madrid (Barajas: 14 Mio.), Rom (Leonardo da Vinci: 16) und Athen (Hellenikon: 11)
- im N sind Amsterdam (Shiphol: 15), Stockholm (11) und Kopenhagen (Kastrup: 12) die wichtigsten Knoten. Kopenhagen ist Drehscheibe des Flugverkehrs nach Skandinavien und für den transpolaren Flugverkehr nach Japan, der 1954 von der skandinavischen Fluggesellschaft SAS aufgenommen wurde. Durch die Erlaubnis, Sibirien überfliegen zu dürfen, erfolgte allerdings später Entwertung der Polroute, da Direktverbindung BRD-Tokio mit rd. 6000 km weitaus kürzer als Polroute (8000 km).
- im S Palma de Mallorca als reiner Fremdenverkehrsflughafen (12).

**Nordatlantikroute** ist das Hauptflugband der Erde, Verbindung der beiden größten Kernräume der Erde. Seit 1953 übertreffen die *Flugpassagiere* den Transatlantik-Schiffverkehr. Besonders zu Beginn der 70er Jahre enorme Steigerungsraten: 1968 erst rd. 5 Mio. Passagiere, 1973 bereits 12 Mio., 1984 bereits mehr als 22 Mio.

Besondere Probleme auch im *Luftfrachtverkehr* wegen Ungleichgewichtigkeit der Handelsströme: Hohen Transportmengen und guter Raumauslastungen im sog. „westbound"-Verkehr (Richtung USA) steht eine schlechte Auslastung in Richtung Europa gegenüber. Der größte Nur-Fracht-carrier der Welt, Flying Tigers, mußte deswegen 1983 seine Transatlantikflüge um die Hälfte reduzieren und fliegt nur noch die Drehkreuze Paris und London an, von denen aus ganz Europa im Oberflächenverkehr bedient wird.

**Luftverkehrsraum Nordamerika**: Im Gegensatz zu Europa überwiegt der Binnenflugverkehr (rd. 80 % der Luft-pkm). In keinem anderen Land erreichte daher Luftverkehr so große Bedeutung wie in USA, 1987 im Linienflugverkehr 440 Mio. Passagiere befördert (170 Mio. in Europa). Über 70 % des innerstaatlichen Passagierverkehrs der Erde und über 70 % der innerstaatlichen Welt-tkm werden allein in den USA erzielt. Größte Weltflugzentren, größte Fluggesellschaften (Ausnahme: sowjetische Aeroflot) und dichteste Luftverkehrsbänder.

Zahlreiche bedeutende Fremdenverkehrsorte wesentlich vom Flugverkehr abhängig, v. a. Las Vegas (17 Mio.), Miami (23) als Zentrum des Ostküstentourismus von Florida, und Tampa (10) an der Sonnenküste im Westen oder Orlando (17), dessen Disneyworld nur zusammen mit dem Flugverkehr denkbar ist.

Schwergewicht des Flugverkehrs konzentriert sich auf 3 Teilräume:

***Ostküste*** mit dem größten Weltflugzentrum der Erde, New York (74 Mio. Pass. und 1,7 Mio. t Luftfracht, mit drei Flughäfen: Kennedy Airport, La Guardia und Newark). Dazu noch die Zentren der „Atlantischen Megalopolis" Boston (22), Washington (15) und Philadelphia (13). Hauptfunktion dieser Flughäfen ist Leistung im Wirtschaftsverkehr und als Ankunfts- und Absprunghafen im Transatlantikflug (vor allem New York).

Reihe weiterer Flugzentren liegen im ***Landesinneren***. Hauptfunktion ist Vermittlung des Binnenflugverkehrs ("hubs"). Im NE Chicago o'Hare, mit 59 Mio. Pass. größer Einzelflughafen der Welt, Hauptflugzentrum des Manufacturing Belts, ergänzt durch Detroit (21) und Pittsburgh (17). Im SE Gegenstück in dem kometenhaft zur Drehscheibe des Südens aufgestiegenen Atlanta (43), westlich des Mississippi ergänzt durch Dallas/Fort Worth (48), Denver (28) und St. Louis (20). Durchwegs reine Binnenflughäfen und hoher Anteil von Umsteigern bei relativ geringem Eigenaufkommen, gehören zu Haupt-Hubs der USA.

Dritte Reihe von Weltflugzentren liegt an ***pazifischen Küste*** mit Los Angeles (46) und San Francisco (30). Los Angeles ist wichtigste Absprungbasis für den Flug über den Pazifischen Ozean nach Ostasien und v. a. Japan.

US-Fluglinien haben, begünstigt durch die Größe des Binnenmarktes, ein eigenes räumliches Organisationssystem entwickelt, das bei weitgehender Funktionsspezialisierung einen kostenoptimalen Betrieb ermöglicht: Nabe-Speichensystem (hub and spoke). Dabei dienen einige wenige zentral gelegene Großflughäfen als Naben. zwischen ihnen werden die Hauptrouten von den großen Fluggesellschaften (Majors und Nationals) bedient. Die Zubringerdienste von kleineren Städten zu den Haupt-Hubs leisten sternförmig sog. Regionals oder Commuters.

**Osteuropa**: Neben USA gibt es kein Land, in dem Voraussetzungen für Flugverkehr so günstig wie in der SU: Große Bevölkerungszahl in Teilen des Landes, hochentwickelte Flugtechnik, riesiges Staatsgebiet von 9000 km in W-E und 5000 km in N-S Richtung. Zudem sind Bodenverkehrsmittel relativ wenig entwickelt und in weiten Teilen des Landes durch klimatische Bedingungen behindert. Daher entfällt in SU hoher Teil der Transportleistung auf Güter.

RGW-Luftverkehr beherrscht von sowjetischen *Aeroflot*, die allein 90 % der Flugleistung erbringt. Größte Fluggesellschaft der Erde mit 100 Mio. Pass. oder 17 % des Flugpassagieraufkommens der Erde. Den zahlreichen konkurrierenden Fluggesellschaften der USA steht eine einzige staatliche in der SU gegenüber.

Flugverkehr völlig anders organisiert als in den USA: Dichtes Netz (Dreieckstruktur!) verbindet auch wenig bedeutende Zentren direkt miteinander, insgesamt rd. 3500 Orte. Daher Strecken- und Terminalfrequenzen relativ niedrig. Hauptdrehscheibe des Landes ist Moskau, zugleich wichtigster Verbindungsknoten im internationalen Flugverkehr. Von hier aus 220 Städte in der SU direkt angeflogen. Das Wirtschaftszentrum Leningrad im N und der touristische Flughafen Simferopol auf der Krim sind die nächstwichtigsten Zentren.

Große Teile des Landes gehören aber zur globalen Luftfahrtperipherie: Hier spielt "Erschließungsluftverkehr" eine große Rolle, d. h., das Flugzeug als wichtigstes Verkehrsmittel in schlecht erschlossenen, dünn besiedelten Räumen. Neben Frachten wie Obst, Frühgemüse, Frischfleisch, Edelmetalle, Maschinen, befördern Flugzeuge vielfach Ausrüstungsgüter für abgelegene Baustellen.

**Japan** ist ein Inselstaat mit 2000 km in N-S Richtung, fast 4000 Inseln. Luftverkehr daher besonders wichtig, zumal Japan hohe Bevölkerungsdichte und Wirtschaftskraft. Ungewöhnliche Dichte von 80 Linienflughäfen, die v. a. im Inlandflugverkehr bedient werden. Hauptflugzentrum ist Tokio (53 Mio. Pass.) mit dem traditionellen, stadtnahe gelegenen Flughafen Haneda, der heute fast ausschließlich dem Inlandflugverkehr dient, und dem neuen internationalen Flughafen Narita. Internationale Größenordnungen erreicht noch Osaka (18).

**Flugverkehr der globalen Peripherie**: Bedient durch zahlreiche nationale Fluggesellschaften, doch beherrschen vielfach die großen „multinationalen Fluggesellschaften" aus Europa und NA den Markt. Dies gilt v. a. für den Flugtourismus. *Folge*: Häufig Fehlen von Querverbindungen zwischen einzelnen Ländern der Peripherie, so daß sie nur durch den Umweg über Europa oder NA, wohin die Hauptverbindungen gehen, erreicht werden können.

Europäer und Nordamerikaner stellen auch Großteil der Passagiere in den EL. Daher überwiegt Geschäftsreiseverkehr, kenntlich an der relativ gleichmäßigen jahreszeitlichen Verteilung. Nur auf wenigen Destinationen (Ostafrika, Bangkok, Colombo) tritt Touristenverkehr stärker hervor.

Der Flugverkehr hat vielfach reine „**Erschließungsfunktion**" als billigstes und problemlosestes Verkehrsmittel in schlecht erschlossenen Gebieten. In Alaska oder Australien gibt es etwa je Einwohner mehr Piloten, Flugzeuge und Flugplätze als irgendwo sonst auf der Welt. Zudem erhält Flugzeug zusätzliche Funktionen: In der Zwischenkriegszeit wurde im Gebiet des Knob Lake im Ungava District Labradors rd. 500 km nördlich des Hafens von Sept Iles Eisenerz gefunden. Bevor noch Bahn zwischen Knob Lake und Sept Iles gebaut wurde, wurden die schweren Baumaschinen, Traktoren, Gesteinsbohrer und Lkw per Flugzeug zur Abbaustelle transportiert. Als Landebahn genügte ein 1,5 km langer Sandstreifen im Knob Lake.

Besonders interessante Entwicklung in Bergbaugebieten peripherer Räume: Anstelle von „Company-Towns" immer häufiger ein *Flugpendeldienst* zur nächsten größeren Stadt eingerichtet. In vielen Fällen ist Bau einer derartigen Siedlung im Gebiet der Anökumene teurer als Bergwerk selbst (→ 4.5.2). In Kimberley, im NW Australiens, wurde eine Diamantenmine eröffnet. Anstatt eine Siedlung für die 400 Beschäftigten (einschließlich Frauen, Kinder, Hilfsdienste eine Stadt von 5000–10000 Einwohner) zu bauen, entschloß sich Gesellschaft, die Arbeiter täglich aus Perth einzufliegen. Ähnlich gehen Bergbaugesellschaften in Kanada vor. Auch hier ursprünglich Arbeitersiedlungen gegründet, heute vielfach Arbeiter zu den Gold- und Uranium-Minen eingeflogen. Gleiches gilt für viele Viehzüchter im abgelegenen N Australiens. Arbeiter wohnen in Städten des Ostens, arbeiten drei Wochen in den Viehzuchtgebieten im N und fliegen dann für eine Woche wieder zu ihren Familien zurück.

In Australien bewirkte die Möglichkeit des Flugtransportes erst das Entstehen von Schlachthäusern im Landesinneren. Im N Australiens große Weidegebiete. Ausweitung der Rinderhaltung stieß auf Barriere des Mangels an Transportsystemen. Vieh mußte nach 2. Weltkrieg in wochenlangen beschwerlichen Märschen zu den Schlachthäusern an der N-Küste getrieben werden, wo es mit Gewichtseinbußen (bis 50 kg/Rind) und Qualitätsverlusten eintraf. Mit Ausfällen von mehr als 1 % der Tiere oder 70000 Rindern pro Jahr mußte gerechnet werden. Für jede Herde von 1000 Tieren 4 Reiter notwendig. Zudem waren nur sechsjährige Rinder den Strapazen gewachsen, während Schlachtrinder nicht älter als drei Jahre sein sollten. Erst erfolgreiche Versuch der Errichtung von Schlachthäusern direkt im Produktionsgebiet und des Transportes von Fleisch an die Küste per Flugzeug führte zur Entwicklung der Viehwirtschaft.

Bei wichtigsten Flugzentren der Peripherie deutliche Korrelation mit wirtschaftlichem Entwicklungsstand:

a) In *Lateinamerika* stellt Mexico City (12) das Hauptzentrum dar, gefolgt von Caracas (6) und den beiden brasilianischen Flughäfen Sao Paulo und Rio de Janeiro (je 5).

b) In *Afrika* sind Kairo und Johannesburg (je 4) die beiden bedeutendsten Flugzentren, gefolgt von Nairobi, das als UN-Standort auch internationale Bedeutung besitzt.

c) In *Asien und Pazifik* besitzt Honolulu auf Hawaii (21) große Bedeutung als Drehscheibe des pazifischen Flugverkehrs und bedeutender Zielpunkt des amerikanischen Tourismus. Daneben haben die emporstrebenden *Schwellenländer* bereits große Flughäfen, so Hongkong, Taipeh und Singapur je etwa 10–20 Mio. Passagiere. In *Australien* sind Sydney und Melbourne die wichtigsten Flugzentren. Einzigartig auf der Erde: Flughafen Dschidda (8) dient fast ausschließlich dem Pilgerverkehr nach Mekka.

## 7.5.3 Der Luftfrachtverkehr

Seit dem 2. Weltkrieg kontinuierlich starker Aufschwung. Gewichtsmäßig am weltweiten Güterumschlag nur 1–3 %, wertmäßig dagegen bereits bei 35 %. Da Flugzeuge so viel wie möglich in der Luft sein müssen, ist eine effiziente Bodenorganisation notwendig: Optimal organisierte Frachtumschlaganlage muß für raschen Warenfluß sorgen.

Luftfrachtverkehr weist charakteristische Merkmale auf:

a) Stets **kombinierter Verkehr**, d. h., Verbindung mit Lkw oder Bahn. Eigene Organisationen notwendig, welche Einsammeln bzw. Raumverteilung der Güter besorgen. Vielfach durch die Flughafenbetriebsgesellschaften oder die Fluglinien selbst.

b) Großteil der Fracht im **gemischten Verkehr** befördert, d. h., im Frachtraum von Passagierflugzeugen. Nur-Frachtflugzeuge („cargo-Maschinen“) fast nur auf Hauptlinien und Langstrecken. Nordatlantikroute, auch bei Fracht die wichtigste internationale Strecke der Erde, wird von dem spezialisierten US-Unternehmen Flying Tigers und den Frachtflotten der Air France und Lufthansa beherrscht.

Ein Airbus kann zusätzlich zum Frachtgepäck der Passagiere 10t laden, eine DC-9 rund 4t. Nur-Frachter können dagegen Nutzlasten bis 110t befördern (speziell ausgerüstete B-747). Seit 2. Weltkrieg immer mehr Gesellschaften gegründet, die auf reine Luftfrachtbeförderung spezialisiert. Ihr Hauptproblem ist die Rentabilität, die v.a. von der Zweiwegeauslastung abhängt. 1981 weltweit mehr als 500 Fluggesellschaften, davon nur 80 auf reine Luftfrachtbeförderung ausgerichtet.

c) Für Verkehrswertigkeit von Flugzeugen ist **Schnelligkeit** entscheidend. Geschwindigkeitsvorsprung heute fast nur noch auf dem Boden beim Umladen erzielbar. Daher laufende Anpassung an neueste Technologien notwendig. Fracht auf Paletten, die mit Netzen vor Verrutschen gesichert sind, in Containern oder sog. "Igloos" befördert. Für Zwischenlagerung große Hallen, in denen die Frachten zu größeren Ladungseinheiten zusammengefaßt und nach einem für jeden Flug exakt ausgearbeiteten Ladeplan verstaut werden.

d) Entwicklung eigener **Frachtterminale**, wie in New York oder Frankfurt am Main. Hohe Investitionen, eigene Zollgebäude, Lager für Speditionen und Luftfrachtgesellschaften. Starke räumliche Konzentration des Luftfrachtverkehrs auf diese Zentren: In der BRD entfallen 74% des Luftfrachtumschlages allein auf Frankfurt am Main, in Österreich 95% auf Wien-Schwechat.

Konzentration des Luftfrachtverkehrs auf wenige Terminale ergänzt durch Entwicklung des ***Luftfracht-Sammelverkehrs***. Sendungen mehrerer Versender werden unter Zwischenschaltung eines Luftfracht-Sammelladers ("consolidator") zusammengefaßt und im *Split-Charter* versendet. Die langen Vor- und Nachtransporte erfolgen zumeist per Lkw. Vielfach als sog. „***Luftfrachtersatzverkehr***" von den Luftfrachtgesellschaften, z. B. Zulieferung eines Containers zum Flughafen Düsseldorf, von dort von Fluggesellschaft per Lkw nach Frankfurt am Main, erst ab dort mit Flugzeug.

e) Luftfracht auf wenige **Gütergruppen** konzentriert:

- Güter, die durch langen Transport an Handelswert verlieren, weil sie verderblich sind (Frischfisch, Austern, Früchte, Blumen). Beispiel der Flughafen Amsterdam. Wenige km entfernt liegt bedeutendstes Tulpenzuchtgebiet der Erde. In Aalsmeer größte Blumenauktion der Welt. Von dort Blumen per Lkw nach Schiphol und mit Flugzeug in die ganze Welt.
- Güter, die Empfänger rasch erreichen müssen, wie Zeitungen, Ersatzteile, modische Bekleidung.
- Hochwertige Waren bei denen Transportkosten geringe Rolle spielen: Elektronikartikel, Kleider, Maschinen, Fahrzeugersatzteile, feinmechanische und optische Geräte.

***Beim Frachtcharter unterscheidet man zwischen***

a) **Vollcharter**: Anmieten des gesamten Flugzeugs

b) **Splitcharter**: Mehrere Unternehmen benutzen gemeinsam den Laderaum eines Flugzeugs, meist über Speditionen abgewickelt.

## 7.5.4 Der Flughafen als raumbeeinflussender Faktor

Wie Verkehrsströme einen Raum gestalten und als prägender Wirtschaftsfaktor auftreten, soll am Beispiel der Flughäfen gezeigt werden. Dabei 3 Zonen:

*Flughafengelände* in unmittelbarer Flughafennähe, *Flughafenumland* in dem Flughafen umweltbelastend, durch Arbeitskräfteeinzugsbereiche, Flughafendienste und Standorte von flughafenorientierten Betriebsstätten wirkt, *Einzugsgebiet (Hinterland)*, Gebiet aus dem Flughafen seine Waren oder Personen empfängt bzw. versendet.

### 7.5.4.1 Das Flughafengelände

Großteil der Flächen eingenommen von *Startbahnen*. Bei modernen Großraumflugzeugen mindestens 4 km lang und 60–100 m breit, d. h., 240 ha je Startbahn. Rasche Entwicklung des Flugverkehrs bedingte sukzessiven Ausbau von Startbahnen.

Dazu große *Gebäudekomplexe*, v. a. Abfertigungsgebäude, riesige Flugzeugwerften zur Überholung der Flugzeuge, Lagerhäuser für Ersatzteile, Frachten, Flughafensicherungs- und Rettungsdienste. Außerhalb des Flughafens große *Flächen für Zubringerverkehr*; z. B. für

- *ruhenden* in Form von Parkplätzen und Parkhäusern, Bahnhof, Verkehrs- und Halteflächen für Bus- und Taxidienste,
- *fließenden* in Form von Autobahnabfahrten und Bahnverbindungen. In Stadt selbst bildet City Air Terminal, ein Gebäude von dem die Zubringerdienste zum Flughafen ausgehen, den sichtbaren Endpunkt der Verbindung.

Moderne Großflughäfen haben daher gewaltigen Raumbedarf, bei mehr als 10 Mio. Pass. p. a. über 1000 ha. Landerwerb für Bau oder Erweiterung eines Flughafens entscheidendes Problem. Nicht nur finanziell, sondern auch durch Widerstand von Seiten der vom Flughafen belasteten Personen. Bau eines Flughafens kann dadurch jahrelang verzögert werden: Startbahn West in Frankfurt, Flughafen München im Erdinger Moos, Bau des Flughafens Narita bei Tokio um 7 Jahre verzögert.

**Standort** eines Flughafens v. a. durch 3 *Standortfaktoren* beeinflußt:

***Nähe zum Stadtzentrum***. Großteil der Flugzeit ist heute bereits Bodenzeit, d. h. Zu- und Abfahrt zum Flughafen.

***Flächenverfügbarkeit***

Möglichst ***geringe Umweltbelastung***, insbesondere Lärm.

Nach Lage zur Stadt 2 Typen von Flughäfen:

***Ältere Flughäfen***, deren Standort meist auf Zwischenkriegszeit zurückgeht. Liegen stadtnah, d. h. unter 20 km vom Stadtzentrum, daher schnell erreichbar. Andererseits zahlreiche Beschränkungen bei Flächenausweitung, daher durchwegs weniger als 1000 ha, außerdem Nachtflugverbot.

***Neue Großflughäfen***, die v. a. nach 1970 erbaut. Weit außerhalb der Metropolen, in der Regel 60–70 km. Damit verringert sich Geschwindigkeitsvorsprung des Flugzeugs gegenüber Auto und Bahn wegen der längeren Bodenzeit. Bis zu Flugentfernungen von 800 km entfallen auf die Bodenzeit mehr als 50 % der Gesamtreisezeit!

### 7.5.4.2 Das Flughafenumland

Raum um den Flughafen, im unmittelbaren Einflußbereich des Flughafens, ist mit diesem durch intensive Interaktionen verbunden. Zum Umland gehören die *Einzugsbereiche* der täglich zum Flughafen pendelnden Arbeitskräfte, die *Standorte* der eng mit dem Flughafen verbundenen Betriebe und Dienste und die *Lärmimmissionsflächen*.

Flughäfen schaffen mehr Arbeitsplätze als die meisten Betriebsstätten der Industrie. als grober Faustwert: ein **direkt Beschäftigter je 1000 Passagiere**. Im Weltflugzentrum New York waren um 1984 bei 45 Mio. Passagieren 53000 Personen direkt beschäftigt, am Flughafen Haneda, Tokio, 1981 bei 21 Mio. Fluggästen rund 20000 Beschäftigte. Die deutschen Verkehrsflughäfen beschäftigten 1987 rund 84000 Personen (FWA 1989, 926), die Zahl der beförderten Personen betrug 43 Mio. (510 Passagiere je Beschäftigten). Dazu kommen noch die **sekundär oder indirekt Beschäftigten**, das sind Arbeitskräfte, die nicht am Flughafen arbeiten, aber durch ihn ihren Arbeitsplatz erhalten, wie Beschäftigte in Speditionen, Reiseveranstalter, Personalverpflegungsdienste, Erzeugung von Ausrüstungsgegenständen usw. Ihre Zahl ist sehr schwierig ermittelbar. Im allgemeinen aber Verhältnis direkt zu indirekt Beschäftigten wie 1 : 1–3. In New York etwa stehen den 53000 direkt Beschäftigten 140000 indirekt Beschäftigte gegenüber!

Auch für eine Reihe von Betrieben ist Standortnähe zu Flughäfen von entscheidender Bedeutung. Meist innerhalb der 15 min. Autoisochrone um den Flughafen angesiedelt. Dazu gehören

a) Betriebe mit starken ***internationalen Geschäftsreiseverflechtungen***, besonders Zentralverwaltungen und Forschungsabteilungen multinationaler Konzerne. Ihr Aktivitätsfeld ist weltweit ausgerichtet.

b) ***Güterverflechtungen***. Im Flughafenumland überwiegen „luftfrachtaffine Betriebe“, deren Produkte sich für Luftfracht besonders eignen, z. B. indem Transportkosten unter 5 % liegen: Elektronik, Maschinen- und Apparatebau, Feinmechanik. Besonders wichtig für Firmen, bei denen die Notwendigkeit plötzlicher Reparaturleistungen im Ausland gegeben ist.

c) Betriebe, die ***direkte Zulieferleistungen zum Flughafen*** aufweisen. Zulieferer zu den Werften, etwa Flugschreiber oder Hydraulik-Systeme. Wichtiger noch für Dienstleistungen, wie Flughafenhotels, Luftfrachtspediteure, Großmarktverteilerzentren, Fernverpflegungsbetriebe.

d) Betriebe, die in Flughafennähe angesiedelt wurden, weil sie selbst ***lärmerregend*** sind und damit in Flugschneisen die beste Nutzungsmöglichkeit darstellen.

In *Paris* wurden 1969 die berühmten Markthallen („Les Halles“) aus der Stadt ausgelagert und in Rungis in Nähe des Flughafens Orly angesiedelt. Der auf Obst, Gemüse, Blumen und Milcherzeugnisse spezialisierte Markt erhält Großteil der Ware per Bahn und Lkw aber gelegentlich auch mit dem Flugzeug (Frühgemüse und Blumen von der Cõ5te d'Azur). Entscheidend für den Standort war aber das starke Transportaufkommen. Gleiches gilt für das Umschlagzentrum Garonor nahe dem Flughafen Le Bourget. Hier werden Schwertransporte auf kleinere Lkw umgeladen.

Durch ständig zunehmenden Luftverkehr, steigende Zahl von Starts und Landungen steigt **umweltbelastende Wirkung** des Flugverkehrs. Fluglärm dabei als besonders raumrelevante Störgröße: ***Lärmbelästigung*** ist v.a. dafür verantwortlich, daß neue Großflughäfen 40–80 km außerhalb des Stadtzentrums erbaut werden müssen (Charles-de-Gaulle nördlich von Paris, Narita bei Tokio). Ausbau von Flughäfen in stadtrandnahen Gebieten stößt auf immer größere Widerstände (Startbahn West in Frankfurt, zweite Piste in Wien-Schwechat).

Je nach *Lärmpegelhöhe* werden mehrere Zonen unterschiedlicher Nutzungsbeschränkungen ausgewiesen. In innersten Zone werden bei dieser Lärmzonenplanung nur Lagerräume, militärische Anlagen, Flughafengebäude oder landwirtschaftliche Nutzflächen zugelassen. Besonders problematisch dabei die Festlegung von Lärmschwellen, da eine zu großzügige Zonenausweisung gewaltige Entschädigungsansprüche nach sich zieht. Der Schweizer Flughafen Zürich mußte einen eigenen Fluglärmfonds zum Erwerb von Liegenschaften und zur Entschädigung von Lärmbelästigten anlegen. In den USA müssen Flughäfen stark lärmbelastete Gebiete aufkaufen. Bei der Anlage von Narita, Tokio, mußten 1100 Häuser schallfest gemacht und rd. 50 Häuser abgerissen werden. Teilweise werden in den inneren Zonen auch industriell-gewerbliche Nutzungen angesiedelt. In Dallas/Fort Worth wurde in der Zone stärksten Lärms ein Industriepark errichtet.

### 7.5.4.3 Das Flughafen-Hinterland

Als Hinterland wird wie bei Häfen der Einzugsbereich des Flughafens verstanden, aus dem Waren und Personen vom oder zum Flughafen gebracht werden. Nutzung zeigt starken Distanzabfall. Eine Strukturanalyse der Luftfracht in der BRD (Hupfeld 1978) zeigte, daß 80–90 % der transportierten Güter ihren Ziel- oder Herkunftsort innerhalb eines 50 km Radius um die Flughäfen haben. Beim Flughafen Düsseldorf etwa haben 31 % aller Empfänger bzw. Versender ihren Standort in der Stadt selbst.

Allerdings wird das Hinterland durch Inanspruchnahme von Speditionen weiter ausgedehnt. Beim größten britischen Flughafen, Heathrow, erfolgen Zulieferungen bis etwa 110 km Entfernung überwiegend durch die Firmen selbst, in weiterer Entfernung zunehmend durch Speditionen. Ab 240 km wurden auch andere Flughäfen für Lufttransporte verwendet. Das System des Luftsammelverkehrs dehnt derartige Einzugsbereiche noch gewaltig aus.

# 8 DER DIENSTLEISTUNGSSEKTOR

COLIN CLARK (1940), EDGAR HOOVER (1948) und JEAN FOURASTIE (1954) teilten die Wirtschaft in 3 Sektoren auf.

**Primären oder rohstoffgewinnenden Sektor**: Land- und Forstwirtschaft, Fischerei.

**Sekundären oder produzierenden (rohstoffverarbeitenden) Sektor**: Industrie, dazu meist auch Bergbau und Energie- und Wasserversorgung sowie Bauwirtschaft gezählt.

**Tertiären oder Dienstleistungssektor**. *Dreisektoren-Theorie* besagt, daß wirtschaftliches Wachstum begleitet ist von Verlagerung vom primären zum sekundären und später zum tertiären Sektor. Die Geschwindigkeit dieser Strukturverschiebung stellt eine wesentliche Determinante des Wachstums dar. Der Strukturwandel wird erklärt durch

a) ***Unterschiedliche Einkommenselastizität der Nachfrage***. Diese ist nach Industriegütern und Dienstleistungen größer als nach Agrarprodukten. Zunahme des Einkommens führt daher zu Verschiebungen der Nachfrage zuerst zum sekundären und dann immer mehr zum tertiären Sektor.

b) **Unterschiede in der Produktivität**. Die entsprechenden Raten sind im sekundären und tertiären Bereich höher. Daher erfolgt Transfer von Ressourcen (Arbeit, Kapital) in die beiden Bereiche höherer Produktivität.

## 8.1 Begriffe und Gliederung

Tertiärer Sektor oder Dienstleistungssektor umfaßt alle Tätigkeiten wie Verkehr, Nachrichtenübermittlung, Handel und Lagerung, Reparaturgewerbe, persönliche soziale und öffentliche Dienste, Geld und Kreditwesen, Privatversicherung, Wirtschaftsdienste, Beherbergungs- und Gaststättenwesen (Fremdenverkehr) oder kulturelle Einrichtungen (Theater, Konzert, Kino).

GOTTMAN (1961) unterschied erstmals einen **quartären Sektor**: Höchstrangige Dienstleistungen des tertiären Bereiches, die für die postindustrielle Entwicklung immer wichtiger werden: hochrangige Bürotätigkeiten, Forschung, Management- und Entscheidungsaktivitäten, Lehre und Erziehung.

Vom tertiären Sektor sollen 4 wichtige Bereiche herausgegriffen und behandelt werden:
*Das System der Zentralen Orte,*
*der Einzelhandel,*
*der Fremdenverkehr,*
*der Welthandel.*

## 8.2 Das System der Zentralen Orte

Christaller stellte sich eine der schwierigsten Fragen: Gibt es für die Verteilung von Siedlungen Regelhaftigkeiten? Es wurde eine der wichtigsten Fragen der Geographie überhaupt. *Die Antwort*: Siedlungen sind durch eine hierarchische Raumorganisation gekennzeichnet.

Wie alle Theoretiker seiner Zeit ging Christaller von sehr stark vereinfachenden Annahmen aus. So unterstellte er

a) einen völlig homogenen Raum, d.h. einen Raum in dem es keine natur- und kulturgeographischen Ausstattungsunterschiede gibt. Die Bevölkerung ist gleich verteilt, ebenso Einkommen und damit Kaufkraft. Die Transportkosten steigen linear.

b) Konsumenten und Anbieter verhalten sich als Idealmenschen („homo oeconomicus"). Sie verfügen über vollständige Informationen, kennen jede Alternative und können die voraussichtlichen Auswirkungen jeder Handlung abschätzen. Sie sind damit in der Lage, jene Alternativ auszuwählen, die ihnen den größten Vorteil bringt (*Nutzenmaximierung*). Sie haben eine konstante und konsistente Ordnung ihrer Präferenzen.

Aus all dem ergeben sich 2 grundlegende Verhaltensweisen:

1. Der Konsument ist stets bestrebt, seine Transportkosten möglichst niedrig zu halten. Da jeder Konsument die gleiche Kaufkraft besitzt, steigen für jeden die Transportkosten mit zunehmender Entfernung des Einkaufsortes vom Wohnort an. Im Kalkül des Konsumenten ist aber für jedes Gut nur ein bestimmter Betrag vorgesehen. Überschreiten die Transportkosten und der Verkaufspreis diesen Betrag, so wird der Kunde auf dieses Gut verzichten. Jedes Gut hat somit eine *äußere Reichweite*. Sie ist die maximale Distanz vom Wohnort zum Angebotsstandort für die der Erwerb gerade noch lohnend ist. Geometrisch läßt sich dies mit einem Kreis um den Angebotsstandort beschreiben.
2. Jeder Anbieter versucht, sein Absatzgebiet und damit seinen Gewinn zu maximieren. Die *innere Reichweite* eines Gutes ist die Erzielung des Mindestumsatzes notwendige Mindestdistanz zu den Konkurrenten.

Nach Christaller sind somit nur die Kosten der Distanzüberwindung für die Anordnungsmuster der Siedlungen im Raum entscheidend. Das Kostenminimierungsprinzip der Konsumenten tritt dem Gewinnmaximierungsprinzip der Anbieter entgegen.

### 8.2.1 Begriffe

Drei Hauptbegriffe zum Verständnis der Theorie der zentralen Orte: *Zentrale Orte*, *Zentrale Dienste* und *Zentrale Bereiche*.

**Zentrale Orte** sind Ansammlungen von Zentralen Einrichtungen oder Diensten.

**Zentrale Dienste** sind alle Einrichtungen des tertiären Sektors (absolutes Konzept) oder nur solche Einrichtungen, die eine Umlandbedeutung haben (relatives Konzept).

Zentrale Dienste können eingeteilt werden in:

a) ***Gesetzte Zentrale Dienste***. Institutionen der Verwaltung, des Bildungs- und Gesundheitswesens, Rettungs- und Sicherheitswesens und die gesamte „soziale Infrastruktur". Sie haben eine Reihe charakteristischer Merkmale:

- Durch politische Entscheidungen geschaffen, Abgrenzung daher künstlich festgelegt („Sprengel"), von administrativen Überlegungen beherrscht. Zudem "gesetzte" Standorte.
- Aus öffentlichen Budgets finanziert, unterliegen daher nur begrenzt den Bedingungen des Marktes.
- Teil eines gesamten Systems mit hierarchischem, instanzenhaftem Aufbau.
- Verordnete Einzugsbereiche mit Monopolcharakter, daher „gebundene Zentralität", Zwangsbeziehungen („gebundene Beziehungen").

Jedes Zentrale Gut hat einen bestimmten Rang. Dieser hängt von Reichweite des Gutes ab. Reichweite wiederum abhängig von Häufigkeit mit der ein Gut nachgefragt wird.

Daher Unterscheidung nach ***Fristigkeitsstufen*** bzw. ***Bedarfsstufen***:

- *Güter des kurzfristigen Bedarfs („täglicher Bedarf")*. Versorgung alle 1–3 Tage, z.B. Milch, Brot. Infolge der Vorratshaltung heute aber auch mittelfristiger Einkauf von Gütern des „täglichen Bedarfs" weitverbreitet.
- *Güter des mittelfristigen Bedarfs („periodischer Bedarf")*. 3 Tage bis 6 Monate, z.B. Bekleidung.
- *Güter des langfristigen Bedarfs („episodischer Bedarf")*. Mehr als 6 Monate.

Nach dem Wert der Güter können solche des *einfachen, mittleren* und *gehobenen Bedarfs* unterschieden werden.

Zwischen dem Rang eines Zentralen Gutes und der Häufigkeit des Auftretens besteht ein gesetzmäßiger Zusammenhang: Je seltener ein Gut, desto höher der Rang.

b) ***Spontan angereicherte Dienste***. Meist privatwirtschaftlich organisiert. Charakterisiert durch

- individuelle Entscheidungen,
- Wettbewerb mit Konkurrenten, Starke Marktorientierung,
- keine ausgeprägte hierarchische Stufung,
- viel größere Dynamik hinsichtlich Standort und Einzugsbereichen.

**Zentrale Bereiche**. Theorie setzt Verhalten der Konsumenten und der Anbieter als "homo oeconomicus", d.h. als Menschen, deren Handeln sich einzig und allein nach wirtschaftlichen Maximen ausrichtet, voraus.

a) Konsumenten streben nach Nutzenmaximierung. Versuch der Minimierung der Transportkosten, d.h., es wird immer der nächstgelegene Standort aufgesucht. Da mit steigender Entfernung vom Einkaufsort die Transportkosten zunehmen wird das Gut ab einer gewissen Entfernung vom Konsumenten nicht mehr gekauft – ***äußere Reichweite eines Gutes***.

b) Anbieter streben nach Gewinnmaximierung. Je größer ihr Absatzgebiet bzw. die Abstände zu den Konkurrenten, desto höher der Gewinn. Da alle Anbieter die Distanz maximieren wollen, liegen ihre Standorte in den Eckpunkten gleichseitiger Dreiecke. Absatzgebiet jedes Standortes muß mindestens so groß sein, daß Mindestumsatzschwelle erreicht werden kann – ***innere Reichweite***.

Nach CHRISTALLER (1933) bestehen somit für jeden Zentralen Dienst

- eine äußere und innere Reichweite: Konsument minimiert die Versorgungswege, Anbieter maximiert seine Absatzgebiete. Beide gegeneinander wirkenden Absichten werden durch die innere und äußere Reichweite begrenzt.
- Für die Größe der Zentralen Bereiche sind die Transportkosten entscheidend.
- Jedes Gut hat eine güterspezifische Reichweite.

## 8.2.2 Das Raummuster Zentraler Orte

CHRISTALLER gilt neben THÜNEN und WEBER als der dritte große Alt-Theoretiker der Wirtschaftsgeographie.

CHRISTALLER stellte sich die Frage, ob die Verteilung und die Größe von Siedlungen eine Regelhaftigkeit aufweisen. Er fand sie mit seinem Prinzip der hierarchischen Ordnung von Zentralen Orten.

a) ***Versorgungsprinzip***. Das System der Versorgung mit Gütern des Dienstleistungssektors gebildet durch

- gleichmäßig im Raum verteilte Zentrale Orte,
- diese Zentralen Orte haben unterschiedliche Größen und Bedeutung (Rangstufen),
- der ranghöhere Zentrale Ort hat gewisse rangspezifische Güter und Dienste. Besitzt aber auch alle zentralen Dienste der niederen Zentralen Orte. Hat somit eine größere Zahl von Zentralen Diensten und größere Sortimentsbreite und -tiefe.
- Mit zunehmendem Rang steigt die Entfernung der zentralen Orte gleichen Ranges voneinander, die Zahl der Zentralen Orte, die einen bestimmten Raum versorgen, wird geringer.

- Einem ranghöheren Zentralen Ort entspricht eine nach festen Regeln bestimmte Zahl rangniederer Zentraler Orte. Für das Versorgungsprinzip gilt ein dreistufiges System: 1 – 3 – 9 – 27 – 81 usw.

Neben dem Versorgungsprinzip aber auch andere Modelle zentralörtlicher Systeme: *Verkehrsprinzip* und *Verwaltungsprinzip.*

b) ***Verkehrsprinzip.*** Anordnung des Systems unter dem Aspekt einer möglichst kostengünstigen Verkehrserschließung. Zentrale Orte gereiht an geraden, strahlenförmig vom systembildenden Zentralen Ort ausgehenden Verkehrswegen. Anordnungsprinzip: Jeder Zentrale Ort einer bestimmten Rangstufe liegt immer auf der Mitte der Strecke zwischen jeweils 2 Zentralen Orten der nächsthöheren Ordnung.

Mehr Zentrale Orte notwendig als beim Versorgungsprinzip.*Beispiel*: Aufbau des zentralörtlichen Systems entlang der Transamazonica. Zentrale Orte in Form sogenannter „Agrovilas" entlang der Straße, zur Versorgung der Einzelhofsiedlungen an der Straße.

c) ***Verwaltungsprinzip.*** Anordnung des Systems unter dem Aspekt einer möglichst zweckmäßigen politisch-administrativen Raumgliederung.

## 8.2.3 Die Bedeutung des Systems der Zentralen Orte

System der Zentralen Orte ist einer der wichtigsten Beiträge der Geographie zur Erklärung räumlicher Muster. In wissenschaftlichen Untersuchungen zahlreiche Rangstufen (z. B. Christaller für Süddeutschland 10 Rangstufen, Bobek für Österreich ebenfalls 10stufige Hierarchie).

Seit um 1960 System der Zentralen Orte in Landes- und Regionalplanung übernommen. Dabei Vereinfachung auf ein vierstufiges System, da für praktische Verwaltung und Durchsetzbarkeit geeigneter.

In der BRD seit 1968 ***vierstufiges zentralörtliches System*** aus

1) *Kleinzentrum*
2) *Unterzentrum*
3) *Mittelzentrum*
4) *Oberzentrum*

Zentralörtliche Systeme aber nicht nur beim Siedlungsmuster sondern auch innerhalb von Stadtlandschaften: „System intraurbaner Zentraler Orte" entsteht durch unterschiedliche Agglomeration von Zentralen Gütern und Diensten. Hier lassen sich unterscheiden:

- *Ladengruppe* als unterste Einheit
- *Nachbarschaftszentrum*
- *Stadtteilzentrum*
- *City*

## 8.3 Der Handel

Handel ist Stufe zwischen Produktion und Konsum. Handel hat v.a. Funktion der Sammlung, Lagerung und des Transports der Güter. Daraus resultiert eine charakteristische Formalstruktur von Lagern (Lagerhäuser, Kühlhäuser, Speicher usw.), Geschäftslokalen (Gemischtwarenläden, Bauernmärkte, Warenhäuser, Fachgeschäfte usw.) und Transportmitteln (Kühlwagen, Tankwagen, Container usw.).

Handel hat dominierenden Einfluß auf die Zentrenhierarchie und auf die gesellschaftlichen und wirtschaftlichen Lebensräume. Ebenso spielt Handel bei der Herausbildung von Zentralen Orten eine wichtige Rolle. Marktplatz war immer Zentrum des städtischen Lebens, dazu heute Hauptgeschäftsstraßen (häufig Fußgängerzonen), Geschäftsviertel, Shopping-Centers.

Im Zuge der wirtschaftlichen Entwicklung kam es zu einem stufenweisen Ausbau des Handelssystems, daher bestehen auch heute noch in einzelnen Ländern unterschiedliche Ausprägungsformen. Ökonomische Entwicklung begleitet von Produktionswachstum und damit einer immer größeren verteilbaren Menge, der Handel gewinnt an Bedeutung. Die Austauschbeziehungen hoher Intensität sind charakteristisch für hochentwickelte Gesellschaften.

- In der ***Phase der traditionalen Gesellschaften*** hat Handel eine viel geringere Bedeutung. Jeder Mensch ist hier zugleich Konsument und Produzent, die Subsistenzwirtschaft überwiegt. Der Tauschhandel überwiegt und periodische Märkte haben die wichtigste zentralörtliche Funktion.
- Mit ***steigender Komplexität der Gesellschafts- und Wirtschaftsformen*** kommt es zu einer Zunahme der Austauschmöglichkeiten von Rohstoffen, Industriegütern, Kapital und Arbeitskräften. Zudem wird auch die notwendige Verkehrsinfrastruktur geschaffen.

Im Handel entwickelte sich weltweit ein System, das aus 2 Grundformen besteht: **Großhandel** und **Einzelhandel**. Insbesondere der Kolonialismus hat die Ausbreitung des Zwei-Phasen-Systems des Handels über die gesamte Erde wesentlich gefördert.

Dieses Modell wurde auch von den sozialistischen Ländern übernommen. In Planwirtschaftsländern ist die Verbindung von Produktion und Konsum durch den Handel weit entfernt von jeder Perfektion. Mangelnde Koordination zwischen Angebot und Nachfrage stellt einen der wichtigsten Engpässe des gesamten Systems dar.

Handel übt starken Einfluß auf das menschliche Verhalten aus. Ein wesentlicher Teil der dem Menschen zur Verfügung stehenden Zeit muß für die Daseinsgrundfunktion „*Sich versorgen*" aufgewendet werden.

## 8.3.1 Struktur und Entwicklung des Einzelhandels (EH)

Seit etwa 1960 ist der Einzelhandel in den europäischen Industriestaaten durch einen enormen Strukturwandel gekennzeichnet. Dieser ist zugleich ein Wandel der
- Konsumentenpräferenzen,
- der Organisationsformen, der Distributionswege und Distributionsformen,
- Trend zu größeren Einheiten, Zunahme der Verkaufsflächen,
- der räumlichen Strukturen und Beziehungen.

### 8.3.1.1 Der Wandel der Konsumentenpräferenzen

Der Nachfragewandel ist durch tiefgreifende Strukturumschichtungen charakterisiert: Gerade die wichtigsten Sektoren, wie Nahrungsmittel und Bekleidung/Schuhe weisen anteilsmäßig einen rückläufigen Trend bei den Ausgaben auf.

Der rückläufige Anteil der Ausgaben für Nahrungsmittel an den gesamten Konsumausgaben bei steigendem Einkommen wurde bereits 1857 von Ernst ENGEL als Gesetzmäßigkeit erkannt und als „*Engelsches Gesetz*" bekannt. Es gehört zu den grundlegendsten Erkenntnissen der empirischen Konsumforschung. Es hängt damit zusammen, daß der Nachfrage nach Nahrungsmitteln physiologische Grenzen gesetzt sind. Sobald diese Grenze in einer Wohlstandsgesellschaft erreicht ist, können weitere Wachstumsimpulse für den Lebensmitteleinzelhandel nur noch durch den Übergang zu qualitativ hochwertigeren Erzeugnissen erreicht werden. Dazu kommt ein Wandel in den Verpflegungsformen. Mit steigendem Einkommen entfällt ein immer größerer Anteil der Verpflegungsausgaben auf die Gastronomie.

Grundsätzlich gilt eine ähnliche Sättigungsschwelle auch für Textilien und Bekleidung. Mit wachsender Kaufkraft wird zwar immer teurere Materialien und modische Bekleidung nachgefragt, doch ist der Bedarf limitiert.

Von Bedeutung für die Ausgaben im Einzelhandel sind aber auch Aufwendungen, die für Konsumbereiche getätigt werden und nicht dem Einzelhandel zuzurechnen sind: Wohnung, Reisen, Heizung, Bildung usw. Urlaubskonsum gehört zu den wichtigsten Wachstumsbranchen. Steigende Freizeit bietet aber auch neue Chancen für den Einzelhandel und führt zu strukturellen Veränderungen, etwa durch Formen der Freizeitgestaltung, wie Heimwerken oder Gartenarbeit. Die Expansion der Baumärkte und Gartencenter ist darauf zurückzuführen.

### 8.3.1.2 Trend zu größeren Einheiten und Zunahme der Verkaufsflächen

Durch das Vordringen neuer Angebotsformen nimmt die durchschnittliche Verkaufsfläche der Geschäfte immer mehr zu, immer größere Umsatzanteile entfallen auf Großbetriebsformen, gefährden den traditionell klein- und mittelbetrieblich strukturierten ortsansässigen Handel.

Allerdings steht dem eine steigende Sensibilisierung der Öffentlichkeit gegenüber, zunehmender politischer Widerstand und restriktve Bebauungsvorschriften bei großen Einheiten. Die Ausweitung erfolgte daher immer mehr in den mittleren Größenklassen der Verbrauchermärkte zwischen 1000–1500 qm.

Im EH werden folgende 3 Großbetriebsformen unterschieden:

***Verbrauchermärkte.*** Großflächige Einzelhandelsbetriebe mit 1000–1500 qm, die vor allem Nahrungs- und Genußmittel, darunter auch Frischwaren (Obst, Gemüse, Südfrüchte, Fleisch) anbieten und ergänzend als Randsortiment auch Non-Food Artikel führen, die für die SB geeignet sind und rasch umgeschlagen werden können. Servicebetriebe fehlen meist.

***SB-Center.*** Einzelhandelsgeschäfte mit SB, die Güter des kurz- und mittelfristigen Bedarfes anbieten, mehr als 1500 qm Verkaufsfläche haben. Bei ihnen entfallen nicht mehr als 50 % der Verkaufsfläche auf Lebensmittel. Vielfach sind Servicebetriebe angeschlossen.

***SB-Warenhaus.*** Verkaufsfläche von mehr als 3000–4000 qm. Preispolitisch aggressiver Einzelhandelsbetrieb, der ein umfassendes Sortiment von Waren anbietet, soweit diese für SB geeignet sind.

In jüngerer Zeit 2 Trends (PAUL 1986):

a) Verlagerung der neuen Standorte weg von der „grünen Wiese" zurück in die Städte.
b) Ursprünglich sehr aggressive Preispolitik mit oft engem Sortiment. Neuerdings Trend zu breiterem Warenangebot, teilweise Ausweitung auf den gehobeneren Bedarf und Einlagerung von spezialisierten Fachbetrieben.

*Großbetriebsformen haben Kostenvorteile (economies of scale,* → 6.4.2). Mit steigender Betriebsgröße sinkt der *Anteil der Personalkosten* an den Gesamtkosten. Der Personalkostenanteil beträgt bei 2–3 Beschäftigten inklusive Unternehmerlohn pro EH-Unternehmen rd. 12 % des Umsatzes, bei mehr als 50 Beschäftigten dagegen nur noch 9 %. Die Gesamtkosten sinken dadurch von 20 % auf 16 % des Umsatzes. 70 % der so erzielbaren Kostensenkung sind auf Personaleinsparungen zurückzuführen (MOORE 1980).

***Zahl der EH-Unternehmen*** geht stark zurück, besonders betroffen sind:
- Betriebe des Nahrungsmitteleinzelhandels,
- und Kleinbetriebe des EH.

### 8.3.1.3 Räumliche Aspekte: Konzentration in Zentren, größere Einzugsbereiche

Größere Geschäfte benötigen höheren Mindestumsatz, den sie in größeren Zentralen Orten besser erhalten. Bevölkerungszahl je EH-Unternehmen wächst, die Einzugsbereiche nehmen an Größe zu, zudem Konzentration auf Zentrale Orte, die immer mehr zu Mittelpunkten des Einkaufens werden.

*Erhöhte Mobilität* durch Pkw trägt dazu wesentlich bei. Verbraucher ist bereit, für eine größere Auswahl auch längere Distanzen in Kauf zu nehmen und bevorzugt bei einem Einkauf in Nachbarorten größere SB-Märkte.

Die *EH-Expansion* erfolgt überproportional in den größeren Zentren, während gleichzeitig Landbezirke tendenziell einen Rückgang aufweisen. Die traditionellen Strukturen waren bis um 1950 durch relativ immobile Verbraucher gekennzeichnet, damit bildeten sich lokale Monopole heraus. Die räumliche Mobilität ließ den Monopolcharakter schwinden, es ergaben sich neue Wettbewerbssituationen, die einen Preisvorteil für den Verbraucher darstellten, allerdings v.a. im ländlichen Raum auf Kosten der Nahversorgung. Kleine „Gemischtwarenläden" benötigen eine Mindestbevölkerung von 500 Einw. Durch Schließung zahlreicher Geschäfte in kleineren Ortschaften werden immobile Bevölkerungsgruppen, insbesondere älter Leute benachteiligt, da sie kein Geschäft mehr in „fußläufiger Entfernung" (max. 10 min.) haben.

Neue Großbetriebsformen des EH führen aber auch in den Zentren zu einem starken *Verdrängungswettbewerb*. Einkaufszentren, die ab 1970 auf „grüner Wiese" am Stadtrand errichtet wurden, gefährden die traditionellen Einkaufsstraßen und Citystandorte. Die so entstehende „Zwangsmobilität" der Kunden führte zu immer größeren Verkehrsproblemen. Daher Begrenzung des Baues von Einkaufszentren durch Raumordnungsgesetze. Seit etwa 1980 werden Standorte in Stadtrandlage, am Innenstadtrand oder in neuen Großsiedlungen bevorzugt.

***Standorte des EH*** unterliegen 2 Standortkräften, die je nach Warenart unterschiedliche Intensität besitzen

- zentralisierenden, bei denen die Agglomerationsvorteile überwiegen, v.a. bei hochwertigen, teuren Artikeln, bei denen große Auswahl besonders wichtig ist,
- dezentralisierenden, bei denen kurze Wege starke Bedeutung haben, während der Einkauf selbst oft habituell erfolgt. Auswahl spielt keine so große Rolle, v.a. Güter des täglichen Bedarfs.

Die Betriebsformen des EH unterliegen einem ständigen Wandel. Neue unternehmenspolitische, v.a. absatzpolitische Strategien führen zu raschen Veränderungen. Zumeist wird zuerst eine aggressive ***Preispolitik*** verfolgt. Durch intensiven Preiswettbewerb wird versucht, die Aufmerksamkeit der Konsumenten zu erlangen. Dazu sind ein rascher Umschlag bei begrenztem Lager, hohe Produktivität der menschlichen Arbeit und damit niedrige Kosten und Spannen die wichtigsten Handlungsparameter.

Im Laufe der Entwicklung ahmen die Konkurrenten diese Strategie nach und ihre Wirkung beginnt zu erlahmen. Zudem stößt die Niedrigpreispolitik an Grenzen, sobald die Zahl der Mitbewerber wächst. Damit erfolgt das Auftauchen neuer Vertriebsformen, die andere absatzpolitische Instrumente bevorzugen (NIESCHLAG/KUHN 1980). Dieser Prozeß der Heranziehung weiterer absatzpolitischer Instrumente neben der Preispolitik wird als *Trading up* bezeichnet.

### 8.3.2 Der Großhandel (GH)

GH sind Unternehmen, die Waren vom Produzenten kaufen und diese unverändert oder nach handelsüblicher Manipulation an andere Handelsunternehmen oder an weiterverarbeitende Betriebe absetzen.

Die wesentlichen Leistungen des GH sind demnach: Raumüberbrückung, Zeitausgleich, Mengentransformation, Sortimentbildung, Information, Beratung und Service.

Der GH hat dabei zwei Hauptfunktionen:

1. Sammeln einer Vielzahl von Gütern aus einem großen Einzugsgebiet und von zahlreichen Produktionsstandorten,
2. Bereitstellen von Lagern, aus denen sich EH versorgt.

Der GH ist überwiegend klein- und mittelbetrieblich strukturiert. Wie im EH haben aber einige wenige Großunternehmen bereits wesentliche Marktanteile erreicht. In der BRD entfallen 50% des GH-Umsatzes auf nur 1% der Betriebe (SCHULER 1986). Da auch in diesem Bereich deutliche Skaleneffekte bestehen, existiert ein Trend zu immer größeren Einheiten. Der Umsatzschwellenwert, unter dem die Betriebe abnehmen, liegt in der BRD in der Größengruppe 25–50 Mio. DM.

Nach 1960 entstanden 2 **neue Vertriebsformen des GH**:

1) Der ***Cash and Carry GH***, der sich v.a. im Nahrungsmittelgroßhandel stark durchsetzen konnte. Der Kundenkreis besteht im allgemeinen nicht aus dem Endverbraucher, sondern aus EH-Betrieben, Gastronomie und Großverbrauchern. Diese stellen sich ihren Bedarf selbst zusammen, bezahlen bar und holen die Ware selbst ab. Dafür erhalten sie besonders günstige Konditionen. Die C & C GH-Betriebe expandierten in der BRD in den 60er Jahren sehr rasch, erreichten aber nach 1970 eine ruhigere Entwicklung, die als eine gewisse Marktsättigung aufzufassen ist.

2) Seit etwa 1975 gewinnt der ***Regal-GH*** („rack jobbing“) v.a. im Non-Food Bereich an Bedeutung. Rack Jobber erhalten vom EH, Supermärkten usw. gegen eine Provision Regalflächen und füllen diese selbst regelmäßig auf.

Der **Standortentwicklungsprozeß des GH** ist eine laufende Anpassung an Veränderungen der Umwelt, d.h., den ökonomischen, technischen und demographischen Wandel. Drei Phasen lassen sich unterscheiden:

- bis um 1850 konzentrierte sich der GH auf bestimmte Straßen in den Stadtzentren,
- mit dem Bahnbau begann eine Verlagerung zu den Bahnhöfen. Dabei trat eine Diversifizierung der Funktionen ein: Ersatzteillager und Auslieferungslager von Herstellern kamen als neue Funktionen dazu;
- mit der Entwicklung des Kfz-Verkehrs, v.a. nach 1945, begann eine Abwanderung an den Stadtrand. Diese hält in allen Gebieten städtischen Wachstums nach wie vor an. Der GH stellt eine besonders mobile wirtschaftliche Aktivität dar.

# 8.4 Der Fremdenverkehr

## 8.4.1 Der Fremdenverkehr als Massenphänomen

In Zusammenhang mit dem Phänomen des Massentourismus entwickelte sich die Fremdenverkehrsgeographie als junger Wissenschaftszweig der Wirtschaftsgeographie im wesentlichen erst nach 2. Weltkrieg. ***Erholung*** wurde als wichtige Daseinsgrundfunktion des Menschen neben anderen Funktionen, wie Wohnen, Arbeiten, Sich Bilden, erkannt. Münchner Schule, vertreten durch RUPPERT und MAIER, erweiterte die Inhalte von der „*Betrachtung des Fremdenverkehrs*“ zur “*Geographie des Freizeitverhaltens*“. Damit weitere Erholungsfunktionen, wie z. B. Freizeitverhalten nach Arbeitsschluß (Theaterbesuch, Gartenarbeit, Spazierengehen usw.), mit eingeschlossen.

***Fremdenverkehr*** ist stark von sozialwirtschaftlichen Stellung der Bevölkerung abhängig. Als Massenphänomen typisch für die „Phase des Massenkonsums“ von ROSTOW.

- In Agrargesellschaften nur untergeordnete Rolle und spezifische Erscheinungsformen: *Wallfahrten*, *Besuch landwirtschaftlicher Messen*, *Badekurortetourismus*, beschränkt auf wohlhabendere Schichten.
- Erst ab Reifephase allmählich Breitenwirkung, auch in Zusammenhang mit Entwicklung der Transportsysteme. Zunächst im Umland der Städte (*Sommerfrischen*) und entlang der Bahnen, später stärkere räumliche Streuung. Zunehmende Reiseintensität, abhängig von sozioökonomischen Struktur und städtischen Verhaltensweisen. *Beispiel Österreich*: In Gemeinden mit einer Agrarquote über 30 % lag Reiseintensität* bei nur 9 %, in Wien dagegen 61 %.

## 8.4.2 Das naturräumliche Fremdenverkehrspotential

Eignung eines Zielraumes für Fremdenverkehr wesentlich abhängig von Quantität und Qualität der Raumausstattung. 3 Gruppen von Fremdenverkehrselementen bilden System des Tourismus.

1) **Primäre Fremdenverkehrselemente**: Natürliche und kulturhistorische Grundausstattung eines Raumes ist wichtigstes Urlaubsmotiv. Zu unterscheiden sind:

- *Natürliche Elemente* (naturräumlichen Ausstattung): Klima, Heilquellen, natürliche Vegetation, hydrographische Voraussetzungen
- *Anthropogene Elemente*: Vom Menschen geschaffene Grundausstattung, die keine vorrangige Fremdenverkehrsnutzung beabsichtigte, z. B. Denkmäler, historische Bauten, Stadtensembles; auch als „kulturräumliches Fremdenverkehrspotential“ bezeichnet.

---

* Reiseintensität = Anteil der Personen, die mindestens eine Urlaubsreise im Jahr unternehmen, an der Gesamtbevölkerung

2) **Sekundäre Fremdenverkehrselemente**: Einrichtungen, die zur Nutzung der primären Elemente durch den Fremdenverkehr geschaffen. „Fremdenverkehrsinfrastuktur“: Beherbergungsbetriebe, Badeanlagen, Wintersporteinrichtungen usw.

3) **Tertiäre Fremdenverkehrselemente**: Faktoren, die den allgemeinen wirtschaftlichen, sozialen und politischen Rahmen bilden, z. B. Währungsparitäten, Preise, Visumzwang.

Fremdenverkehr beruht wesentlich auf Nutzung der ***naturräumlichen Ausstattung***. Gebiete günstiger natürlicher Eignung bieten eine „Lagerente“. Landschaftliche Schönheit und Klima in fast allen Motivationsanalysen wichtigste Motive für Urlaubsziel. Bewertung der natürlichen Eignung eines Raumes für Zwecke der Fremdenverkehrsplanung und -werbung sehr wichtig. Daher spielen „*Eignungsbewertungen*“ in Fremdenverkehrsgeographie eine große Rolle, u. a. Vielfältigkeitswert von KIEMSTEDT, Nutzwertanalysen. Dabei ist zu beachten, daß der hohe Stellenwert, den die europäische Bevölkerung den natürlichen Faktoren zumißt,

a) letztlich auf Zeit der Romantik zurückzuführen ist. Gilt daher nicht unbedingt für außereuropäische Völker, z. B. Araber zeigen völlig andere Einstellung zur Natur;

b) einem zeitlichen Wandel unterworfen ist. Zielräume, wie der Semmering in der österreichisch-ungarischen Monarchie oder die französische Kanalküste, erfahren unter gewandelter Mobilität und Einstellung eine geänderte Bewertung („historischer Verschleiß“ oder „Produktlebenszyklus eines Raumes“);

c) durch Investitionen und Schaffung sekundärer Fremdenverkehrselemente zumindest teilweise wettgemacht werden können. *Beispiel* sind die wirtschaftlichen Erfolge von Disneyland in Kalifornien und Disneyworld in Florida.

### 8.4.2.1 Relief

Fremdenverkehr bevorzugt Räume starker Reliefunterschiede: ***Absolute Höhe***, ***Reliefenergie***, d. h., relativer Höhenunterschied zwischen höchstem und tiefstem Punkt eines Gebietes.

Relief nicht nur psychologisch wichtig, sondern mehr noch für Nutzung durch Wintersport. Grobe Richtwerte sind:

- Wintersportgebiete mit Reliefenergie unter 400 m besitzen bedingte, in Regel lokale, bestenfalls regionale Einzugsbereiche;
- 400–800 m gute (regionale) teilweise auch nationale Eignung,
- über 800 m nationale bis internationale Eignung.

Nutzbarkeit der Reliefenergie auch abhängig von geologischen Voraussetzungen:

- wildzerklüfteten, steilwandigen Kalkhochalpen zwar für Hochgebirgstourismus prädestiniert, kaum aber für Wintersport;
- demgegenüber sind die aus Schiefern und Gneisen bestehenden Zentralalpen, v. a. die Schieferalpen weicher geformt, kaum Steilabfälle, weit herabreichende

Almen, daher für Wintersport besonders geeignet. Fast alle großen Wintersportorte Österreichs liegen in dieser Zone (Kitzbühel, Saalbach).

### 8.4.2.2 Klima

Für Bewertung der Raumeignung spielen v. a. Temperatur, Niederschlag, Schnee, Sonnenschein und biologische Wirkung des Klimas eine Rolle.

***Temperatur***: Für Fremdenverkehr sind sommerliche Temperaturen und Sonnenscheindauer am gewählten Urlaubsort wichtig (Möglichkeit des Freibadens). Daher nicht die Jahresmittel, sondern die monatlichen Temperaturmittel entscheidend.

In vielen alpinen Tal- und Beckenlagen Temperaturumkehr („Inversion"): Nächtliche Ausstrahlung kühlt Luft am Boden stark ab, zudem Zufluß kühler Luft von den Hängen, wärmere Luftschichten nach oben verdrängt, an Inversionsgrenze häufig Nebeldecke. Für Fremdenverkehr wichtig, wenn sie sich regelmäßig in größerer Höhe ausbilden. Inversionsgrenze dann bei 200–400 m.

***Niederschlag***: Höhe des Niederschlags in den einzelnen Monaten und Zahl der Niederschlagstage (– jeder Tag mit über 1 mm Niederschlag) wichtig. Dabei unterschiedliche Bewertung:
- im *Sommer* hohe Niederschläge kombiniert mit großen Zahl von Niederschlagstagen ungünstig,
- im *Winter* hohe Niederschläge, sofern sie als Schnee fallen, günstig.

Für Beurteilung der Schneesicherheit eines Wintersportgebietes wichtig ist "*Winterdecke*": Schneedecke, die durch längere Zeit ohne wegzuschmelzen liegen bleibt. Winterdeckenzeit ist die Zeitspanne vom ersten bis letzten Tag der ununterbrochenen winterlichen Schneebedeckung.

In Wintersportorten sollte mittlere (d. h. langfristige) Winterdecke vor Weihnachten beginnen und nach Ostern enden (ca. 20. Dezember bis Mitte April). Winterdeckendauer mindestens 150 Tage, untere Grenze für ein gutes Wintersportgebiet. In niederschlagsreichen Nordalpen ist Winterdecke zu Weihnachten in Regel ab 700 m gegeben. In den salzburgischen und oberösterreichischen Kalkalpen nimmt die Winterdeckendauer im Mittel um 10–15 Tage je 100 Höhenmeter zu. Winterdecken zu Weihnachten für viele europäische Gebirge, etwa Riesengebirge und Karpaten, charakteristisch. Winterdecke zu Ostern aber im Mittel nur in Alpen ab etwa 1500 m.

### 8.4.2.3 Vegetation

Untersuchungen über Erholungswirksamkeit unterschiedlicher Vegetationsgesellschaften mit Methode des Semantischen Differentials, die den psychologischen Erlebniswert eines Raumes mißt: Dazu werden Personen mehrere Vegetationsgesellschaften vorgeführt und der Eindruck hinsichtlich vorgegebener gegensätzlicher Merkmale (z. B. freundlich – bedrückend) getestet. Mittelwert der Antworten ergibt für jede Vegetationsgesellschaft ein bestimmtes Erlebnisprofil. Aus mehreren Untersuchungen ergibt sich, daß

- *Wald* mit einzelnen offenen Stellen (Lichtungen, Schneisen) einem großen geschlossenen Wald vorgezogen wird
- *Mischwald* weitaus günstiger beurteilt als Nadelwald oder gar Laubwald
- *Bestände mittleren Alters und Altbestände* erlebniswirksamer als Jungkulturen.

Ergebnisse v.a. für Planungen in stadtnahen Erholungswäldern wichtig. Als besonders erholungswirksam gelten Grenzzonen des Waldes, an denen sich verschiedene Formalelemente der Landschaft (Wald-Flur) berühren. „***Waldrandeffekt***" gemessen in Waldrandmeter je qkm.

### 8.4.2.4 Fremdenverkehr und Naturschutz

Naturschutz erfüllt in Regel 2 Hauptfunktionen:

***Schutzprinzip***: Erhaltung der Natur,

***Erholungsprinzip***: Erholung für die Bevölkerung.

Je nach Intensität dieser Prinzipien unterscheidet man drei Gebietstypen:

**Naturschutzgebiet**: Meist kleinräumig, häufig vorkommend. Problem: Störung der natürlichen Entwicklung durch Einflüsse von außen, darum ***Naturschutzgesetze***. *Ziel*: Natur soll ganz (*Vollnaturschutzgebiet*) oder in einzelnen Teilen (z.B. bestimmte Pflanzen- und Tierarten = *Teilnaturschutzgebiet*) geschützt werden. Schutzprinzip überwiegt. Nebennutzungen, wie Land- und Forstwirtschaft sowie Jagd meist unterbunden, Fremdenverkehr stark eingeschränkt, bestenfalls randliche Fußwege.

**Nationalpark**: Großräumige Gebiete in möglichst naturnahem Zustand. *Idealfall*: Urlandschaften ohne menschliche Beeinflussung (in Europa nicht möglich). Neben Schutzprinzip aber auch Erholungsprinzip. Interessenskonflikte meist durch Dreizonengliederung gelöst. *Beispiel*: Nationalpark „Bayerischer Wald", 1970 eröffnet, ca. 13000 ha, in 3 Zonen gegliedert:

a) *Innere Kernzone* aus drei Naturschutzgebieten, die Reservate darstellen und keine Fremdenverkehrsnutzung haben.

b) Umgeben von *Ruhe- und Wanderzonen*, ca. Hälfte der Gesamtfläche, einfache, die Natur möglichst wenig beeinflussende Fremdenverkehrsnutzung. Wanderwege, Ruhebänke, Schutzhütten, Aussichtspunkte.

c) *Zone der Schwerpunkterholung* mit stärkerer Fremdenverkehrsfunktion. Parkplätze, Liegewiesen, Sportanlagen, Wildgehege.

Nationalparkgedanke in USA entwickelt. 1872 Gebiet am Yellowstonefluß zum ersten Nationalpark der Welt. Heute in den USA 38 Nationalparks mit 80000 qkm (Fläche von Österreich). Sie sind zu einem Hauptattraktionspunkt des Fremdenverkehrs geworden. 1975 bereits 240 Mio. Besucher. Damit vielfach bereits zu starke Belastungen und Störung des natürlichen Gleichgewichtes.

In Europa Errichtung von Nationalparks durch starke Besiedlung erschwert. Dennoch fast in allen europäischen Ländern: 1914 Nationalpark Unterengadin,

1922 in Italien der Gran Paradiso Nationalpark, 1928 in Frankreich die Camargue, 1949 die Plitvicer Seen in Jugoslawien.

**Naturpark:** Größeres Gebiet mit möglichst naturnahem Charakter, zumeist im Einzugsgebiet von Ballungsräumen. Erholungsfunktion im Vordergrund, daher gut touristisch erschlossen.

## 8.4.3 Das kulturräumliche Fremdenverkehrspotential

Kulturhistorische Sehenswürdigkeiten spielen v.a. beim Städtetourismus große Rolle. Venedig, Florenz, Rom usw. verdanken diesem ihre Bedeutung im internationalen Fremdenverkehr. Auch ganze Fremdenverkehrsgebiete können primär auf kulturhistorischen Sehenswürdigkeiten ihre Bedeutung aufbauen, etwa das Loiretal mit seinen Schlössern, das Niltal mit den ägyptischen Kulturstätten.

Wichtiges Anliegen der Raumordnung und Fremdenverkehrspolitik ist Erfassung der bestehenden kulturellen Denkmäler und Ensembles, ihre Einstufung und Erhaltung.

Seit 1965 Bemühungen des Europarates zum Schutz des europäischen Kulturgutes. Dazu Erstellung eines Inventars der zu schützenden Objekte von europäischer Bedeutung.

## 8.4.4 Die Nachfragestruktur

Fremdenverkehrserscheinungen durch Sozialgruppen mit spezifischen Präferenzen, Motiven und Vorstellungen ausgelöst. Daher *bestimmte Arten des Freizeitverhaltens* („*Freizeitteilfunktionen*", wie Erholung am Wasser, sportliche Betätigung) und Wahl bestimmter Zielräume, in denen diese Ansprüche erfüllt werden können. Wichtiger Teilbereich der fremdenverkehrsgeographischen Forschung widmet sich dem Erkennen derartiger Gruppen, ihrer Motivationsstrukturen und Verhaltensweisen und der durch sie ausgelösten landschaftsverändernden Prozesse. Folgende 3 Typisierungen:

***Verhaltenstypen***: Personengruppen mit gleichartigem Verhalten werden untersucht. Wichtige Merkmale, die fremdenverkehrsrelevanten Bezug haben, sind: Einkommen und Beruf als weitaus wichtigste, Aufenthaltshäufigkeit (Stammgäste) und Familiengröße.

***Motivationstypen***: Gliederung der Nachfrageschichten nach Art der Motive, die bestimmtes Verhalten auslösen. Motivationstypen sind z.B. *Sporttyp*, dessen Hauptmotive sportliche Betätigung oder Bergwandern sind; *Kulturtyp* sucht Sehenswürdigkeiten, historische Stätten oder Museen; *Landschaftstyp* braucht Naturnähe und Ruhe, möchte beobachten. Alle diese Typen u.a. erwarten am Urlaubsort Angebote für ihre Aktivitäten, dazu gehören bei den meisten auch Unterhaltungs- und Schlechtwetterprogramme.

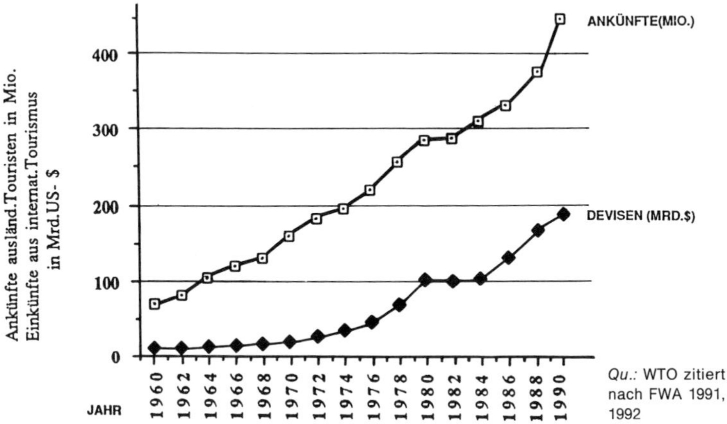


***Abb. 13:*** *Die Entwicklung des Welttourismus 1960–1990 (ohne Inlandstourismus)*

Je nach Voraussetzungen am Zielort wird Grad der Bedürfnisbefriedigung der einzelnen Motivationstypen unterschiedlich ausfallen. Daraus und aus ihrem Anteil an gesamter Gästeschicht kann Priorität zur Schaffung bestimmter öffentlicher Einrichtungen abgeleitet werden.

***Freizeitteilfunktionen***: Direkt am Zielort ausgeübte Bündel von Aktivitäten. Gewisse Nachfragegruppen bevorzugen nicht nur Schwimmen, sondern auch Tauchen, Surfen, Bootfahren usw. Ein Nachfrager kann mehrere solcher Aktivitätsbündel kombinieren. Methode der sog. „*Nutzwertanalyse*“, welche Feststellung unterschiedlicher Eignung von Gebieten ermöglicht, baut darauf auf.

## 8.4.5 Die großen Fremdenverkehrsräume der Erde

1990 gab es weltweit 5,5 Mrd. Ankünfte, davon 450 Mio. Ankünfte (8 %) im internationalen Tourismus (Ausländerfremdenverkehr). Der Inlandsfremdenverkehr ist somit wesentlich bedeutender! 1990 entstand durch den Inlandstourismus ein Ausgabenvolumen von 1800 Mrd. US-$. Weitere 185 Mrd. US-$ Ausgaben entfielen auf den Auslandstourismus. Der Fremdenverkehr zählt zu den wirtschaftlich wichtigsten Sektoren mit rd. 12–15 % des Weltwirtschaftsvolumens (FWA 92, S. 936).

Raumstruktur und globale Entwicklung des Fremdenverkehrs werden durch 5 Hauptcharakteristika gekennzeichnet:

1) **Starke Dynamik**. Der Fremdenverkehr zählt seit 2. Weltkrieg zu den am raschesten wachsenden Wirtschaftssektoren (→ Rostows „Phase des Massenkonsums“), obwohl die Steigerungsraten von Periode zu Periode abflachen.

2) **Starke räumliche Konzentration**. Mehr als 80 % des internationalen Fremdenverkehrs entfallen auf die ***Kernräume Europa*** und ***Nordamerika***. Alle übrigen Gebiete sind ***Fremdenverkehrsperipherie*** in der bestenfalls regionale Konzentrationen des Fremdenverkehrs gegeben sind. Im internationalen Tourismus entfallen auf nur 12 Herkunftsländer 78 % des outgoing Tourismus und auf 12 Zielländer 52 % des incoming-Fremdenverkehrs.

3) **Weltweite Expansion des touristischen Systems**. Von der steigenden Nachfrage profitierten besonders die EL. Seit dem 2. Weltkrieg erfolgte die Ausdehnung des Tourismus als Massenerscheinung über die gesamte Erde mit ***Verlagerungstendenzen in die globale Peripherie***: Auf Lateinamerika, Afrika, Asien, Australien und Mittleren Osten entfielen 1965 erst 10 % des Welttourismus, 1976 bereits 15 %, 1987 rd. 17 %.

4) **Distanzabhängigkeit des Tourismus**: Obwohl die touristische Entwicklung durch den Charterflugverkehr immer weitere Distanzen begünstigt, noch starke Distanzabhängigkeit. Vom Welttourismus entfallen rd. 90 % auf Inlandsfremdenverkehr, nur 10 % überschreiten die Ländergrenzen, davon verbleiben 80 % innerhalb der Regionsgrenzen der Großräume.

**Europa** ist wichtigster Fremdenverkehrsraum der Erde. Starke räumliche Konzentration in wenigen bedeutenden Fremdenverkehrsräumen: Mittelmeer und Alpen sind die *Hauptzielräume* des europäischen Fremdenverkehrs, Frankreich, die Beneluxstaaten, Südostengland und Deutschland sind die *Hauptquellgebiete*. Im Norden schließt sich die *europäische Fremdenverkehrsperipherie* an. Sie umfaßt Island, ganz Großbritannien außer dem Südosten und die skandinavischen Länder.

## 8.4.5.1 Der Mittelmeerraum als Intensivgebiet des Badetourismus

Auf die Küstenregionen des Mittelmeers zwischen Portugal und Griechenland entfallen mehr als 1 Mrd. Übernachtungen p. a. Charakteristische Merkmale dieses Fremdenverkehrsraumes sind:

a) *Intensitätsgefälle* ausgehend vom mittel- und nordwesteuropäischen Quellgebiet mit zunehmender Distanz: Weit entfernte Länder, wie Portugal und Griechenland hatten sehr späte Entwicklung des Fremdenverkehrs und daher bis heute eine relativ geringe Intensität.

b) *Saisonale Konzentrationen*: Kein Fremdenverkehrsraum der Erde hat derart extreme Konzentration auf wenige Monate im Sommer. 1/3 und mehr aller Übernachtungen auf Juli und August. Großteil der Beherbergungsbetriebe mehr als Hälfte im Jahr geschlossen. *Grund*: Mittelmeerklima und monofunktionale Ausrichtung auf Badetourismus. Damit Probleme der Überbeanspruchung des Raumes und fehlende Rentabilisierung.

c) *Räumliche Konzentration*: Fremdenverkehr auf wenige 100 m breite Küstenstreifen mit hoher Verbauungsdichte konzentriert. Dynamik der Entwicklung überholte vielfach Ausbau der Infrastruktur (Straßen, Wasserversorgung, Entsorgung). Starke Funktionsüberschneidungen und Nutzungskonflikte: Im engen Küstenraum konzentrieren sich auch Industrie, Häfen, Intensivlandwirtschaft, Verkehrsbänder. Vielfach starke Wasserverschmutzung (Algenpest in Adria).

d) *Hohe Bodenpreise* durch gestiegene Nachfrage. An vielen Stellen daher Hochhäuser (z.B. Benidorm, Torremolinos) und wildwuchernde Fremdenverkehrssiedlungen; v.a. wo liberale Gesetzgebung und fehlende Raumplanung internationalen Immobilien- und Abschreibungsgesellschaften freie Hand gaben, entstanden verdichtete Betonlandschaften mit spekulativ errichteten Apartmenthäusern und Feriensiedlungen.

e) *Sogwirkung auf das Hinterland*, das vornehmlich Arbeitskräfte und Ressourcen (Wasser, Elektrizität) zur Verfügung stellt. Einer hohen Dynamik in Küstengebieten stehen Verfallserscheinungen (Dorf- und Flurwüstungen, Bevölkerungsabwanderung) im Hinterland gegenüber.

### Zerstörung der natürlichen Grundlagen

In ***Portugal*** entwickelte sich der ***Algarve***, der 160 km lange Küstenabschnitt zwischen Sagres und Guadianas zum wichtigsten Fremdenverkehrsgebiet, malerische Kliffküste mit kleinen Sandbuchten. Junge Entwicklung des Fremdenverkehrs seit Ausbau des Flughafens Faro (1955). Fischerdörfer an feinsandigen Badebuchten um Portimao, Lagos und Albufeira entwickelten sich zu Fremdenverkehrssiedlungen. Großteils hochwertiger Fremdenverkehr, vielfach mit Villen und Zweitwohnsitzen, in den letzten Jahren zunehmend Großhotels. Der schönste Strand des Algarve, die „Praia da Rocha" bei Portimo heute durch Massentourismus weitgehend zerstört: Wildwuchernde Verbauung, Küstenstraße mit starkem Verkehr, Lärm, Staub, Verschmutzung.

### Bauspekulation und Wolkenkratzerstädte

***Costa del Sol*** zwischen Gibraltar und Kap de Gata, am Fuß der Betischen Kordillere, daher Schutz vor N-Winden, milde Wintertemperaturen (Januarmittel 9 °C). Anknüpfend an Flughafen von Malaga im W zwei der bedeutendsten Fremdenverkehrsorte Spaniens: Die Wolkenkratzerstadt ***Torremolinos*** und ***Marbella***, Zentrum des internationalen Luxustourismus.

***Costa Blanca*** besitzt mit ***Benidorm*** einen der größten Badeorte der Welt. Turmhohe Apartmenthäuser, wolkenkratzerartige Hotelbauten hinter 100 m breiten Strand, bestes Beispiel der Spekulation im internationalen Tourismus. Beim Kap de Palos entstand auf schmaler Nehrung, welche das Mar Menor gegen Mittelmeer abschließt, mit staatlicher Förderung das große Ferienzentrum ***La Manga***.

### Moderne staatliche Planung und historisch gewachsene Fremdenverkehrslandschaft

***Küste des Languedoc-Roussillon*** westlich der Rhone. Flache Ausgleichsküste, bis 1963 vom Fremdenverkehr unberührt, da ausgedehnte Sumpfgebiete, Mückenplage, landschaftliche Monotonie, Hinterland lebt vorwiegend von Landwirtschaft.

Um wirtschaftliche Strukturschwäche zu überwinden übernahm Staat Entwicklungsplanung: Trockenlegung der Lagunen, Bau der Infrastruktur. Bis 1975 wurden 6 riesige touristische Zentren jedes mit bis zu 60000 Betten geschaffen, z. B. ***La Grande Motte*** (architektonisch modernst konzipiert), Port-Camargue.

***Französische Riviera (Côte d'Azur)***: Malerische Steilküste, geschützt durch Gebirge (Esterel, Montagnes Maures) vor kalten N-Winden, daher Januarmittel 9 °C. Entwickelte sich im ausgehenden 19. Jh. zum mondänen Winteraufenthaltsgebiet. Traditionelle Zentren, wie ***Monaco***, ***Nizza***, ***Cannes*** besitzen noch vornehme Hotelpaläste dieser Zeit, Strandpromenaden, Casinos, Luxusvillen. Heute sommerlicher Badetourismus im Vordergrund. Fast geschlossene Bandsiedlung von Menton, wo die Seealpen zum Meer abbrechen über die traditionellen Fremdenverkehrsorte Nizza und Cannes bis zum Modebadeort der 60er Jahre, ***St. Tropez***. *Probleme*: Auslastung der Hotels während des Winters, daher Spielcasinos (Monte Carlo, Nizza, Cannes), Kongreßtourismus, Filmfestspiele.

Die enorme touristische Nachfrage führte zu schneller Steigerung der Grundstückpreise, starken Überfüllungserscheinungen und vielfach beträchtlichen Verschmutzungen der Strände und des Wassers.

**Intensivstzone des Fremdenverkehrs an der Nordadria**

Italien hat 8000 km lange Küstenzone. Die Adriaküste ist eine fast ununterbrochene Flachküste mit breiten Sandstränden und flachem Meeresboden, der Nordteil Ausgleichsküste mit Lagunen und Nehrungen.

Nur kleine Abschnitte zwischen Triest und Monfalcone, südlich von Gabicce Mare und das breite Vorgebirge des Monte Gargano haben Steilküstencharakter. Auch ist das Klima besonders im N, wo die kalten Fallwinde der Bora auftreten, im Winter nicht so mild wie an der Ligurischen Riviera. Fremdenverkehrsentwicklung hier bedeutend jünger als in Ligurien, im wesentlichen erst hervorgerufen durch den Massentourismus nach dem 2. Weltkrieg. In kurzer Zeit entstand, begünstigt durch die Nähe zu den Hauptquellgebieten des europäischen Fremdenverkehrs, ein fast geschlossenes Siedlungsband zwischen Triest und Ancona, das nur an der Pomündung auf einer längeren Strecke unterbrochen ist und durch Fremdenverkehr außerordentlicher Intensität geprägt wird.

Diese Intensivzone beginnt bei ***Grado*** (2 Mio. Ü.) und setzt sich fort über ***Lignano*** (6), ***Bibione*** (über 3), ***Caorle*** (4) bis ***Lido di Jesolo*** (über 6). ***Venedig*** ist das kulturhistorische Zentrum der nördlichen Adria, eine der größten Sehenswürdigkeiten der Welt.

Dieser Fremdenverkehr höchster Intensität setzt sich südlich von Ravenna bis ***Rimini*** (7) und ***Cattolica*** (2) fort. Weiter nach S nimmt Bedeutung des Fremdenverkehrs rasch ab.

Die gesamte Adriaküste hat in den letzten Jahren durch Wasserverschmutzung und das massenhafte Auftreten von Algen schwere, auf lange Sicht kaum reparable Schäden erlitten.

**Kulturtourismus**

***Ägypten*** gehört, vergleichbar Isarael oder Griechenland, zu den Ländern mit der längsten Fremdenverkehrstradition. Der Besuch *kulturhistorischen Sehenswürdigkeiten* ist das Hauptmotiv des Fremdenverkehrs, auch des heutigen Massentourismus. Die Folge sind andere räumliche Strukturen: Die Fremdenverkehrszentren liegen nicht an den Küsten, sondern im Landesinneren, kurzfristiger Aufenthalt im Zuge von Toursystemen, d.h. das Aufsuchen mehrerer Sehenswürdigkeiten, überwiegt.

Nach 1970 allerdings auch Anstrengungen zur Entwicklung des Badetourismus an den Küsten des Mittelmeeres, die Marmarica zwischen Es Salum und Alexandria, und des Roten Meeres, das für seine Tauchmöglichkeiten berühmt ist.

Wichtigstes Fremdenverkehrszentrum und Ausgangspunkt für die meisten Ägyptenreisen ist die Hauptstadt ***Kairo*** mit ihren weltberühmten Kunstsammlungen (Ägyptisches Museum, Museum Islamischer Kunst), der um 1200 erbauten Zitadelle mit der Alabastermoschee. Für die zahlreichen Besucher aus den arabischen Nachbarstaaten bietet die Weltstadt zudem ein reiches Vergnügungsangebot. Am westlichen Stadtrand liegen die berühmten Pyramiden von Gizeh und die Sphinx, in geringer Entfernung nilaufwärts die übrigen Pyramiden.

Auch alle anderen Sehenswürdigkeiten finden sich punktförmig nilaufwärts aneinandergereiht. Sie können von Kairo aus mit dem Flugzeug oder mit der Eisenbahn, die bis Assuan führt, erreicht werden. Eines der bedeutendsten Zentren nilaufwärts ist ***Luxor***, rund 700 km nördlich von Kairo mit den riesigen Tempelanlagen von Luxor und Karnak, dem Tal der Könige, der Begräbnisstätte der ägyptischen Pharaos und dem Tempel der Hatschepsut.

Weitere 200 km nilaufwärts liegt die Stadt ***Assuan*** am Ersten Katarakt mit den Nilinsel und Tempelanlage von Philä und dem großen Assuan-Staudamm.

Endstation für die meisten Reisenden ist nilaufwärts ***Abu Simbel***, nach kurzem Flug von Assuan aus erreichbar. Der berühmte Ramses Tempel von Abu Simbel wurde durch eine spektakuläre Aktion der UNESCO vor der Überflutung durch das Wasser des Staudammes gerettet.

### 8.4.5.2 Die Alpen: Zielgebiet des Wintertourismus

Die Alpen sind das Hauptzielgebiet des innereuropäischen Tourismus im Winterhalbjahr und damit die größte Wintersportregion der Erde. Zwar ist der Sommerfremdenverkehr rein übernachtungsmäßig oft noch stärker, doch unterliegen die Alpen im Sommer der Konkurrenz des Badetourismus im Mittelmeerraum, im Winter sind sie konkurrenzlos.

**Die französischen Wintersportstationen**

Zu Füßen des Mont Blanc liegt ***Chamonix***, berühmt als Bergsteigerort der frühen alpinistischen Phase des Tourismus seit um 1850. Seit 1900 eines der wichtigsten Wintersportzentren Frankreichs. Seilbahnen erschließen das Gebirge bis in eine Höhe von 3800 m und ermöglichen den Sommerskilauf. Etwas weiter westlich liegt

***Megéve*** mit über 10000 Betten und mehr als 1 Mio. Übernachtungen einer der ganz bedeutenden Wintersportorte Frankreichs.

Einem ganz anderen Typus als diese gewachsenen Wintersportorte gehört ***Flaine*** an, ein riesiger Hotel- und Apartmentkomplex in rd. 1600 m Höhe. Diese für Frankreich außerordentlich charakteristische „Wintersportstation" („station de sport d'hiver") ist – auf dem Reißbrett geplant – ohne Anlehnung an einen Ort auf ehemaligen Almboden erbaut worden. *Vorzüge*: Ausgezeichnete Schneelage und eine lange Dauer der Wintersaison! Im Sommer allerdings wirken sie wie Geisterstätte.

Zwischen Isere- und Arctal liegt ein zweites Ballungsgebiet mit außerordentlicher Konzentration französischer Wintersportorte: das riesige Skizentrum ***La Plagne*** mit einer Bettenkapazität von 16000 Betten. Mit dem geplanten Ausbau auf 32000 Betten würde es das größte Skizentrum der gesamten Alpen darstellen. Es umfaßt 4 Skidörfer, darunter das Riesenapartmenthaus „Aime la Plagne" (Platz für 3000 Personen). Auf den Gletschern der Bellecote besteht die Möglichkeit zum Ganzjahresskilauf.

Das Skizentrum ***Tigne*** im oberen Iseretal, am 2100 m hohen Lac de Tigne, entstand nach Überflutung des Altortes durch einen Stausee und die dadurch erzwungene Verlegung des Ortes. Die reichlichen Entschädigungen ermöglichten den Bewohnern den großzügigen Ausbau des neuen Ortes. Zu diesem Gebiet gehört noch der Skigroßraum der ***Trois Vallees***. Schließlich seit 1972 Ausbau eines vierten Zentrums, der in 2300 m hoch liegenden Großstation ***Val Thorens***.

### Ötztaler und Stubaier Alpen – der Gletscherskilauf

In den Ötztaler und Stubaier Alpen liegt eines der wichtigsten Fremdenverkehrsgebiete der Ostalpen. Stark vergletscherte Gipfel ragen weit über 3000 m hoch. Daher befinden sich hier allen 4 der 7 österreichischen Gletscherskigebiete: *Kaunertal*, *Pitztzal*, *Ötztal* und *Stubaital*. Sie waren nicht unumstritten, besonders das am spätesten gebaute Pitztaler Gletscherskigebiet. Trotz Protesten der Naturschützer wurde es 1984 eröffnet. Die Investitionskosten derartiger Gletscherskigebiete sind enorm: 270 Mio. öS beim Pitztal. Sie gehören zu den hochwertigsten Einrichtungen des Fremdenverkehrs überhaupt.

Das breite Ötztal v.a. entwickelte sich zu einem der bedeutendsten Fremdenverkehrstäler Österreichs. Zentrum des Tales ist ***Sölden*** mit über 1,7 Mio. Ü. Von hier aus erschließt die Ötztaler Gletscherstraße das Sommerskigebiet am Rettenbachferner.

Der Fremdenverkehr wurde durch den Bau der 1969 eröffneten, 2500 m hohen Timmelsjochstraße gefördert. Als Mautstraße verbindet sie das Ötztal mit dem Südtiroler Passeiertal. An ihr entstanden, sonst in Österreich nicht üblich, Hotelhöhensiedlungen, wie ***Obergurgl*** mit seinen komfortablen Hotels und Pensionen der Spitzenklasse, das mit 1900 m Seehöhe höchstgelegene Kirchdorf

Europas. Es entwickelte sich bereits vor dem 1. Weltkrieg aus 14 Bauernhöfen zu einem internationalen Sommer- und Winterfremdenverkehrsort. Hochgurgl, in rd. 2100 m Seehöhe, ist Österreichs höchstgelegener Wintersportort, in dem es nur internationale Spitzenhotels gibt, während Untergurgl in 1800 m Seehöhe bis heute bescheidene Pensionen bietet. In ähnlicher Weise wurde das Almgebiet von Hochsölden oberhalb des Ortes Sölden zu einer Hotelhöhensiedlung umgestaltet.

In Neustift im Stubaital wurde der *Eisjochferner* in 3200 m Höhenlage erschlossen. Die Fertigstellung der Inntal- und Brennerautobahn und schneearme Winter haben dazu wesentlich beigetragen. ***Neustift*** ist heute eines der bedeutendsten Fremdenverkehrszentren Tirols (fast 1 Mio. Ü.).

### 8.4.5.3 Der Fremdenverkehr des europäischen Quellraumes

Der europäische Quellraum jenes Gebiet, das Wohn- und Ausgangsgebiet der großen Ströme des Tourismus darstellt, während es selbst – abgesehen vom Naherholungsverkehr – einen Urlaubsverkehr relativ geringer Intensität aufweist. Kennzeichen sind:

1) *Größter Quellraum der Erde.* Er umfaßt große Teile Frankreichs, die Benelux-Staaten und Deutschland, d.h., das Gebiet des europäischen Kernraumes, hohe Bevölkerungsdichte, hohes Wohlstandsniveau, hohe Reiseintensität. Mehr als 60 % der Bevölkerung über 14 Jahre macht mindestens eine Urlaubsreise von 5 Tagen pro Jahr.

2) *Gebiet stärksten Inländerfremdenverkehrs.* Von den großen Ballungsräumen ausstrahlend, besteht in der Nutzungsdichte durch den Freizeitverkehr ein deutlicher Intensitätsabfall. Durch die Naherholung werden die höchsten Intensitäten erreicht.

3) Der *Fremdenverkehr spielt sich* in erster Linie *ganzjährig* ab, allerdings mit wöchentlichen und täglichen Frequenzschwankungen.

**Zielgebiete** des europäischen Tourismus sind die *Küstengebiete an Atlantik, Nord- und Ostsee* und die *Gebiete im Landesinneren.* Im Inneren dominieren kulturelle Angebote und landschaftliche Besonderheiten: Loiretal in Frankreich, Romantische Straße in Süddeutschland, Mittelgebirge wie Harz oder Schwarzwald.

Besonders aber sind die großen Städte, wie Paris, London, Berlin, München, Amsterdam oder Wien Ziele intensivsten Fremdenverkehrs.

**Die Küstengebiete von Atlantik, Nord- und Ostsee haben folgende Charakteristika:**

1) Große Teile profitieren von der Nähe zum nordwesteuropäischen Ballungsraum. Trotz ungünstiger klimatischer (höchste Niederschläge im Sommer) und meeresbiologischer Voraussetzungen (hohe Gezeiten, an der Rance bis zu 10 m) ergibt sich eine hohe Besucherdichte. Nach der Mittelmeerzone und den Alpen handelt es sich um die dritte große Fremdenverkehrszone Europas.

2) Die Bedeutung der Nähe zu den Ballungsräumen zeigt sich im unterschiedlich starken Erschließungsgrad einzelner Küsten. Während die Atlantikküste südlich der Loire geringe Dichte aufweist, besitzt das Küstengebiet im Ausstrahlungsbereich von Paris, des nordfranzösisch-belgisch-niederländischen und des norddeutschen Ballungsraumes höchste Intensität. 200–300 km genügen, um wenig frequentierte Zonen zu erreichen.

3) Infolge der Nähe zu den Ballungsräumen haben große Teile der Küste eine weit zurückreichende Tradition als Badeorte. Viele Badeorte hatten ihre eigentliche Bedeutung im 19. Jh. Damals entstand auch an der nordwesteuropäischen Küste der Typus des englischen Seebades, dessen Merkmal die weit in das Meer vorspringende Mole mit dem Restaurant darstellt. San Sebastian, Biarritz, Deauville, Trouville, Scheveningen, fast alle belgischen Badeorte usw. sind typische alte Seebäder. Viele Badeorte dieser Zeit haben Probleme der Umstellung auf modernere Fremdenverkehrsformen.

Einen typischen Funktionswandel hat ***Scheveningen*** durchgemacht: vom reinen Badeort zum Fremdenverkehrsort mit Mehrfachnutzung. Schlechtwettereinrichtungen verlängern die Nutzungsdauer: Ein Meerwasser-Hallenbad wurde direkt am Meer neben der alten Pieranlage erbaut, ein Einkaufszentrum, Sporthalle, Vergnügungs- und Kureinrichtungen. Zugleich wurden einige der alten Hotelbauten des 19. Jh. in Apartmenthotels umgewandelt und damit neuen Konsumentenschichten und einem neuen Freizeitverhalten Rechnung getragen.

4) Wie bei allen Küstengebieten dominiert der einsaisonale Charakter, verschärft durch eine relativ kurze Saison schönen Wetters, so daß der Spielraum für den Badefremdenverkehr noch viel stärker als in der Mittelmeerzone eingeengt wird. Allerdings bietet das Reizklima an Atlantik- und Nordseeküste Möglichkeiten, die Saison auszuweiten.

5) Völliges Überwiegen des Inländerfremdenverkehrs und damit ein wesentlicher Unterschied zu den stark vom Ausländertourismus mit breiter Herkunftsstruktur nachgefragten Mittelmeerküsten.

**Intensivzone des sommerlichen Badetourismus an der Nordsee**

Die Zone intensiver Fremdenverkehrsnutzung reicht von Belgien über die Niederlande nach Deutschland. Hier sind es v. a. die ***Ostfriesischen und Nordfriesischen Inseln*** und ein schmaler Streifen anschließender Küste mit hoher Intensität, die wenige Dutzende Kilometer landeinwärts sofort abbricht.

Teilweise ist die Entwicklung bereits traditionell. Auf den Ostfriesischen Inseln beginnt sie mit der Errichtung von Seebädern ab 1800/1850. Sie wurde durch eine Krise der bisherigen Landwirtschaft und Fischerei, insbesondere des Walfanges, beschleunigt. Nachdem kurz zuvor die ersten Seebäder in England entstanden waren, wurde knapp vor 1800 ***Norderney*** als erstes Inselbad der Nordsee gegründet. Seit 1815 erfolgte der Ausbau zum Staatsbad des Königshauses Hannover.

Wie Norderney entwickelten sich auch die übrigen Seebäder der deutschen Nordseeküste wegen ihrer vorzüglichen Sandstrände und der Klimagunst seit etwa

1850. Die Ostfriesischen Inseln, z. B. ***Borkum***, ***Norderney*** und ***Langeoog***, sind ebenso wie die Nordfriesischen Inseln ***Sylt***, ***Föhr***, ***Amrum*** oder die Insel ***Helgoland*** Zentren des Badetourismus. Helgoland hat neben dem sommerlichen Badefremdenverkehr auch starken Tagesausflugsverkehr. Diesen verdankt sie v. a. dem Privileg der Zollfreiheit, das seit 1890 besteht.

Die Insel *Sylt* mit ihrem 40 km langen Sandstrand profitiert von dem 1927 fertiggestellten Hindenburgdamm (Eisenbahn), durch den die Insel mit dem Festland verbunden ist. ***Westerland*** auf Sylt wurde zum größten Seebad der Nordfriesischen Inseln.

Die Entwicklung am Festland ist jünger, erst nach 1945 wurde das niedersächsische Seebad ***Cuxhaven*** ausgebaut (auch Campingtourismus). In Schleswig-Holstein sind *Eiderstedt* und *Dithmarschen* die Schwerpunkte des Badefremdenverkehrs.

Der im W der Halbinsel Eiderstedt gelegene Ort ***St. Peter-Ording*** erreicht bereits 1970 mehr als 1,3 Mio. Ü. Zur Verlängerung der Saison sind in allen Küstenbädern nach 1960 Meerwasser-Schwimmbäder entstanden, dazu verschiedentlich Kureinrichtungen.

## 8.4.5.4 Der Fremdenverkehr Nordamerikas

Nach Europa stellt Nordamerika das bedeutendste Fremdenverkehrsgebiet der Erde dar. Die wichtigsten Fremdenverkehrsregionen Nordamerikas liegen im Umland der großen Ballungsräume, wie im Atlantischen Osten, dem Manufacturing Belt und Kalifornien, ferner in Florida, in den Rocky Mountains und an der Pazifikküste Kaliforniens.

**Die US-Vergnügungsindustrie** hat für die regionale Entwicklung des Fremdenverkehrs ungleich größere Bedeutung als in Europa.

***Atlantic City***, an der flachen Atlantikküste im südöstlichen New Jersey gelegen, entwickelte sich ab 1850 zum bedeutendsten Badeort am Atlantik mit zahlreichen Hotels und dem legendären „Boardwalk“ entlang der Küste. Nach 1960 begann der Verfall. Die wohlhabenderen Touristen bleiben fern, leerstehende Hotelpaläste, Arbeitslosigkeit – Schicksal vieler Fremdenverkehrsorte in einer Spätphase ihres Lebenszyklus. Daher kam die Idee auf, die Wirtschaft der Stadt durch die Legalisierung von Glücksspielen zu sanieren. Las Vegas war das große Vorbild! 1978 wurde das erste Spielcasino eröffnet, zahlreiche weitere folgten. Insgesamt wurde Atlantic City 1984 von 27 Mio. Spielern aufgesucht, 30000 neue Arbeitsplätze konnten geschaffen werden.

*Allerdings gibt es auch Schattenseiten*: Vielfach werden die neuen Arbeitsplätze von zugezogenen Arbeitskräften eingenommen, die Arbeitslosigkeit der Stadtbevölkerung ist daher trotz allem hoch. Mehr als die Hälfte der Einnahmen der Stadtverwaltung kommen aus dem Spielbetrieb, d. h., extreme Abhängigkeit von diesem Wirtschaftszweig. Zugleich kam es zu einer Zunahme des Verbrechens. Es erhebt sich die Frage, ob Spielcasinos ein geeignetes Mittel für die Wiederbelebung alter Fremdenverkehrsorte sein können.

***Las Vegas*** in Nevada gehört zu den berühmtesten Spielerzentren der Welt. In den 40000 Zimmern übernachten rd. 12 Mio. Besucher p.a. Bei einer durchschnittlichen Aufenthaltsdauer von 3,2 Tagen werden an die 40 Mio. Ü. erzielt! Zentrum ist der Las Vegas Boulevard („The Strip“) mit mehr als 2 Dutzend großer Kasinos. Die Ausgaben der Besucher in dieser Stadt übersteigen jene der Amerikaner in ganz Westeuropa. 40 % der Gäste kommen mit dem Flugzeug, an Wochenenden landen die Maschinen fast pausenlos aus den ganzen USA.

***Vergnügungsparks*** (amusement parks, theme parks) besitzen im US-Tourismus eine besonders große Bedeutung. Es handelt sich um eine Innovation, die von der amerikanischen Vergnügungsparkindustrie laufend weiter entwickelt und vermarktet wird. Die wichtigste Kategorie dieser Vergnüngungsparks stellen die “theme parks“ dar, eng verknüpft mit dem Namen von Walt Disney. Dazu zählen v.a. das 1955 in Kalifornien geschaffene ***Disneyland*** und ***Disneyworld*** in Florida.

In den USA existieren rd. 30 kleinere Freizeitparks mit einem durchschnittlichen Besuchervolumen von jeweils 1 Mio. Besuchern, die aus einem Einzugsbereich bis zu 800 km kommen.

Aufgrund der wirtschaftlichen Erfolge breitet sich diese Fremdenverkehrsform international aus und entwickelte sich zu einem echten Exportartikel für US-Knowhow. Japan eröffnete 1983 einen derartigen Vergüngungspark bei Tokyo. Während in Europa bis dato **Phantasia-Land** bei Köln und **Legoland** bei Sierksdorf an der Ostsee die größten deutschen Freizeitparks darstellten, wird bis 1991 rd. 30 km ostwärts von Paris bei **Marne-laVallee** das erste europäische Disneyland entstehen. Es ist ein gigantischer Vergnügungs- und Attraktionspark nach den beiden amerikanischen Vorbildern und mit amerikanischen Knowhow. Ein Vertrag zwischen der französischen Regierung und der Walt Disney Production wurde geschlossen. Die Franzosen zeigen eine besondere Begeisterung für derartige Animationen und verknüpfen sie auch mit regionalpolitischen Bestrebungen. Sie erwarten sich davon größere Multiplikatorwirkungen als von Großindustrieansiedlungen. In der Nähe des Flughafens Charles-de-Gaulle bei **Roissy** wird ein eigenes „Asterixland“ entstehen. Die Industrieruinen von **Metz**, Lothringen, werden zu einer „Neuen Welt der Schlümpfe“ umgebaut. In der nordfranzösischen Stadt **Amiens** entsteht das neue Fantasiereich des französischen Science-Fiction Autors Jules Verne, der hier geboren wurde. Bereits 1987 entstand in der Pariser Satellitenstadt **Cergy-Pontoise** ein “Mirapolis“, dessen Themen der französischen Mythengeschichte entnommen werden. Insgesamt sind in Europa etwa 30 solcher gigantischer Freizeitattraktionen geplant oder im Entstehen.

## Fremdenverkehrsregion Florida

Floridas Ostküste gehört – nicht zuletzt wegen des wintermilden subtropischen Klimas und der weiten Sandstrände – zu einem der bedeutendsten Fremdenverkehrsgebiete der Erde.

Die Entwicklung des Tourismus begann um 1880 ausgehend von St. Augustine, wo die ersten Hotels erbaut wurden und eine Erschließung durch die Ostküstenbahn erfolgte. Die Ostküste wurde zum bevorzugten Winteraufenthaltsort der reichen Amerikaner. Während des Sommers war dagegen ein Großteil der Hotels bis in die 70er Jahre geschlossen. Erst seither halten die Hotels auch im Sommer – zu bedeutend ermäßigten Preisen – offen. Daraus ergibt sich eine starke soziale Differenzierung je nach Saison: Im Winter höhere Gesellschaftsschichten, im Sommer der Durchschnittstourist. Immerhin entfällt heute bereits rd. 1/3 der Gesamtübernachtungen auf die 3 Monate Juni bis August.

Die Kette berühmter Badeorte beginnt mit ***St. Augustine*** im N, ***Daytona Beach***, ***New Smyrna Beach*** und erstreckt sich zum Zentrum des Fremdenverkehrs, der schmalen Insel ***Palm Beach***, die der Stadt West Palm Beach mit ihrem internationalen Flughafen, vorgelagert ist.

Südlich von Palm Beach folgt auf fast 160 km Länge eine fast durchgehende Zone von Luxushotels und Luxusvillen auf ausgedehnten Gartengrundstücken, darunter ***Delray Beach*** und ***Miami Beach*** auf einer 16 km langen Nehrung östlich der Stadt Miami entstanden.

Dagegen haben sich an der Golfküste Floridas nur wenige bedeutendere Fremdenverkehrsorte entwickelt. Ganz im NW wurde ***Pensacola*** zum Zentrum eines Erholungsgebietes, um ***Tampa*** als Mittelpunkt entstanden zahlreiche Rentnersiedlungen.

Mit dem ***Everglades Nationalpark*** und mit *Disneyworld* in der Nähe von Orlando besitzt Florida Sehenswürdigkeiten von internationalem Rang. Disneyworld wurde 1971 eröffnet. Die Bettenkapazität von Orlando stieg innerhalb von 3 Jahren nach der Eröffnung von 5000 auf 30000 Betten.

### Nationalparks: Naturschutz und Fremdenverkehr

Der Nationalparkgedanke ist von den USA ausgegangen und hat in Nordamerika für den Tourismus eine besonders große Bedeutung erlangt.

In den USA existieren fast 40 National Parks und mehr als 80 National Monuments, ferner über 100 historische Sehenswürdigkeiten und Parks und 20 National Recreation Areas, welche zusammen die Größe Österreichs haben. Kanada hat weitere 30 Nationalparks, die eine Fläche von 130000 qkm bedecken.

In den US-Nationalparks wurden bereits 1975 rd. 240 Mio. Besucher gezählt (zum Vergleich: 1975 gab es weltweit 220 Mio. internationale Touristenankünfte). Der ***Yellowstone Nationalpark*** verzeichnete 1981 2,5 Mio. Besucher, der meist besuchte US-Nationalpark, der „***Great Smoky Mountains NP***“ in North Carolina und Tennessee, sogar 8,3 Mio. Diese enormen Besucherzahlen bringen vielfach bereits Probleme, daher Bestrebungen, den Massentourismus in besonders sensiblen Räumen einzudämmen. Nach wie vor dominiert nämlich in den Nationalparks das Schutzprinzip, d. h., die Erhaltung besonders sehenswerter geologischer, historischer, zoologischer und botanischer Sehenswürdigkeiten. Die touristische Nutzung ist dagegen zweitrangig und zumeist stark naturverbunden. Camping und Caravaning stehen als Übernachtungsformen im Vordergrund. Einige Nationalparks, wie ***Banff*** und ***Jasper***, haben aber auch Fremdenverkehrszentren, ***Lake Louise*** im NP von Banff ist der bedeutendste kanadische Wintersportort.

# 9 DER WELTHANDEL

Welthandel ist ein dynamisches System, nach Volumen und Raum. Wertmäßig verdoppelt er sich seit ca. 1930 alle zehn Jahre. Die räumliche Expansion des Systems erfolgte in vergangenen 200 Jahren ausgehend von Kernraum NW-Europa, zusammen mit Industrialisierung in Form eines Diffusionsprozesses, indem sukzessive neue Welthandelspole dazukamen. Diese Systemexpansion erfolgte aber gerade im letzten Jahrzehnt nicht reibungslos. Zunehmender Protektionismus beeinflußt den Welthandel. Andererseits gewinnen übernationale Organisationsformen an Bedeutung. 1989 hatte Welthandel (Exportwert) 3 Billionen US-$ erreicht.

Von besonderer Bedeutung sind folgende 3 Erscheinungen:

a) **Auftreten neuer Wirtschaftsblöcke**, die immer stärker den Welthandel neu organisieren. Steigende Bedeutung von ***Integrationen***, sowohl in den Kernräumen als auch in der Peripherie.

b) Zusammenbrechen des Kolonialismus und **Unabhängigkeit der Staaten**. Damit Versuch, von den einseitigen Verflechtungen mit den Industrieländern und der Exportkonzentration auf wenige Produkte wegzukommen und eigenständige Industrialisierung herbeizuführen. Industrialisierungs- und Außenhandelsstrategie ergänzen einander:

- Zuerst durchwegs „***importsubstitiuierende Industrialisierung***“ (ISI): Bisherige Importe aus IL durch Aufbau einer eigenen Industrie ersetzt. Im Außenhandel bedingt dies Abschottung durch Importrestriktionen.
- Da ISI nur begrenzte Erfolge bei der Industrialisierung, haben einige Länder “***exportorientierte Industrialisierungsstrategie***“ (EOI) beschritten. Öffnen dazu ihre Märkte für Auslandskapital. Exporte von Industriegütern unter Ausnutzung der Produktionskostenvorteile durch billige Arbeitskräfte.

c) **Entwicklungsländer** als zunehmend stärkere Kraft im Welthandel: Etablierung von Rohstoffkartellen und internationalen Organisationen, wie der UNCTAD (→ 9.3.7.3), N-S Dialog, Entstehen von Schwellenländern als Ansatzpunkte weltweiter neuer Kernräume.

Vordringlichstes Problem war bis zum Anfang der 70er Jahre Senkung der Zölle. Inzwischen eingetretene Liberalisierung des Welthandels führte zusammen mit veränderten Rahmenbedingungen nach 1973 zu Verschiebungen der Problemfelder.

***Überschuldung*** vieler EL und Länder Osteuropas stellt Funktionsfähigkeit der internationalen Finanzsysteme in Frage. Importbeschränkungen vieler Länder.

**Neue Internationale Arbeitsteilung**: Enorme Lohngefälle zwischen IL und EL führten zu großräumiger Verlagerung industrieller Produktionsstrukturen und damit des Welthandels in Gebiete der globalen Peripherie. Sektorale und regionale Folgen:

- Sektoral v.a. Ausbau von Branchen mit standardisierbaren Produkten, geringen Transportkosten, hohem Lohnanteil (Textil- und Bekleidungsindustrie, Konsumelektronik, Uhrenerzeugung, Stahlerzeugung usw.)
- regional ist Entwicklung auf einige wenige Länder, sog. NIC („newly industrialized countries"), Schwellenländer oder take-off Länder, beschränkt. Daraus resultieren Verlagerungen in Welthandelsstruktur. Anteil der EL am Welthandel industrieller Güter stieg 1970–85 von 7% auf 13%.

Wachsender **Protektionismus**. Wirtschaftliche Probleme, Probleme auf Arbeitsmärkten, Konkurrenz der Billiglohnländer und Druck des aggressiven Exporteurs Japan führten zu starken Tendenzen, die erreichte Liberalisierung wieder abzubauen. Importbehinderungen und Exportsubventionen werden stärker.

## 9.1 Die Welthandelsgüter

Rund 35% des gesamten Exportwertes (1984) entfallen auf Nahrungsmittel und Rohstoffe, 65% auf industrielle Güter.

### 9.1.1 Hauptgruppen des internationalen Warenhandels

Internationaler Warenhandel beherrscht vom Austausch von Maschinen und Transportmittel (Tab. 12). Durch Anstieg der Ölpreise haben gegenüber 1970 auch Mineralische Brennstoffe und Erdölprodukte an Bedeutung gewonnen. Nahrungsmittel und landwirtschaftliche und bergbauliche Rohstoffe spielen dagegen immer kleinere Rolle.

### 9.1.2 Der Welthandel mit landwirtschaftlichen Produkten

Der Welthandel mit landwirtschaftlichen Produkten (inklusive Fisch- und Forstwirtschaft) nahm 1970 (41 Mrd. $) bis 1989 (418 Mrd.) stark zu. Anteil am gesamten Welthandelswert allerdings fallend (1970: 15%, 1989: 13%).

Ähnlich wie Welthandel mit industriellen Erzeugnissen erfolgt auch bei agrarischen Gütern primär Austausch zwischen den IL (63%, in Folge sofern nicht anders angegeben immer in % des Welthandels mit Agrargütern). Infolge hochintensiver Landwirtschaft sind sie nicht nur weltgrößte Agrarproduzenten sondern auch Hauptexporteure.

### Tab. 13: Weltexporte 1988

| Gütergruppen | SITC-Code | in Mio. US-$ | in % |
|---|---|---|---|
| Nahrungsmittel, Getränke, Tabak | 0,1 | 255946 | 9,05 |
| Rohstoffe | 2 | 157014 | 5,55 |
| Brennstoffe | 3 | 266845 | 9,43 |
| Tierische u. pflanzl. Öle u. Fette | 4 | 12548 | 0,44 |
| Chemische Produkte | 5 | 252713 | 8,93 |
| Maschinen und Transporteinrichtungen | 7 | 994436 | 35,15 |
| Sonstige Industriewaren | 6,8 | 793995 | 28,07 |
| Nicht näher bezeichnete Waren | 9 | 95598 | 3,38 |
| Insgesamt | 0–9 | 2829095 | 100,00 |
| davon: | | | |
| Getreide | 041–045 | 32159 | 1,14 |
| Ölsamen und Ölfrüchte | 22 | 11037 | 0,39 |
| Textilfasern | 26 | 26574 | 0,94 |
| Mineral. Düngemittel, Minerale | 27 | 12910 | 0,46 |
| Erze, Schrott | 28 | 32921 | 1,16 |
| Pkw u. Pkw-Teile | * | 146805 | 5,19 |
| Textilgarne und -gewebe | 65 | 93275 | 3,30 |
| Eisen und Stahl | 67 | 98468 | 3,48 |
| Nichteisen-Metalle | 68 | 61085 | 2,16 |
| Bekleidung | 84 | 84125 | 2,97 |

* = SITC, Rev. 3: 781.2, 784.1, 785.1, 785.2, 785.31

*Quelle:* International Trade Statistics Yearbook, 1988, Bd. 1

## *Begriffe des Welthandels*

1) Außenhandel, Internationaler Handel oder Welthandel – Handel, der die Zollgebietsgrenzen überschreitet

2) Binnenhandel – Handel innerhalb der Grenzen eines Zollgebietes

3) Intraregionaler Handel – Handel innerhalb eines Wirtschaftsblockes oder zuvor definierten Welthandelsgroßraumes

4) SITC oder Standard International Trade Classification ist Internationale Güternomenklatur. Für internationale Vergleiche wird eine von der UNO 1950 entworfene Deklaration nach der Art des Gutes verwendet. Der SITC wurde 1960 und 1985 aufgrund der bis dahin aufgetretenen Veränderungen im Außenhandel und zur besseren Vergleichbarkeit mit der Zolltarifnomenklatur verändert und ist als SITC-Revised 3 bis heute gültig.
Alle Warengruppen werden danach in ein hierarchisches Schema eingeteilt, das aus 10 Hauptgruppen (einstellige Zahlen), 56 Abteilungen (Zweisteller), 1877 Untergruppen (Dreisteller) und 625 Warengruppen (Viersteller) gebildet wird.

Wichtigster Exporteur unter Kernräumen ist Europa (46%), allerdings überwiegt der intraregionale Austausch. Frankreich, die Niederlande, Dänemark und Irland sind Europas agrarische Überschußländer, GB oder die BRD sind gewaltige Nettoimporteure. Durch hohe Bevölkerungsdichte und Konsumgewohnheiten ist aber Europa insgesamt größtes Nettodefizitgebiet (Überwiegen der Importe gegenüber den Exporten) der Erde. Anders Nordamerika, mit 17% zweitgrößter agrarischer Exportraum und einem gewaltigen Exportüberschuß, der insbesondere nach Europa, Japan und in die EL Asiens gelenkt wird. Gleiches gilt auch für die übrigen europäisch besiedelten Überseeländer, wie Australien und Neuseeland, auf die zusammen 6% der agraren Exporte kommen.

Nur rd. 30% des agraren Exportwertes entfallen auf die EL. Wichtigster Überschußraum ist Lateinamerika (11%), dessen Exporte jene der USA übertreffen, außerdem noch Asien (14%).

Ein hohes agrarisches Außenhandelsdefizit besitzen die PL mit 14% der Weltimporte und Japan mit 10%. Zu dieser Importabhängigkeit von Japan hat starker Wandel im Konsumverhalten beigetragen, der unter amerikanischem Einfluß nach dem 2. Weltkrieg erfolgte. Japan importiert heute bedeutende Mengen an Fleisch, Getreide, Zucker und Fischen.

**Getreide** ist weitaus wichtigste Welthandelsgruppe bei agrarischen Produkten, rd. 236 Mio. t oder 13% der Getreideproduktion der Welt kommen in den internationalen Handel, aber nur Weizen mit 100–110 Mio. t und Mais (70 Mio. t) erreichen wesentliche Mengen (Tab. 13).

Weltgetreidehandel hat einige Besonderheiten:

- ***Leichte Lagermöglichkeit*** (als Korn bis 10 Jahre), daher für Handel und Reservebildung zur Sicherung der Welternährung besonders geeignet. Stabilisierung der Preise und Sicherung der Versorgung durch Lagerhaltung notwendig. 1951 wurde „Internationale Weizenabkommen“ geschlossen, dessen Organ der *Internationale Weizenrat. Aufgaben*: Informationsaustausch über Produktion, Lager und Preise, keine Verpflichtung zu koordinierter Weizenpolitik. Reserven an Getreide ungeheuere Mengen von 406 Mio. t (1987).
- ***Steigende Importabhängigkeit der Entwicklungsländer*** bei Getreideimporten: Um 1960 10 Mio. t Getreide importiert, 1977 60 Mio. t, 1989 über 120 Mio. t. Allerdings: Weltgetreideernte erzielte 1986 Rekord von fast 2 Mrd. t (1988: 1,7 Mrd. t) zurückgehend auf erhöhte Ernten in EL, v. a. Indien und China, und in UdSSR. Dagegen wird Getreideproduktion in westlichen Industrieländern und den USA durch staatliche Subventionen gedrosselt (Produktionsumlenkung auf Alternativkulturen, Subventionsbrache).
- ***Große Bedeutung der Lagerhaltung*** zeigt sich in allen Getreidebaulandschaften und in den großen Umschlaghäfen an riesigen *Getreidesilos*, die zur typischen Formalstruktur gehören: Entlang Bahnlinien des wheat belt der USA hohe “*country*“*-Elevatoren* und riesige „*terminal*“*-Elevatoren* in Verschiffungshäfen.

Weizen wird als Schüttgut mittels Saughebern gelöscht. Getreideexporthäfen um die Großen Seen: Chicago, Milwaukee, Duluth, Cleveland, Toledo, Fort William, Port Arthur. ***Getreidebörsen*** (Chicago, Minneapolis, Kansas City, Winnipeg). *Großmühlen* haben Standort an den großen Wasserstraßen und in Nähe der Verbraucherzentren.

**Verflechtungsstrukturen der 3 Getreidearten (Weizen, Gerste, Mais)** sind ähnlich. Seit ausgehendem 19. Jh. entwickeln sich die **europäisch besiedelten Überseegebiete** (Nordamerika, Argentinien, Australien, Südafrika) zu den bedeutendsten Überschußgebieten der für den Welthandel wichtigsten Getreidearten. Allein auf Nordamerika rd. 40–50 % der Weizenexporte der Erde, rd. 50 % der Maisexporte. Kanada, GB und Frankreich größte Gersteexporteure.

**Europa** in letzten 20 Jahren durch beispiellose Steigerung der Erträge vom Nettoimporteur zum Exportraum, bietet allerdings relativ geringe Mengen auf Exportmärkten an (1985: 11 Mio. t Nettoüberschuß), da Europas kleinstrukturierter Getreidebau preislich nicht konkurrenzfähig.

**Asien** entwickelte sich zum ***größten Getreideimportraum*** der Erde. Insbesondere die *Weizenimporte* rapide angestiegen (1987–89: 40–50 Mio. t p. a.). Zurückzuführen auf rasch wachsende Bevölkerung und Änderung der Konsumgewohnheiten in Richtung zum Weizenkonsum.

*Japan* ist weitaus größtes Importland, stellte sich unter amerikanischem Einfluß von Reis auf Weizenkonsum um (hohe Weizenimporte von 5–6 Mio. t p. a.).

Dagegen sind *Indien*, *Pakistan* und *VR China*, noch vor zehn Jahren Großimporteure bei Getreide, zu Selbstversorgern geworden. Indien erzeugt heute im Punjab so viel Getreide, daß es während normaler Erntejahre Überschüsse zum Aufbau von Lagern verwenden konnte. 1987 herrschte Jahrhundertdürre. Früher wären Millionen von Indern verhungert, die neuen Lager haben die Bevölkerung gerettet. VR China ist größter Getreideproduzent der Erde, v. a. durch Reisbau, steht aber auch bei Weizen an 1. Stelle der Weltproduktion (rd. 90–100 Mio. t, USA: 60–70 Mio. t). Beides Beispiele, wie „Grüne Revolution" zur Stabilisierung der Versorgung beträgt und wesentliche Rückwirkungen auf Welthandel haben kann (→ 2.3.1.4).

Asien ist auch größter Importraum für Futtergerste und Mais. *Futtergerste* geht v. a. nach Vorderasien (Iran, Israel, Saudi-Arabien), während *Mais* in großen Mengen nach Japan, VR China und Südkorea geht. Australien hat seine Weizenexporte fast ganz auf Versorgung des asiatischen Importraumes abgestellt, doch auch Überschüsse Nordamerikas notwendig.

In steigendem Maße treten seit 1960 die ehemaligen PL, v. a. die SU, als Nachfrager am Getreidemarkt auf. SU muß ihre fast regelmäßig wiederkehrenden Mißernten (→ 2.3.1.3) durch umfangreiche Weizenkäufe ausgleichen, war 1989 mit 36 Mio. t größtes Getreideimportland der Erde!

### 9.1.3 Der Welthandel mit bergbaulichen Rohstoffen

**Erze** spielen im Welthandel wichtige Rolle (→ Tab. 6 auf S. 77), Schwerpunkte des Eisenerzabbaues verschieben sich aus westlichen IL in die EL.

1955 noch Schweden (35 %) und Frankreich (21 %) größte Eisenerzexporteure, Welthandel mit Eisenerz war im wesentlichen intraeuropäische Verflechtung. Seither globale Dimensionen. Australien und Brasilien, nach SU und VR China die beiden größten Eisenerzproduzenten der Welt, haben sich wie Kanada nach vorne geschoben. Ebenso die EL, v. a. die südamerikanischen, wie Brasilien, Venezuela, Chile (Lateinamerika insg.: 40 % der Weltexporte, 1988) gefolgt von Afrika (Südafrika, Liberia, Mauretanien) und Indien. Drei große Importeure:

**Japan**, mit 80 Mio. t Roheisenerzeugung (1989) nach der SU zweitgrößter Produzent der Erde, habe 1988 rd. 37 % der Weltimporte. Bezieht Eisenerz v. a. aus Westaustralien, wo Japan mit Kapital am Eisenerzabbau beteiligt ist. Darüber hinaus umfaßt Bedarfsraum Japans fast gesamte Erde, wesentliche Mengen kommen aus Südamerika, Afrika, Kanada und Indien.

**BRD** ist mit 15 % Welthandelsanteil zweitgrößter Importeur. Bezieht nur noch kleinen Teil aus europäischen Gebieten (Schweden, Frankreich), 90 % aber aus Übersee, v. a. aus Lateinamerika (Brasilien, Venezuela) und Afrika (Liberien) und über den 1976 neu in Betrieb genommenen Erzhafen Saldanha Bay aus Südafrika.

**USA**, drittgrößter Eisenerzimporteur, rd. 80 % der Erzimporte kommen aus den Lagerstätten in Labrador. Von Abbaustätten Schefferville, Wabusch und Gagnon wurden 1960 Bahnlinien zu den Erzhäfen Sept Iles und Port Cartier erbaut, eine technische Großtat. Kanada verschiffte 1988 30 Mio. t Eisenerz, davon je die Hälfte nach Europa und USA, wo durch steigende Erzimporte wie in Europa auch Trend zu „nassen Hütten“ (= Standort am Meer), Stahlwerke von Morrisville bei Philadelphia und Sparrows Point.

### 9.1.4 Der Welthandel mit Brennstoffen

Besonders Erdölhandel hat starken Einfluß auf Welthandel, weniger Kohle und Erdgas. Wichtige Veränderungen in Welthandelsstruktur auch durch neue Transporttechnologien. Dabei Trend immer stärker zu Netzstrukturen der Pipelines: Erdgaspipelines, Kohlepipelines.

#### 9.1.4.1 Der Welthandel mit Erdöl

Wesentlicher Teil der Rohölförderung kommt in den Welthandel (1976: 56 %, 1985: 40 %), da Überschußproduzenten und Bedarfsländer räumlich weit getrennt. Gewaltiger Strom von Erdöl ständig auf Weltmeeren unterwegs. 1975 in Häfen der gesamten Welt 3,1 Mrd. t gelöscht, allein 1,4 Mrd. t kamen auf Rohöl und 0,3 Mrd. t auf Erdölprodukte. 1990 Welt-Seegüterverkehr auf 4 Mrd. t gestiegen, davon 1,2 Mrd. t auf Erdöl und 0,4 Mrd. t auf Mineralölprodukte. Großteil des Schiffsraumes der Erde dient dem Transport von Erdöl, von den 410 Mio. BRT Handelsschiffraum von 1989 entfielen allein 130 Mio. (1977 noch 170 Mio.) auf Tanker.

Auf die 13 OPEC-Staaten nur noch rd. 39 % der Welterdölproduktion, aber 65 % des Erdölwelthandels (1990). In Großräumen der Erde decken sich Produktion und Verbrauch nur bei den Staatshandelsländern SU und China. Somit weltweit 4 Hauptexporträume (Naher Osten, Nord- und Westafrika, Karibischer Raum, SU) und 3 Räume mit Importbedarf (USA, Westeuropa, Japan):

**USA** benötigen 33 % ihres Gesamtverbrauches. Bei stark steigender Importabhängigkeit absolut aber bereits größtes Importland der Erde. Beziehen fast gesamten Exporte Venezuelas und Kanadas und einen Teil der Exporte des Nahen Ostens.

**Westliches Europa** muß 70 % seines Erdölverbrauches importieren. Allein 40 % aller Rohölimporte der Welt, insbesondere über Rotterdam, das als Spotmarkt auch preisbildend. Westeuropa versorgt sich primär aus dem Nahen Osten. Zudem fast gesamte Produktion der nord- und westafrikanischen Felder. Auch aus SU starke Bezüge.

**Japan**, drittgrößter Erdölverbraucher der Welt, muß fast gesamten Verbrauch importieren, zum Großteil aus Nahem Osten. Im Zuge einer Diversifizierungsstrategie aber auch bedeutende Bezüge aus Indonesien und VR China.

### 9.1.4.2 Der Welthandel mit Erdgas

Aus der Weltförderung von (1990) 2100 Mrd. cbm kommen nur rd. 14 % in Welthandel. Hängt mit Problem des Transportes über große Distanzen zusammen. Bis vor kurzem Welthandel nur durch Pipelines möglich (1990: 75 % in Pipelines, 25 % in Flüssiggastankern).

1964 erstmals kommerzieller Transport von Flüssiggas von Algerien nach Großbritannien. Weitere Entwicklung durch hohe Kosten der Erdgasverflüssigung verzögert: Abkühlung des Erdgases auf -162 Grad C, dadurch Gas flüssig, Volumen um 600fache verringert, aber teure Spezialschiffe, aufwendige Terminals und Verflüssigungsanlagen notwendig. Erst Anstieg des Energiepreisniveaus verstärkte Bedeutung dieses kapitalintensiven Transportsystems.

Verflechtungsräume im Vergleich zum weltweiten Erdölhandel relativ klein, 3 Hauptverflechtungsräume:

**Nordamerikanische**: USA Großimporteur von Erdgas. Rund 14 % der Erdgasexporte der Welt (1990) kommen aus Kanada, v. a. aus Alberta führen Pipelines in den W und E der USA. Alcan-Foothills-Pipeline von Erdgasfeldern im N Alaskas über kanadisches Gebiet nach USA.

**Europäische**: Besonders intensiv, 38 % der Weltexporte. Hauptexporteure sind die Niederlande (1990: 10 % der Weltexporte) mit gewaltigem Erdgasfeld in Groningen. 1977 Nordsee-Pipeline fertiggestellt. Liefert Erdgas aus norwegischem Teil der Nordsee nach Emden (1983 Norwegen: 13 %, 1990: 12 %). Dazu Exporte aus SU (1976: 18 % der Weltexporte, 1983: 30 %, 1990: 35 %) und Flüssiggaslieferungen aus Algerien (1990: 10 %) und Libyen.

**Japanische**: Erdgasversorgung zu 80 % durch Flüssiggas, v. a. aus Brunei, Alaska, Indonesien und Abu Dhabi.

### 9.1.4.3 Der Welthandel mit Kohle

Nur 12 % der Steinkohle und 1 % der auf Erde geförderten Braunkohle kommen in den Welthandel. Kohle ist Massengut mit geringem spezifischem Wert (– Wert je Gewichtseinheit), hohen Umschlagskosten und beträchtlichen Verlusten während des Transports (Kohlestaub).

Daher starke Transportempfindlichkeit und Bestreben bei Standortwahl der Abnehmer (Schwerindustrie, thermische Kraftwerke) in Nähe der Kohlestandorte zu sein, gilt besonders für Braunkohle, die zumeist verstromt wird: In BRD 1990: 88 % der Braunkohle verstromt, trägt 18 % zur Stromerzeugung bei. Beim weltgrößten Erzeuger und Verbraucher (ehemalige DDR) bildet die Braunkohle Basis der E-Wirtschaft: 82 % der Stromerzeugung.

Transporte wo immer möglich per Schiff: Ohio-Mississippi, die Großen Seen und der Rhein sind neben den zahlreichen Kanälen und Ozeanen die wichtigsten Transportstraßen für Kohle. Anders als beim Erdgas erfolgen 80 % des Welthandels über das Meer. Mengenmäßig hat internationale Kohlehandel stark zugenommen (FWA 92, S. 878). 1973 erst bei 210 Mio. t, 1990 bereits 410 Mio. t.

*3 Hauptverflechtungsräume des Welthandels mit Steinkohle* von rd. 400 Mio. t (1988): Australien (101 Mio. t), USA (87), Südafrika (43) und Polen (35) sind weltgrößten Exporteure, Europa und Japan (103 Mio. t) die großen Defizitgebiete.

**Westliches Europa** ist wichtigste Abnehmer. Noch in Zwischenkriegszeit intraeuropäische Handel wichtigste der Welt: Deutschland, GB und Polen versorgten steinkohlearmen Gebiete Skandinaviens und des Mittelmeerraumes und exportierten Kohle im Austausch gegen Fleisch nach Südamerika, v. a. Argentinien. Heute Intrahandel im westlichen Europa sehr gering (Deutschland: 5 Mio. t Export), da Steinkohleförderung innerhalb der EG-Länder rasch zurückgeht.

**Osteuropa**: v. a. **Polen** und die **SU** (25 Mio. t) haben Versorgung West-Europas und der steinkohlearmen übrigen RGW-Staaten übernommen, ergänzt durch Kohle aus USA.

**Japan**, das rd. 75 % seines gewaltigen Steinkohlebedarfes importieren muß, ist größtes Importland der Erde. Es sicherte sich fast die gesamten Exporte Kanadas, einen Großteil der australischen Kohle – Australien mit über 100 Mio. t weltgrößter Steinkohleexporteur – und etwa Hälfte der Exporte der USA von 87 Mio. t.

## 9.1.5 Der Welthandel mit Industriegütern

Fast der gesamte Welthandel bei Industrieprodukten spielt sich zwischen den industriellen Kernräumen ab. Große Produktvielfalt, so daß jede statistische Erfassung starke Generalisierung bedeutet. Daher zwischen den einzelnen Staaten vielfach gleiche Produktgruppen (chemische Produkte, Maschinen, Fahrzeuge usw.) ausgetauscht. Netz der Verflechtungen wird außerordentlich kompliziert und im Detail schwer überschaubar.

Stellvertretend für alle übrigen Produkte sollen die Austauschbeziehungen bei *Textil und Bekleidung* (6 % des Welthandelswertes), die zunehmend von den EL gesteuert werden und bei *Maschinen* (einschl. Transportmittel: 35 %), bei denen noch immer die Kernräume marktbeherrschend auftreten, gezeigt werden.

### 9.1.5.1 Verflechtungsstrukturen beim Welthandel mit Textilien und Bekleidung

Gruppe Textilien und Bekleidung umfaßt zahlreiche Untergruppen. Bei Textilien sind Nichtbaumwollgewebe, Textilgarne und Baumwollgewebe die wichtigsten (0,3–1 % des Welthandels), Bekleidung erreicht Anteilswert von 3 % (1988).

Textil- und Bekleidungsindustrie gehört zu den Branchen, die seit 1945 bedeutende Veränderungen in Welthandelsstruktur hatten. Historische Monopol der europäischen Industrie ist längst gebrochen. EL spielen immer größere Rolle (30 % der Textilexporte und 49 % der Bekleidungsexporte), größte Teil davon aus asiatischen Billiglohnländern.

Bei ***Textilien*** 3 große Exporträume: Europa, Asien und Japan. Europa hat im wesentlichen Intrahandel. Globale Welthandelssystem wird von asiatischen EL und Japan gesteuert. Sie beliefern Nordamerika, Europa und den Markt des RGW.

Ähnlich Struktur bei ***Bekleidung***: Europa hat hohen Intrahandel, Asien einen wenig entwickelten Intrahandel, aber globale Exportverflechtungen, sie reichen v.a. auf europäischen und nordamerikanischen Markt.

Besonders eindrucksvoll ist rasche Steigerungsrate der Exporte der EL: EG bezieht bereits 15 % ihrer Textilimporte aus den EL, vorwiegend aus Asien, 1980 erst 4 %. Asiatischen EL beherrschen v.a. die Märkte der Dritten Welt (53 % der Importe). Rechnet man Japan (12 %) dazu, so kommt bereits mehr als die Hälfte der Textilimporte der Dritten Welt aus Asien!

Dagegen werden die IL immer stärker zu Großimporteuren, v.a. die BRD bezieht 1/3 ihrer Bekleidungsimporte bereits aus E. Bei bestimmten Artikeln, wie Herrenhemden, Damenkostümen, Miederwaren Importquote bereits 90–98 % des Verbrauches.

Auf europäischen und nordamerikanischen Märkten schaffen Billigimporte aus Asien in der Textil- und Bekleidungsbranche größte Probleme. 1973–78 gingen in EG 4200 Unternehmen und 420000 Arbeitsplätze (– 22 %) in der Textilindustrie verloren. Weitere 280000 Arbeitsplätze oder 20 % im Bekleidungssektor. In der BRD Zahl der Beschäftigten in Textil- und Bekleidungsindustrie 1960–90 von 820000 auf 370000 zurückgegangen.

In US-Textilindustrie 1981–87 400000 Arbeitsplätze durch Importe verloren. *Folge*: Handel mit EL wird immer stärker durch protektionistische Maßnahmen (Schutzmaßnahmen) eingeengt:

USA vereinbarten 1986 mit Taiwan, Hongkong, Korea und Japan Begrenzung des jährlichen Importzuwachses auf 1,5%. Amerikanische Importpolitik arbeitet v.a. mit Quotenregelungen und „freiwilligen" Beschränkungsabkommen. In diesen künstlich geschützten Markt Vorstoß der VR China mit hohen Zuwachsraten. 1987 bereits 19% Anteil am US-Markt. Auch gegenüber VR China nun freiwilliges Selbstbeschränkungsabkommen erreicht. *Dennoch*: Die fünf asiatischen Länder bringen heute bereits die Hälfte der Einfuhren in USA.

1973 erstmals Welttextilabkommen (WTA, auch MFA-Multifaserabkommen) zwischen IL und vorwiegend ostasiatischen EL geschlossen. Begrenzung der Textil- und Bekleidungsimporte aus den EL und PL, um nordamerikanische und europäische Textilindustrie vor der übermächtigen Konkurrenz der Billigproduzenten zu schützen. Rund 50% der Importe der BRD fallen unter Regelungen dieses Abkommens.

EG formulierte 1977 parallel dazu eigene protektionistische Textilhandelspolitik. Zuerst Netz von bilateralen Selbstbeschränkungsabkommen. Verhandlungen mit wichtigsten Exporteuren Hongkong, Südkorea, Indien und Brasilien: Verlangsamung der Importzuwächse und Lieferkontingente, ergänzt durch multilaterale Abkommen aus Brüssel, auch Schutz der EG-Textilindustrie betreffend. Trotz erheblicher Produktivitätssteigerung von 3–4% p.a. verschlechtert sich die Handelsbilanz der EG-Textilindustrie laufend.

Textilprotektionismus kostet den Konsumenten viel Geld. Studie aus USA: Pro Jahr für US-Konsumenten Kosten von 20 Mrd. US-$ oder 100000 $ p.a. für jeden geschützten Arbeitsplatz in Textilindustrie.

### 9.1.5.2 Verflechtungsstrukturen beim Welthandel mit Maschinen

Maschinen sind aus 2 Gründen für eine Interpretation der Welthandels-Verflechtungen von Interesse:

1. besitzen sie wertmäßig eine außerordentliche Bedeutung im Welthandel,
2. sind ihre Verflechtungsstrukturen beispielgebend für die traditionelle Zentren-Steuerung der industriellen Fertigprodukte.

Drei große Exporträume (Abb. 14): **Europa** als mächtigster mit einem vergleichsweise hohen Intrahandel, **Nordamerika** und **Japan**. Die **europäischen PL** bilden einen kleinen vierten Exportpol, dessen Schwergewicht aber ebenfalls bei einem ausgeprägten Intrahandel liegt.

Jeder dieser 4 Pole beliefert praktisch die gesamte Erde. Dichtes Geflecht von Austauschbeziehungen, das sowohl Kern-Kern als auch Kern-Peripherie-Verflechtungen umfaßt. Während Westeuropa und RGW primär Intraverflechtungen aufweisen, wird globaler Austausch im wesentlichen durch Nordamerika und Japan bestimmt. Jeweils der nächstliegende Kernraum steht dabei im Vordergrund:

Nordamerika beliefert außerordentlich intensiv Europa. Dagegen exportiert Japan allein 1/3 seiner Maschinen nach Nordamerika.

Ebenso haben diese 4 Welthandelspole ihre Exporträume in der Peripherie abgesteckt: Europa beliefert primär Afrika, Südamerika ist dominanter Exportraum für Nordamerika, Japan beherrscht Asien mit seinen Maschinenexporten.

Die beiden Beispiele der Welthandelsstrukturen von Industriegütern verraten 2 grundlegend unterschiedliche räumliche Entwicklungen:

a) *Maschinenbau* ist eine Branche mit hochwertigen Produkten, stark innovativem und knowhowintensivem Charakter. Eine ständige Flut neuer oder verbesserter Produkte bewirkt laufenden technologischen Fortschritt. IL mit ihrem hochwertigen Humankapital von Forschern, Technikern, Facharbeitern bieten nach wie vor die besten Voraussetzungen und komparative Vorteile. Welthandel daher heute noch von den Kernräumen her gesteuert.

b) Anders *Textilien und Bekleidung*. Ausgereiftes Produkt bzw. Produktionsprozeß, ist nur noch Modetrends unterworfen, in Teilstufen der Fertigung (Spinnereien, Webereien, Zuschneidereien, Nähereien) standardisierbar, von ungelernten Arbeitskräften nach kurzer Einschulung herzustellen, geringe Transportkostenanteile. Daher starke Verlagerungstrends in die EL, v. a. in ostasiatische Billiglohnländer. Sie stellen heute bereits die Steuerungszentralen des Welthandels in diesem Sektor dar.

# 9.2 Makroräumliche Struktur des Welthandels

## 9.2.1 Typen von Austauschverflechtungen

Ausgehend vom Kern-Peripherie-System lassen sich 3 Typen von Austauschverflechtungen feststellen:

**Kern-Kern Verflechtungen (K-K)**: Verflechtungen zwischen den einzelnen Kernräumen, gekennzeichnet durch höchste Intensität, rd. 75 % des gesamten Welthandels und substitutiven Austausch, d. h. gleichartige Gütergruppen, v. a. Industriewaren, werden untereinander ausgetauscht. Für gesamte Entwicklung des Welthandelssystems entscheidend.

**Kern-Rand Verflechtungen (K-R)**: Typische Form der Kern-Peripherie Beziehungen, d. h. komplementärer Austausch von Rohstoffen aus den Randgebieten gegen Industriegüter aus den Kernräumen. Global rd. 20 % des Welthandels. Für Kernräume mit Ausnahme weniger sensibler Produkte von geringer Bedeutung, für Randgebiete dagegen entscheidend.

**Rand-Rand Verflechtungen (R-R)**: Austausch zwischen den einzelnen Ländern der globalen Peripherie. Bisher sehr gering, nur etwa 5 % des Welthandels. Für EL ist Ausweitung dieses Verflechtungstyps von entscheidender Bedeutung. Daher Bedeutung der Entwicklung von Wirtschaftsintegrationen in der Peripherie (→ 9.3.6).

## 9.2.2 Rohstoffkartelle

Für eine Reihe wichtiger Rohstoffe sind Kartelle entstanden. *Ziel*: Überwachung der Mengen- und Preispolitik.

Größte Bedeutung erzielte die Organisation erdölexportierender Länder (**OPEC – Organisation of Petroleum Exporting Countries**), gegründet 1960, umfaßt 13 Staaten. Unmittelbarer Anlaß für Gründung waren Preissenkungen durch die internationalen Ölgesellschaften („sieben Schwestern"), die noch um 1960 gesamte Erdölwirtschaft von Förderung über Transport, Verarbeitung und Verkauf in der Hand hatten. OPEC entriß ihnen Produktion, in steigendem Maße auch Verarbeitung, Wandel vom Käufermarkt zum Verkäufermarkt gelang nur vorübergehend. Mit zwei großen Preisschüben leitete Kartell 1973 eine den gesamten Welthandel und das Weltwirtschaftssystem nachhaltig beeinflussende Entwicklung ein. Mitgliedstaaten hatten damals mehr als Hälfte der Erdölproduktion der Welt und 90 % des Welterdölhandels. Seither durch Reaktionen der Verbraucherländer Bedeutung des Kartells wesentlich gesunken. 1985 Produktionsanteil weltweit auf 30 % geschrumpft, Anteil am Erdölwelthandel nur rd. 50 % (1990: 39 %).

Funktionsweise der meisten übrigen Kartelle beruht auf internationalen Abkommen zwischen Produzenten und Konsumenten. Typisch etwa das „**Internationale Kakaoabkommen**" von 1972. Kakao hat für Außenhandel der EL ganz besondere Bedeutung. Neben Kaffee und Zucker wertmäßig drittwichtigste Ausfuhrprodukt. Abkommen sieht Preisband vor, das je nach Höhe des Preises zu Marktinterventionen führt, indem

- bei Überangebot und damit zu niedrigen Preisen Kakao auf Lager gelegt wird,
- bei Mangel und zu hohen Preisen zusätzliche Mengen aus den Lagern in den Handel geworfen werden.

Entscheidend für Wirksamkeit des Kartells aber auch für Höhe der Kosten ist die Kapazität der Ausgleichslager, bei Kakao rd. 1/6 der Weltproduktion. Zur Finanzierung wird für jedes Pfund verkauften Kakaos bestimmter Betrag in Ausgleichsfonds angesammelt.

Seit 1988 infolge mangelnder Solidarität der Erzeugerländer Zusammenbruch dieses Stützungssystems. *Folge:* Angebotsüberschüsse, Preisverfall.

Ähnlich der Zusammenbruch des **Internationalen Kaffeeabkommens** das seit 1962 bestand.

Die *„Internationale Kaffeeorganisation"* (ICO) umfaßte die Kaffeeproduzenten (*Weltkaffeerat*) und Konsumentenländer (*Genua-Gruppe*). Ständige Probleme bei Quotenfestsetzung. Konflikte zwischen Großexporteuren, wie Brasilien, das seine Stellung als Hauptexporteur behalten möchte, und neuen Kaffeeländern mit starker Produktionsausweitung.

*Andere Produzentenkartelle* bestehen für Kupfer (CIPEC), Zinn (ITC), Bauxit (IBA) usw.

## 9.3 Wirtschaftsblöcke und Wirtschaftorganisationen der Erde und ihre Austauschbeziehungen

Eines der wesentlichsten Merkmale des Welthandels seit dem 2. Weltkrieg ist die immer stärkere Beeinflussung durch supranationale Organisationen. Zunächst internationale, weltumspannende Organisationsformen (Völkerbund der Zwischenkriegszeit, UNO). Nach 1950 erste wirtschafts- und handelspolitische Zusammenschlüsse in Europa (EG, EFTA, RGW), seit um 1960 auch in den Entwicklungsländern. Austauschbeziehungen → Abb. 14.

### 9.3.1 Die Europäische Gemeinschaft (EG)

#### 9.3.1.1 Entwicklung

Entstanden aus drei Integrationsverträgen:

**Europäische Gemeinschaft für Kohle und Stahl (EGKS)**: 1952 mit Ziel der Schaffung eines Gemeinsamen Marktes für die Grundstoffindustrie gegründet (Montanunion),

**Europäische Wirtschaftsgemeinschaft** der 6 Ursprungsländer, 1958 durch Verträge von Rom gegründet,

**Europäische Atomgemeinschaft (Euratom)**, ebenfalls 1958 zur friedlichen Nutzung der Kernenergie.

Alle 3 Gemeinschaften mit dem übergeordneten Ziel der politischen Einigung Europas. Nach Scheitern der „Europäischen Verteidigungsgemeinschaft" (1954), stellen sie Versuch dar, politische Zielsetzungen durch wirtschaftliche Integration zu erreichen. Seit 1967 sind die Institutionen der drei Organisationen zur EG verschmolzen. EG 6 umfaßte Frankreich, BRD, Italien, Belgien, Niederlande und Luxemburg.

1973 Erweiterung zur EG 9 durch Beitritt von Großbritannien, Irland und Dänemark. 1981 Griechenland Vollmitglied, 1986 Spanien und Portugal. Erweiterung zur EG 12.

EG ist eine Zollunion, d.h. Abbau der Binnenzölle (seit 1968) und gemeinsamer Zolltarif gegenüber Drittländern. 1992 wird sie nach dem Konzept der 4 Freiheiten (Freizügigkeit für Waren, Dienstleistungen, Personen und Kapital) einen einheitlichen Binnenmarkt für 320 Mio. Einw. bilden.

#### 9.3.1.2 Verflechtungen

Rd. 40% (1989) des Welthandelsvolumens entfällt auf EG-Länder. EG größter Markt der Erde. Für EG Außenhandel sind folgende Merkmale charakteristisch:

a) *Sehr starke Intraverflechtungen* (60 % des Außenhandels). Insbesondere bei industriellen Gütern (65 %). Ausdruck für hochintegrativen Charakter der EG.

b) *Struktur der übrigen Handelspartner stark gestreut.* Intensivster Austausch mit benachbarten Staaten, v.a. EFTA (10 %). Fast ausschließlich Austausch von Industriegütern. Wirtschaftliche Macht der EG führt bei kleinen EFTA Staaten zu hohen Handelsdefiziten, insbesondere bei Österreich und Schweiz.

c) 8 % des *Außenhandels verflechten EG mit Nordamerika.* EG hat dabei traditionelles Handelsdefizit gegenüber USA, da sie bedeutend mehr Nahrungsmittel und Rohstoffe importieren. EG ist größter Abnehmer landwirtschaftlicher Produkte der USA. Dagegen bei industriellen Erzeugnissen leichtes Übergewicht der EG-Exporte.

d) EG ist *wichtigster Absatzmarkt für die Entwicklungsländer* (21 % der Exporte). Daher kommt Beziehungen zu ihnen besondere Bedeutung zu. Austausch für EG allerdings geringere Bedeutung (15 % des EG-Außenhandels). Hauptimportgruppen dabei Brennstoffe (45 %) und Nahrungsmittel (24 %). Intensivere Handelsbeziehungen v.a. zu Vorderasien (5 %) und Afrika (3 %). Aus diesen Räumen Versorgung mit Erdöl, aus Afrika daneben auch tropische Agrarprodukte.

e) Geringere *Verflechtungen mit Japan* (industrielle Güter), mit *Lateinamerika* (Agrarprodukte gegen Industriegüter) und dem *RGW.*

### 9.3.1.3 Beziehungen der EG zu den Entwicklungsländern

EG ist wichtigster Absatzmarkt für den Export der EL. Zudem auf Grund alter kolonialer Beziehungen besondere Verhältnisse zu den meisten Ländern der Dritten Welt. Zwei Arten von Beziehungen besonders wichtig: Zu AKP-Staaten und zur ASEAN (→ 9.3.6.3).

Beispielgebend ist die **AKP-Politik der EG**: Bei Gründung der EG erhielten die ehemaligen Kolonialländer der Vollmitglieder besondere Vorrechte: Assoziierungszusagen. EG senkte Zölle für Einfuhren aus diesen assoziierten Gebieten, andererseits wurden diesen Ländern Schutzzölle zum Aufbau ihrer Industrien zugestanden, zur Förderung der Investitionen in den assoziierten Gebieten ein "Europäischer Entwicklungsfonds" geschaffen.

1975 erhielten die sog. AKP-Staaten (*Afrika-Karibik-Pazifik*) im Abkommen von Lomẽ, der Hauptstadt von Togo, Assoziationsstatus mit weitgehenden Zugeständnissen:

- Fast alle Einfuhren aus AKP-Ländern erhalten zollfreien und unbeschränkten Zugang zur EG.
- Für AKP-Staaten entfällt die Reziprozität, d.h. keine Abnahmeverpflichtungen von Waren aus EG.
- EG garantiert für wichtigsten Ausfuhrgüter der AKP (z.B. Rum, Zucker, Bananen) feste Abnahmepreise ohne Rücksicht auf die Weltmarktpreise („Stabex-System", d.h. Stabilisierung der Exporte).

- EG schafft Fonds zur Förderung der technischen, industriellen und finanziellen Entwicklung. Insbesondere Sonderfonds für Bergbauerzeugnisse („Sysmin").

1980 Lomẽ II, Lomẽ III 1985, Lomẽ IV 1989. Zahl der AKP-Staaten heute 69 Länder mit mehr als 310 Mio. Einw.

## 9.3.2 Die Europäische Freihandelszone (EFTA – European Free Trade Association)

### 9.3.2.1 Entwicklung

Nach Gründung der EG 1960 von einer Reihe europäischer Staaten zum Schutz ihrer Handels- und Wirtschaftsinteressen gegründet. 1961 Assoziierung von Finnland unter Berücksichtigung der besonderen Bindungen an die SU, seit 1970 ist Island Mitglied. Bereits 1963 Zollfreiheit für industrielle Güter erreicht (Ausnahmeregelung für Portugal). ***EFTA ist Freihandelszone***, d.h. Abbau der Innenzölle, aber Zollautonomie jedes Mitgliedslandes gegenüber Drittländern.

1973 wechseln Großbritannien und Dänemark zur EG, 1986 auch Portugal. Damit Verlagerung des Schwergewichts der EFTA in den skandinavischen Raum. Schweiz und Österreich nur noch nach S vorgeschobene Vorposten. In täglichen EFTA-Arbeiten treten dementsprechend nördliche Anliegen stärker hervor. Für Rest-EFTA aus 6 Staaten (Island, Norwegen, Schweden, Finnland, Österreich und Schweiz) verbleiben 3 Aktionsebenen:

a) Gestaltung der Beziehungen zur EG
b) Frage der weiteren EFTA-Integration
c) Verhältnis zu Drittländern

Freihandelsabkommen mit EG: seit 1977 Zollfreiheit für Handel mit gewerblichen Produkten (ausgenommen einige „sensible Produkte", seit 1984 vollständig). Agrarbereich weitgehend ausgeklammert. Mit geplanten Schaffung des EG-Binnenmarktes bis Ende 1992 neue Situation für EFTA. Bis Mitte 1989 hat nur Österreich Konsequenz gezogen und Beitrittsgesuch zur EG abgegeben. Vermutlich wird EFTA-Integrationsverbund in heutigen Form noch bis um 1995 bestehen bleiben.

Mit EG-EFTA-Abkommen eigentliches Ziel der EFTA, der Schaffung einer Freihandelszone Westeuropa, weitgehend erreicht. Weitere Verhandlungen zur Schaffung eines „Gemeinsamen Europäischen Wirtschaftsraumes" (EWR). Im Gegensatz zur EG kennt EFTA keine supranationalen Organe, keine gemeinsame Rechtsetzung und strebt keine politische Union an. EFTA-Sekretariat in Genf umfaßt nur 70 Beschäftigte, EG in Brüssel rd. 20000 *Hauptaufgaben in Zukunft*: Zusammenarbeit der EFTA-Länder beim Abbau „nichttarifärer Hemmnisse" (Normen, Gebühren, administrative Vorschriften) und gemeinsames Auftreten gegenüber EG und GATT.

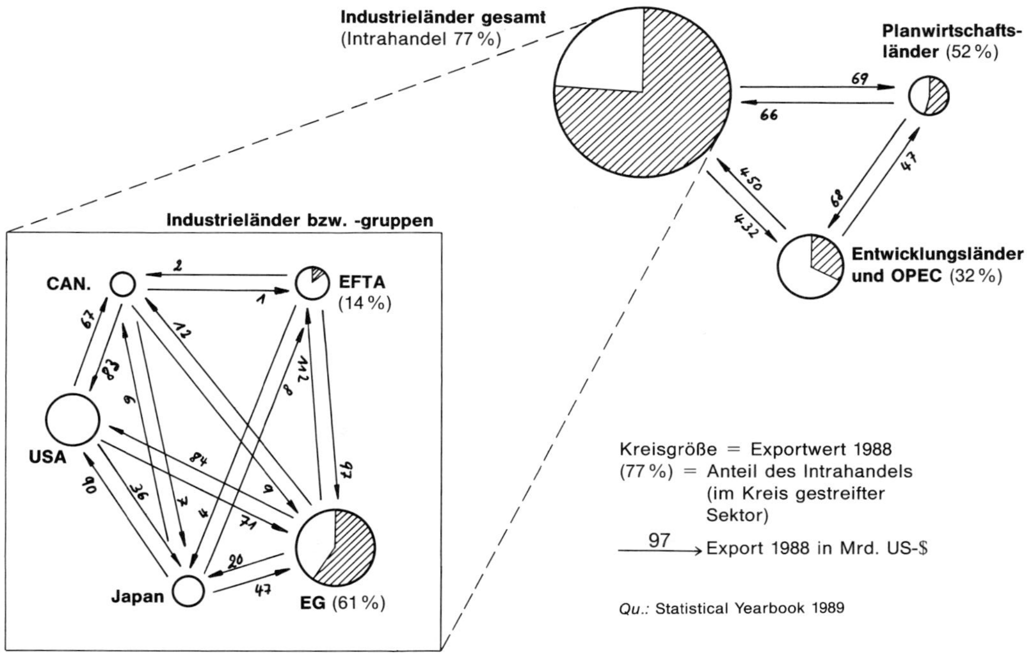


***Abb. 14:*** *Die Exportverflechtungen wichtiger Exportländer und Wirtschaftsblöcke 1988 (in Mrd. US-$)*

### 9.3.2.2 Außenhandelsbeziehungen

Über 3/4 der EFTA Exporte sind Industrieerzeugnisse, allein 28 % der Ausfuhren kommen auf Maschinen und Transportgüter. Ähnlich strukturiert sind die Importe: 70 % auf Industriegüter, somit deutliche Kern-Kern-Verflechtungen. *Aber*: Anders als bei EG entfällt nur ein kleiner Teil der Austauschbeziehungen auf den Intrahandel (14 %). Hängt mit weiten Distanzen zwischen den EFTA-Ländern zusammen, die wirksamen Austausch erschweren. Dafür besonders intensive Verflechtungen mit dem mächtigen EG-Partner: Mehr als die Hälfte des Außenhandels, damit dreimal stärker als Intrahandel. Allerdings innerhalb der EFTA einzelne Gruppen mit intensiverem Intrahandel: Skandinavische Länder und Gruppe Österreich-Schweiz.

## 9.3.3 Welthandelspol Nordamerika

Nach der EG zweitgrößter Welthandelspol der Erde mit 18 % des Welthandels. Dieser Handelsgigant hat seine eigenen Gesetze und Merkmale:

a) *Hohe Intraverflechtungen zwischen Kanada und USA*. Handel trägt charakteristische Merkmale von Kern-Peripherie-Beziehungen.

- Ungleichgewichtigkeit der Austauschintensität für beide Partner. USA exportieren 21 % nach Kanada. Noch wichtiger für Kanada, das 63 % seiner Importe und 70 % der Exporte mit den USA abwickelt.
- Unterschiede in Austauschstruktur: Kanada bezieht fast ausschließlich industrielle Güter, liefert dagegen zu hohem Prozentsatz Agrarprodukte und Brennstoffe (Erdöl und Erdgas), Metalle (Eisenerz) und Halbfertigprodukte (Zellstoff und Zeitungspapier).

Bilateraler nordamerikanischer Handel ist größter der Welt. Umso erstaunlicher, daß lange umstrittene Freihandelsabkommen erst 1989 in Kraft getreten sind. Sieht innerhalb von 10 Jahren Abbau aller bilateralen Zoll- und Handelsschranken vor. Zudem wurden die meisten nichttarifären Handelshemmnisse abgebaut.

- grenzüberschreitende Investitionen liberalisiert.
- Rahmenvereinbarungen für Dienstleistungsbereich. Schnellst wachsende Sektor des Handels zwischen beiden Staaten (Transportwesen, Fernsprechwesen, Fremdenverkehr).

Für Kanada ist Abkommen von entscheidender wirtschaftlicher Bedeutung, da außerordentlich exportintensiv (30 % des BSP) und Zugang zum zehn mal größeren US-Markt. Für Wirtschaft der USA weniger wichtig (Exportintensität nur 5 %). Aber schon seit 1947 unter GATT Reglement Abbau der Handelsschranken, 1988 bereits 75 % des bilateralen Handels zollfrei abgewickelt. Bei restlichen Produkten allerdings Zölle prohibitiv (verhindernd) hoch. Besonders wichtiger Schritt war „Autopakt“ von 1965: Zollfreier Handel von Kfz Ersatzteilen. Grundlage für Kanadas bedeutendsten Industriezweig, die Autoindustrie. Alle großen US-Unternehmen, GM, Ford, Chrysler, gründeten Zweigbetriebe in Kanada. Windsor und der „Golden Horseshoe“ am Nordufer des Ontariosees bis Toronto wurden Zentrum der kanadischen Autoindustrie.

b) *Westliches Europa ist bedeutendster Handelspartner Nordamerikas* (30 % des Austauschvolumens). Aus Europa v. a. industrielle Fertigwaren, während Exporte Kanadas und der USA neben Industriegütern auch hohen Anteil von Nahrungsmittel und Rohstoffexporten. Entscheidende Auswirkungen auf Verkehrsauslastung im Transatlantikverkehr (→ 7.3.2). Dabei sind die Bindungen Nordamerikas an Europa enger als umgekehrt (10 % des Europäischen Außenhandels).

c) *Nordamerika ist wichtigstes Exportland der Erde für Nahrungsmittel*: Weizen, Mais, Sojabohnen. Teilweise Außenhandelsüberschuß bei Agrarprodukten größer als bei industriellen Waren.

d) *Japan wurde rasch zu einem bedeutenden Handelspartner Nordamerikas.* Auch aus Japan primär Industriewaren, während nur 1/3 des Exportes nach Japan Industriewaren. Dafür hoher Anteil von Agrarprodukten und Rohstoffen (Kohle, Metalle).

## 9.3.4 Japan – Zentrum des Außenhandels im Pazifik

Japanische Industrie nach BPW weltweit an 2. Stelle, hat BRD weit überrundet. Drittgrößte Handelsmacht der Welt (9 % des Welthandels). Großer Binnenmarkt von 120 Mio. Einw. Exportquote aber relativ gering: 12 % des BIP (dagegen BRD 23 %, Niederlande: 41 %). Japans Welthandel hat einige sehr charakteristische Merkmale (Diercke 1988, S. 231):

a) völlig *unterschiedliche Export-Import-Strukturen.* Noch um 1980 Importe fast nur Rohstoffe, nur 19 % auf Industriegüter. Erst der starke Yen, der ausländische Waren in Japan konkurrenzfähig machte, und zurückgehende Öleinfuhren ließen Anteil der Fertigwaren 1986 auf 42 % ansteigen.

b) Ähnlich wie Europa sehr rohstoffarm. Japan baute durch seinen Rohstoffbedarf einen den gesamten pazifischen Raum und den Indischen Ozean umfassenden **Beschaffungsraum** auf.

20 % der Importe (1990) auf Brennstoffe, insbesondere Erdöl zur Versorgung der japanischen Raffinerien. Deren Kapazität (1981) mit 280 Mio. t nach USA und SU an 3. Stelle. Darauf baute Japan seine Stromerzeugung, die weitgehend auf kalorischer Basis beruht, und seine bedeutende chemische Industrie auf: Bei Produktion von Kunstfasern und synthetischem Kautschuk an 2., bei Kunststoffen an 1. Stelle. Großteil des Erdöles aus Saudi-Arabien und den Vereinigten Emiraten (50 %) und aus Indonesien (16 %). Japan tätigte in Indonesien in letzten 30 Jahren große Investitionen zur Erschließung des Rohstoffpotentials.

***Stahlindustrie*** hat mit 106 Mio. t (1988) die USA (90) weit überholt. Nach SU (163) an 2. Stelle. Hochmoderne japanische Stahlindustrie produziert mit größten Arbeitsproduktivität der gesamten westlichen Welt. Rohstoffe müssen aber fast alle importiert werden: ***Eisenerz*** v. a. aus W-Australien, wo sich Japan große Vorkommen im Pilbaragebiet sicherte. Ebenso hat Japan nur geringe Steinkohlevorkommen auf Hokkaido und Honshu und muß daher 82 % seines Bedarfes an ***Steinkohle*** importieren. Importe aus Ostaustralien, wo Japan die größten Kohlevorräte der südlichen Hemisphäre abbaut, daneben Steinkohle aus USA und Kanada.

Japan hat eine der bedeutendsten Kupfer- und Aluminiumproduktionen der Welt. ***Kupfererze***, ähnlich wie andere ***Buntmetalle*** (Blei, Zinn, Nickel) fast zur Gänze importiert: Von den Philippinen, Papua-Neuguinea und Kanada. Japan erschließt laufend neue Bodenschätze im Ausland. 1975 nahm die Kupfermine von Mamut-Ranau, NE-Borneo, ihren Betrieb auf. Sie exportiert ausschließlich nach Japan, trotz beträchtlicher Umweltprobleme wichtiger Wirtschaftsfaktor des Landes. Japan mit 33 % der ausländischen Direktinvestitionen 1951–79 größter ausländischer Investor in ASEAN.

Ebenso muß Japan ***Bauxit*** für seine Tonerdehütten und Aluminiumraffinerien aus Ausland beziehen. N-Australien stieg mit seinen Exporten nach Japan zum weltgrößten Bauxitproduzenten auf.

c) Im Gegensatz zum Beschaffungsraum umfaßt **Exportraum** die gesamte Erde, insbesondere die IL Japans Exporte aber nicht allein Kern-Kern Beziehungen (60 %, 1989), sondern viel stärker als bei anderen Welthandelspolen auch Kern-Peripherie Verflechtungen (38 %). Sowohl gegenüber USA als auch Europa hohe Exportüberschüsse:

Fast alle IL greifen daher zu protektionistischen Maßnahmen und üben starken Druck auf Regierung in Tokio aus. Dabei wird Japan vorgeworfen, durch zahlreiche nichttarifäre Handelshemmnisse, wie komplizierte Zollabfertigung, unterschiedliche Normen, schikanöse Qualitätsvorschriften bzw. Ausschreibungspraxen, die Importe zu behindern. Typisch etwa die Ausschreibungspraxis der Nippon Telegraph and Telephone Corp. (NTT), die durch administrative und technische Spitzfindigkeiten versuchte, amerikanische Unternehmen auszuschließen.

Auf Druck der Handelspartner 1981 erstes Marktöffnungspaket der japanischen Regierung, bei dem Japan Handelskonzessionen machte. Zölle für einige Industrieprodukte und landwirtschaftliche Erzeugnisse reduziert, ebenso die Importquoten für einige landwirtschaftliche Produkte erweitert. 1986 weitere Zollsenkungen um 20 % für 1600 Industriegüter und einige landwirtschaftliche Produkte. 1987 weitere Einfuhrerleichterungen gegenüber EG und USA und Verlängerungen zahlreicher “freiwilliger Selbstbeschränkungen“.

Exportstruktur beherrscht von Maschinen (1990: 22 %) und Fahrzeugen (18 %), gefolgt mit weitem Abstand von Metallen und Metallprodukten, Chemieprodukte und Textilerzeugnissen.

d) *Kapitalexport* immer wichtiger: Japan errichtet immer mehr Produktionsstätten im Ausland, um die Kontingentierungen, wie sie in verschiedenen Ländern (etwa Italien, Frankreich) bestehen, zu unterlaufen. Japan immer stärker Exporteur von Kapital und Technologie. 1980–84 stiegen die japanischen *Auslandsinvestitionen* um fast 15 % p. a., 1984 betrug der Anteil der japanischen *Tochtergesellschaften* im Ausland 3,4 % des Gesamtumsatzes der Unternehmen und 700000 Arbeitsplätze. Bis zum Jahre 2000 rechnet man mit 20 % und 2,7 Mio. Arbeitsplätze.

e) *Das japanische Modell der Handelshäuser*: Rd. 60 % der japanischen Importe und 50 % der Exporte laufen über die zehn großen japanischen Handelshäuser (“sogo shosha“). Umsätze der 14 größten erreichen 30 % des japanischen BNP oder 5 % des Welthandels der Erde! Typisch japanisches Phänomen. Entstanden in 2. Hälfte des 19. Jh. als Antwort auf Beherrschung des Handels durch ausländische Handelsgesellschaften seit Öffnung des Landes 1869 ("Meiji-Revolution"). Handelshäuser weiteten ihre Funktionen bald aus, wurden zu Teilen großer vertikal integrierter Konzerne. Die großen japanischen Handelshäuser, wie Itoh, Sumitomo, Mitsui, Mitsubishi und Marubeni, unterscheiden sich von Handelsgesellschaften Europas durch

- organisatorische Einbindung in Großkonzerne der Industrie und Banken. Sie importieren daher keine Konkurrenzprodukte für die eigene Industrie und schalten somit freien Handel weitgehend aus,
- Multifunktionalität: Neben Handel auch Finanzierung, Markt- und Rohstoffaufschließung, Distribution und Transport. Damit auch Risikostreuung. Anteil des Außenhandels am Umsatz der Handelshäuser nur 40–50 %,
- kleinere japanische Erzeuger benutzen diese Handelshäuser, ersparen sich so eigene Auslandsabteilungen und können auf Außenmärkten Fuß fassen,
- weltumspannendes Netz von Niederlassungen, verbunden durch weltweite Telekommunikationssysteme. Damit wachsender Anteil der Geschäfte in Drittländern, d. h. völlig außerhalb Japans abgewickelt.

## 9.3.5 Der Rat für Gegenseitige Wirtschaftshilfe (RGW oder COMECON)

Insgesamt 10 Staaten mit zusammen 430 Mio. Einw. (10 % der Weltbevölkerung), 19 % der Erdoberfläche, Anteil am BIP der Welt von 15 %, einem Drittel der Weltindustrieproduktion, dagegen nur 9 % (1986) des Welthandels. Außenwirtschaftliche Verflechtungen somit relativ bescheiden.

Die seit 1989 eingetretene Entwicklung führte 1991 zur Auflösung der militärischen Organisation des Warschauer Paktes und des RGW. 1991 erfolgte ein Zusammenschluß der meisten Nachfolgestaaten in *„der Gemeinschaft der unabhängigen Staaten"* (GUS). Da die Austauschverflechtung völlig neu gestaltet werden müssen, werden die ehemaligen Oststaaten an dieser Stelle nicht weiter behandelt.

## 9.3.6 Blockbildungen in der globalen Peripherie

Seit 1960 bilden sich in globalen Peripherie mehrere regionale Wirtschaftsblöcke. Versuch, regionale Entwicklungen in Gang zu setzen, die Rand-Rand-Verflechtungen zu stärken und durch Integration wirtschaftliche Impulse zu geben. Dabei Lateinamerika besonders weit: Von seinen 430 Mio. Einw. (1988) sind rd. 94 % von Integrationsbestrebungen erfaßt. In Afrika dagegen erst sporadische Ansätze. Ähnlich in Asien, wo aber die ASEAN (→ 9.3.6.3) besonders wichtige und relativ effiziente Gruppierung bildet.

Gewaltige Hemmnisse stehen der Bildung von Wirtschaftsblöcken in der globalen Peripherie entgegen:

***Politische Gegensätze***, insbesondere der Gegensatz zwischen westlich orientierten Ländern und kommunistischen Regimen. *Beispiele*: Zentralamerikanischer Gemeinsamer Markt, Andenpakt.

***Fehlende Komplementarität*** (Ergänzungs- und Austauschmöglichkeit) der Produktions- und Außenhandelsstrukturen. Meisten EL einer Region produzieren infolge ähnlicher Klimavoraussetzungen die gleichen landwirtschaftlichen Produkte. Sofern bergbauliche Rohstoffe vorhanden sind, fehlt die entsprechende komplementäre Industrialisierung des Nachbarlandes, die einen Austausch hervorrufen könnte. So Exporte zwischen den lateinamerikanischen Ländern gering. Dabei 36% auf Agrarerzeugnisse, 35% auf Energierohstoffe, 12% auf mineralische Rohstoffe, nur 17% auf Industriegüter (AJL 1985/3).

***Unterschiedliches Entwicklungsniveau***: In meisten Wirtschaftsblöcken der EL krasse Unterschiede, z. B. innerhalb des CARICOM haben die Bahamas ein BSP je Einw. von 11000 $ (1989), dagegen das Armenhaus Haiti nur von 400 $. Derart große Disparitäten bilden Gefahr des Entstehens neuer Abhängigkeitsstrukturen und sich verschärfender Entwicklungsunterschiede.

***Unzureichende Infrastruktur***. Postzustellungen innerhalb der Andenpaktstaaten dauern Wochen und Monate, viele Briefe erreichen nie den Empfänger. Telefongespräche nur mit langen Wartezeiten, keine Bahnverbindung zwischen den Staaten des Andenpaktes. Nachbarländer Peru, Chile und Argentinien nur über Staubstraßen erreichbar.

Daher wirtschaftliche Blockbildungen in globalen Peripherie bisher begrenzt wirksam.

### 9.3.6.1 Integrationsbestrebungen in Lateinamerika

1960 entstanden in Lateinamerika 2 supranationale Organisationsformen:

**Lateinamerikanische Freihandelszone (LAFTA** – Latin American Free Trade Association). Umfaßt alle Staaten Südamerikas und Mexiko, außer Guyana. Als Freihandelszone konzipiert mit Abbau der Innenzölle ohne gemeinsamen Außenzoll gegenüber Drittländern. Zielsetzungen zu hoch gesteckt. Für 1974 geplante Zollabbau bei wichtigen Produkten, wie Erdöl, Weizen, Fleisch und Mais, führte zu schweren sozialen Spannungen. Zollabbau bis 1980 hinausgeschoben. Als auch 1980 kein Zollabbau in Sicht, 1981 an seiner Stelle die

**Lateinamerikanische Integrationsvereinigung ALADI** (Associacion Latinoamericano de Integracion) gegründet. Ihre Zielsetzungen bescheidener:

a) an Stelle eine Freihandelszone nur Teilabkommen zwischen einzelnen Staaten. Bilaterale Zollzugeständnisse.

b) Unterschiedlicher Entwicklungsgrad der einzelnen Staaten berücksichtigt. Länder geringer Wirtschaftsentwicklung (Bolivien, Ecuador, Paraguay) erhalten einseitige Zollzugeständnisse.

**Zentralamerikanischer Gemeinsamer Markt (CACM** – Central American Common Market oder MCCA – Mercado Comun Centroamericano): 1960 im Vertrag von Managua Zusammenschluß der 5 mittelamerikanischen Staaten (Guatemala, El Salvador, Honduras, Nicaragua, Costa Rica) mit Ziel einer Zollunion. Zunächst erfolgreichster lateinamerikanischer Integrationsversuch mit zunehmendem Warenaustausch, eigenem Währungsrat, gemeinsamem Stabilisierungsfonds, industrieller Arbeitsteilung und Ausbau der Infrastruktur.

Dann aber politische Schwächung: 1969 „Fußballkrieg" zwischen EL Salvador und Honduras, gefolgt vom Austritt von Honduras. Später Installierung der linksorientierten Sandinistenherrschaft in Nicaragua und Bürgerkrieg in El Salvador seit 1980. Damit Destabilisierung der gesamten Zone. Intraregionale Warenaustausch 1978 noch 1 Mrd. US-$ oder 20% des Außenhandels. Dann rascher Rückgang, hohe Verschuldung, steigende Zahlungsbilanzdefizite usw. CACM heute de facto nicht mehr existent.

Um 1970 entstanden weitere regionale Gruppierungen: *Andenpakt* und *CARICOM*

**Der Andenpakt (Grupo Andino):** 1968 von 5 Andenstaaten der Andenpakt im Vertrag von Cartagena geschlossen. Venezuela, das reichste Mitgliedsland, trat erst 1973 bei. Auch hier bald zentrifugale Kräfte. Stärker staatsplanungsorientierte Länder, wie Peru und Venezuela, versuchten das Auslandskapital zu kontrollieren, während liberale Chile alle Hemmnisse für Ausländische Direktinvestitionen beseitigen wollte, 1976 trat Chile aus. 1981 brachte Grenzkrieg zwischen Ecuador und Peru Gemeinschaft an Rand des Zerfalls. Erst eine Zusammenkunft in Bogotã stoppte Erosionsprozeß und führte zu neuem Aufschwung.

Obwohl die bis 1980 geplante Zollunion nicht verwirklicht werden konnte, gehört Andenpakt zu wirksamsten lateinamerikanischen Integrationsbestrebungen. Umfaßt Gebiet von 5 Mio. qkm und 75 Mio. Einw. Die wichtigsten Integrationsziele sind

a) Interner Zollabbau relativ weit fortgeschritten, während gemeinsamer Außenzoll stagniert. Daher eher Charakter einer Freihandelszone.

b) "Industrielle Standortprogrammierung" möchte eigene Industrie aufbauen. Da Absatzmärkte jeweils zu klein, Produktionsteilung angestrebt, so daß Skaleneffekte erreichbar. 7 sektorale Industrieentwicklungsprogramme beschlossen. Nur jenes über metallverarbeitende Industrie bisher verwirklicht. Einzelnen Länder dürfen nur bestimmte Branchen aufbauen.

**Karibischer Gemeinsamer Markt (CARICOM)**: Seit 1964 immer mehr Staaten im Karibischen Raum unabhängig, zumeist ehemalige Kolonialländer von Großbritannien (z. B. Barbados, Grenada, Dominica) und Frankreich (z. B. Martinique, Guadelupe). Nach britischen Plänen 1958 alle britischen Kolonien zu einer "Karibischen Föderation" mit zusammen 4 Mio. Einw. zusammengeschlossen. Brach bald an politischen Gegensätzen zwischen den beiden „reichen" Staaten Trinidad und Jamaica auseinander. Da politische Vereinigung unmöglich, wurde zumindest wirtschaftliche angestrebt. 1968 die *Karibische Freihandelszone* (CARIFTA – Caribbean Free Trade Association) gegründet mit Sitz in Georgetown, Guyana. 1973 im Vertrag von Chaguaramas erweitert zum *Karibischen Gemeinsamen Markt (CARICOM)*. Umfaßt Großteil der Karibischen Inseln einschließlich Guyana und Belize mit Ziel der Errichtung einer Zollunion. *Probleme*:

a) Kleininseln mit max. 500 qkm und wenigen Zehntausend Einw., zusammen ein Markt von nur 5 Mio. Menschen.

b) Starke Entwicklungsunterschiede. Den MDC (siehe Erklärung) wie Trinidad, Tobago, Jamaica, steht eine große Zahl von LDC gegenüber. Allein 80 % des gesamten Außenhandels entfällt auf Trinidad/Tobago und Jamaica.

c) Wirtschaftsschwäche, unzureichende industrielle Basis, bestenfalls landwirtschaftliche und bergbauliche Aufbereitungsindustrie (Erdölraffinerien, Zuckerfabriken, Brauereien, Konservenfabriken, Zementerzeugung).

d) Fehlende Komplementarität der Wirtschaftsstruktur: Erdölland Trinidad (80 % der Exporte sind Erdölprodukte) ist typische Enklavenwirtschaft. Übrigen Inseln exportieren nur landwirtschaftliche Produkte (Zucker, Bananen, Gewürze) und müssen dafür Nahrungsmittel importieren.

Handelsverkehr zwischen den Mitgliedsländern bisher bescheiden: 9 % der Exporte, dabei Großteil auf Lieferung von Erdölprodukten aus Großraffinerien der Texaco in Trinidad. Erfolge daher relativ gering, beschränkt auf gemeinsame Bank (Caribbean Investment Corporation), gemeinsame Energieplanung und Transportunternehmen (Schiffahrts- und Fluggesellschaften).

**La Plata-Staaten**: 1969 im Vertrag von Brasilia 5 Staaten mit zusammen 60 Mio. Einw. und reichen Bodenschätzen (Eisenerz) und gewaltigem hydroelektrischem Potential. Bisherige Projekte aber weniger handels- als wirtschaftspolitisch, v. a. Ausbau der Infrastruktur:

a) Entwicklungsplan für Flußgebiet des Bermejo,
b) Koordinierung der Seuchenbekämpfung und hygienische Maßnahmen,
c) Bodenkonservierung,
d) Ausbau des Paraguayflusses zwischen Corumbá und Asunción. Anlage des Flußhafens Puerto Busch für Bolivien.
e) Bahnverbindung Paraguay zu brasilianischen Häfen,
f) Kraftwerke Salto Grande und Itaipú,
g) Entwicklungsfonds zur Finanzierung der Projekte.

Es gibt zahlreiche Einteilungen von Ländern nach dem Entwicklungsstand ihrer Volkswirtschaft, u.a. von der Weltbank, der UNO und der OECD. Die UNO verwendet zur Einteilung der EL in erster Linie das pro-Kopf Einkommen und unterscheidet MDC – Middle developed countries – Länder mit mittlerem Einkommen – 500–6000 US-$/Einw.
LDC – Less developed countries – Länder mit niedrigem Einkommen – unter 500 US-$/Einw.

## 9.3.6.2 Wirtschaftsorganisationen in Afrika

Noch mehr als in Südamerika sind hier die Integrationsbestrebungen zersplittert in Vielzahl regionaler Zusammenschlüsse mit meist geringer Wirksamkeit. Mehrere Gründe:

1) Starke tribale (stammesgebundene) Unterschiede selbst innerhalb der afrikanischen Kleinstaaten

2) Nachwirken ehemaliger kolonialer Besitzzersplitterung. Extremfall: Gambia, Zwergstaat am Gambiafluß, umgeben von Senegal. Koloniale Band kann Entstehen solcher Gemeinschaften aber auch erleichtern (Ostafrikanische Gemeinschaft, frankophones Afrika)

3) Zersplitterung Afrikas in Mikro-Staaten mit begrenzten Märkten. Nur drei afrikanische Länder überschreiten Bevölkerungsdurchschnitt aller UNO-Staaten von 30 Mio. Einw., zudem meist ärmste Länder mit unzureichendem wirtschaftspolitischem Spielraum. Gesamte afrikanische BSP nur 3% des Welt-BSP. Davon allein Hälfte auf wenigeÖlländer (Nigeria, Libyen, Gabun, Ägypten, Angola) und die Republik Südafrika.

4) Wirtschaftsorganisationen in Afrika besonders instabil, v.a. in Westafrika Fülle von Integrationsversuchen. Viele bestehen nur auf Papier, lösen sich wieder auf. Typisch etwa die EAC, die **Ostafrikanische Wirtschaftsgemeinschaft**. 1967 von den 3 ostafrikanischen Staaten, Kenya, Tanzania und Uganda gegründet. Zunächst sehr ehrgeizige Gemeinschaft, die unter anderem gemeinsame Eisenbahn, Häfen, Post, Flugverkehr und Justiz umfaßte. Verfiel seit 1977 als Tanzania Grenze zu Kenya schloß, um einseitige wirtschaftliche Abhängigkeit zu verhindern, 1981 aufgelöst. Ausgleich der Vermögenswerte sehr schwierig.

5) Austausch durch besonders unzureichendes Exportsystem und geringe Industrialisierung (0,6% der Weltindustrieproduktion) behindert.

**Organisation für Afrikanische Einheit** (OAU – Organization of African Unity) 1963 in Addis Abeba gegründet. Bestehend aus 50 Mitgliedsstaaten ganz Afrikas, zunächst vorwiegend politische Zielsetzungen. Erste Erklärung zur wirtschaftlichen Zusammenarbeit auf OAU-Konferenz in Addis Abeba 1973 und 1980 in Lagos erster Wirtschaftsgipfel. „Lagos-Plan" sah unter anderem vor

- Verstärkung der bestehenden regionalen Wirtschaftsorganisationen in dem bereits verwirrend durchorganisierten Westafrika,
- Neubildungen in übrigen Teilen Afrikas.

Durch afrikanische Wirtschaftskrise und hoffnungslose Verschuldung OAU bisher nie sehr effizient. Nur 15 Staaten besuchten 1987 die Gipfelkonferenz.

**Westafrikanische Wirtschaftsgemeinschaft (ECOWAS)** ist eine der wenigen funktionierenden Wirtschaftsgemeinschaften Afrikas, die 16 Länder Westafrikas umfaßt (1975 gegründet). Auf Konferenz in Lomẽ (Togo) 1980 Freihandelszone beschlossen mit recht weitgehenden Vereinbarungen (Freizügigkeit des Personenverkehrs, gemeinsame Landwirtschaftspolitik, Vereinbarungen im Transportbereich).

Bei afrikanischen Blockbildungen spielt alte koloniale Tradition große Rolle. Gilt v.a. für das frankophone Afrika, das politisch auffallend stabil. Noch starke Verbindungen mit Frankreich, Währungen an französischen Franc gebunden, behalten so ihre Stabilität. Als monetäre Einheit die CFA Franc (CFA – Cooperation Financiere de l'Afrique). Wirtschaft von französischen Ratgebern geleitet, französische Banken monopolisieren Kapitalmarkt. Nachwirken alter komplementärer Austauschbeziehungen: 30–40 % des Außenhandels mit Frankreich, bei Importen sogar 40–70 %.

Innerhalb der 15 frankophonen Staaten regionale Blockbildungen, wie die **Zentralafrikanische Zoll- und Wirtschaftsunion (UDEAC)**. 1964 in Brazzaville (Kongo) gegründet. Anspruchsvolle Zielsetzungen, wie Schaffung einer Zollunion, Koordinierung der Wirtschafts-, Steuer-, Investitions- und Sozialpolitik. Eigene Organe wie jährliches Treffen des Rates der Staatschefs und Generalsektretariat in Bangui/ZAR, Zentralbank in Yaoundé (Kamerun).

### 9.3.6.3 Wirtschaftsorganisationen in Asien

Starkes Hervortreten politischer und militärischer Zielsetzungen, die vielfach gegenüber wirtschaftlichen dominieren (ANZUS, ANZUK, CENTO). Zurückzuführen auf gemeinsame politische Grenze eines Teiles der asiatischen Staaten mit kommunistischen Ländern. Alle Verteidigungspakte stützen sich auf Fremdmächte, v.a. die USA.

Wirtschaftlich von viel größerer Bedeutung ist dagegen die **ASEAN** (Association of South East Asian Nations), 1967 gegründet und heute 6 Staaten (Indonesien, Malaysia, Philippinen, Singapur, Thailand, seit 1984 Brunei) mit bedeutendem wirtschaftlichen Gewicht umfassend:

- Großes Marktpotential von 270 Mio. Menschen;
- Reiche Rohstoffe. ASEAN liefert 80 % des Weltkautschuk und Manilahanfes, 75 % der tropischen Hölzer, 60 % des Palmöles, 50 % der Kokosnuß, ferner 65 % der Weltproduktion von Zinn. Zudem bedeutender Produzent von Rohöl, Kupfer, Zucker, Kaffee, Reis und Tabak. Mit Ausnahme Singapurs immer noch vorwiegend Rohstoffproduzenten.
- Hohes Wirtschaftswachstum: ASEAN-Staaten weltweit zu jenen mit höchsten Wachstumsraten.

ASEAN für EG so interessant, daß sie 1979 ein Handels- und Wirtschaftsabkommen schloß und Vertretung der EG-Kommission für den süd- und südostasiatischen Raum einrichtete. Damit drängt sich EG in den Handels- und Investitionsraum der Japaner (Anteil am ASEAN-Außenhandel 26 %) und Amerikaner (18 %) auf dritten Platz (12 %). Entwickelte sich nach vietnamesischen Invasion in Kambodscha zunächst zur politischen und militärischen Zusammenarbeit. Seit der Gipfelkonferenz in Manila (1987) aber Beschleunigung der wirtschaftlichen Zielsetzungen:

- Abbau der Zollschranken.
- Schaffung eines Sekretariats in Jakarta und ständiger Fachausschüsse, ferner jährliche Hauptkonferenzen der 6 Außenminister (Ministertagung).

Dennoch hat auch ASEAN noch wesentliche Schwächen:

- Intrahandel erhöhte sich, dennoch erst 20 % (1985) des gesamten Außenhandels. Komplementäre Produktionsstrukturen fehlen weitgehend. Mit Ausnahme von Singapur überwiegend Rohstoffproduzenten.
- Zollsenkungen im Intrahandel bisher gering. Wirtschaftliche Integration durch unzureichende Verkehrserschließung behindert.
- Gemeinsame Investitionspolitik erst in Ansätzen spürbar;
- Anteil der Rohstoffe im Export sinkend, während Industrieexporte zunehmen (1967: 14 %; 1976: 20 %).

Andere Wirtschaftskooperationen noch recht diffus. So unterzeichneten südasiatische Staaten (Bangladesh, Indien, Malediven, Nepal, Pakistan, Sri Lanka) 1983 eine ***Erklärung über technische und wirtschaftliche Zusammenarbeit***. Kontinuierliche Arbeit durch permanenten Ausschuß, Verzicht auf Generalsekretariat. Die sich abzeichnende Kooperation umso bedeutender als Marktpotential von 1 Mrd. Menschen.

Konkreter ist dagegen Wirtschaftkooperation zwischen Australien und Neuseeland (1982). Das **CER** („Closer Economic Relationship") genannte Abkommen, löste das seit 1966 geltende **NAFTA** (New Zealand-Australia Free Trade Agreement) ab, das Zollsenkung im bilateralen Handel auf 1/3 bewirkte. Nach dem CER werden bis 1995 alle Zölle, Restriktionen und Quoten zwischen beiden Staaten abgeschafft. Es entwickelt sich hier eine transtasmanische Freihandelszone mit einem Markt von 15 Mio. Einw.

### 9.3.7 Globale Wirtschafts- und Handelsorganisationen

Im Rahmen der UNO sind weltumspannende Organisationen entstanden, die größten Einfluß auf den Welthandel haben: ECOSOC, GATT und UNCTAD.

### 9.3.7.1 Der Wirtschafts- und Sozialrat der UNO (ECOSOC)

Gehört zu den 6 UNO-Hauptorganisationen. Ausführung, Überwachung und Koordination aller Aufgaben der UNO auf wirtschaftlichem, sozialem, kulturellem und humanitärem Gebiet. Eigener institutionalisierter Apparat von Kommissionen und Komitees. Dazu v.a. die 5 regionalen Wirtschaftkommissionen für Europa (ECE), Asien und Pazifik (ESCAP), Lateinamerika (ECLA), Afrika (ECA) und Westasien (ECWA). *Aufgabe*: Engere wirtschaftliche Zusammenarbeit und Ausweitung der Handelsbeziehungen.

### 9.3.7.2 Allgemeines Zoll- und Handelsabkommen (GATT – General Agreement on Tariffs and Trade)

Gegründet 1947 als Provisorium für eine spätere internationale Handelsorganisation (ITO). Zunehmend festere Organisationsstruktur, trotz rechtlicher Unabhängigkeit mit UNO verbunden. Sitz des Generalsekretariats in Genf. Ziel des GATT ist der Freihandel. Dazu Abbau der Zölle und Handelsschranken und Beseitigung der internationalen Diskriminierung im Welthandel (Blancpain 1975). 1947 von 23 Staaten unterzeichnet, 1987 bereits 96 Staaten als Vertragsparteien und weitere 28 halten sich an die Spielregeln des Abkommens. Obwohl wirtschaftsliberale Prinzip durch zahlreiche Ausnahmeregeln und Sonderklauseln durchlöchert, konnte GATT Fesseln, die Welthandel noch in Zwischenkriegszeit auferlegte, weitgehend beseitigen.

*4 Ordnungselemente des GATT*:

1. Liberalisierung, d.h. Abbau der Zölle und Handelsschranken,
2. Gegenseitigkeit („Reziprozität“) handelspolitischer Konzessionen
3. “Meistbegünstigung“: Jeder Handelsvorteil, den sich zwei Signatarstaaten gewähren, soll allen anderen Handelspartnern gleichfalls eingeräumt werden.
4. Gleichbehandlung: Inländische Waren dürfen gegenüber ausländischen nicht bevorzugt werden. Handelspolitische Konzessionen dürfen nicht durch andere Schutzmaßnahmen (z.B. Abgaben statt Zölle) ersetzt werden.

Reihe von *Bestimmungen* stellt Flexibilität der GATT-Partner sicher. GATT muß national abweichendes Verhalten akzeptieren, versucht es aber durch Spielregeln zu legalisieren und zeitlich zu begrenzen:

a) Dumpingklauseln gestatten Abwehr von Dumpingexporten durch Dumpingzölle und Ausgleichssteuern, geregelt durch Abkommen (Antidumpingkodex).

b) Bildung regionaler Zollunionen und Freihandelszonen widerspricht Prinzip der Meistbegünstigung. Dennoch durch GATT erlaubt, da Hoffnung, daß der regionale Abbau von Handelshemmnissen auch der weltweiten Liberalisierung dient.

c) Befreiungen von GATT-Verpflichtungen („waiver“) sind nach dem „Schutzklauselverfahren“ v.a. zur Bekämpfung von Zahlungsbilanzungleichgewichten oder bei ernster Gefährdung einzelner Branchen möglich. So agrarpolitische Sonderbehandlung für USA gewährt.

d) EL erhalten Vorzugsrechte. Nachteil, daß keine handels- und wirtschaftspolitische Definition von Entwicklungsland besteht. Status rein auf Selbstzuordnung und Anerkennung durch die übrigen Länder.

e) Schaffung verschiedener Verhaltensregeln (sog. „Kodices“) mit variablem Beteiligtenkreis für gewisse Branchen. Bestes Beispiel ist Multifaserabkommen (MFA) mit seinem sektoralen Protektionismus.

Bestrebungen des GATT führten zu mehreren Zollsenkungsrunden, u.a. in der “Kennedy-Runde“ (1964–67) Abbau der Industriezölle um 35 % erreicht. Ergebnisse der „Tokio-Runde“ (1973–79, GATT-Runden werden meist nach dem ersten Treffpunkt der Ministerkonferenz benannt) zeigen wichtigste Themen mit denen sich GATT befaßt:

- *Weiterer Zollabbau* um 20–30 %. Nur für sensible Produkte (Textilien, Schuhe, Papier, Stahl usw.) Zollabbau zeitlich gestreckt. Dagegen geringe Fortschritte beim Zollabbau für landwirtschaftliche Produkte.
- *Harmonisierung der Normen.* National unterschiedliche Normen wirken als technische Handelshemmnisse, da auf inländische Erzeugnisse abgestimmt.
- *Chancengleichheit* für in- und ausländische Anbieter bei öffentlichen Ausschreibungen
- *Entwicklungsländer erhalten gewisse Privilegien*, wie verstärkte Zollpräferenzen oder Bevorzugung bei Handel mit tropischen Produkten.

In 70er Jahren wesentlich neue Probleme: Arbeitslosigkeit, Zahlungsbilanz- und Inflationsprobleme, zunehmender Protektionismus. 1980–83 stieg Anteil der Industriewaren, die Beschränkungen unterliegen, in USA von 6 auf 13 %, in EG von 11 auf 15 %. 1977 rd. 10 % des Welthandelsvolumens Beschränkungen verschiedenster Art, v.a. sensible Produkte, wie Textilien und Stahl.

In insgesamt 8 Verhandlungsrunden weitgehender Abbau der Zolltarife erreicht. Nur bei EL erreichen Zölle infolge Sonderbehandlung teilweise prohibitive Höhen. Andere Handelshemmnisse gewinnen in der letzten Uruguay-Runde (1986) an Bedeutung:

- *Grenzüberschreitender Verkehr von Dienstleistungen* wird immer wichtiger, ist Schlüsselbereich des Strukturwandels der Zukunft. Daher Bestrebungen des GATT zur Liberalisierung bei Dienstleistungen (Banken, Versicherungen, Technologie, Verkehr).
- *Beseitigung des Protektionismus* durch „standstill“ und „rollback“, d.h. zunächst keine neuen Hemmnisse und später dann Aufhebung der bestehenden.
- *Institutionelle Verstärkung der Überwachungsrolle* des GATT. Verbesserung der Verfahren der Streitschlichtung.

Trotz aller Probleme, die GATT als multilaterales handelspolitisches Instrument erfuhr, wäre Wirtschaftswachstum und Ausweitung des Welthandels ohne GATT kaum denkbar gewesen. Wachstum des Welthandels übertrifft seit 1950 ständig jenes der Produktion. 1950 erst 8 % der Weltproduktion in den Welthandel, 1987 bereits 15 %. Rund 90 % des Welthandels werden bereits im Rahmen der GATT Spielregeln abgewickelt.

GATT gilt als von IL beherrscht, UNCTAD dagegen von EL. Daher gewisse Gegensätze, etwa bei Frage der Dienstleistungs-Liberalisierung. Während USA diese im Rahmen des GATT behandeln wollen, fordern EL die Erörterung im Rahmen der UNCTAD.

### 9.3.7.3 Weltkonferenz für Handel und Entwicklung (UNCTAD)

Anders als beim GATT gehören der UNCTAD (UN Conference on Trade and Development) alle UNO-Mitglieder an, gegründet 1964. Generalsekretariat ebenfalls in Genf. Wichtigstes Organ sind die Vollversammlungen alle 4 Jahre, so in Genf (1964), Delhi (1968), Santiago (1972), Nairobi (1976), Manila (1979), Belgrad (1982), Genf (1987). Zwischen den Sessionen erfolgt Arbeit durch ein Exekutivorgan („Trade and development board"). Wie Ort der Vollversammlungen zeigt, befaßt sich UNCTAD vorwiegend mit Problemen der EL, soll ihnen bei Ausdehnung des Warenverkehrs helfen. Handelspolitik ist wichtiger Bestandteil der Entwicklungspolitik, da rd. 80 % der Deviseneinnahmen der EL aus dem Güterexport. Wichtigster Erfolg war 1970 Einführung eines allgemeinen Präferenzsystems zu Gunsten der EL. IL verzichteten dabei auf Reziprozität, in Folge traten neue Fragen in den Vordergrund:

1) *Problem der Neuordnung der Rohstoffmärkte*: Auf Konferenzen in Nairobi und Manila „Integriertes Rohstoffprogramm (IRP)" geschaffen. Umfaßt Reihe landwirtschaftlicher und bergbaulicher Rohstoffe (vgl. Agrargeographie, S. 20ff. und Kartelle, S. 215). Internationale Rohstoffabkommen, Schaffung von Ausgleichslagern und „Gemeinsamen Fonds" für Rohstoffe. Damit Stabilisierung der internationalen Rohstoffmärkte und gerechtere Preise für die EL erhofft. Der gemeinsame Fonds soll Lagerhaltung („buffer-stocks"), Strukturverbesserungsmaßnahmen und Marktinterventionen finanzieren. Vorbild dabei STABEX-System der EG (→ 9.3.1.3).

2) *Schuldenprobleme der Entwicklungsländer*. Es werden v.a. Probleme der ärmsten Länder behandelt. von den 151 EL gelten 26 Staaten mit 215 Mio. Einw. als besonders arm, davon 16 in Afrika, 9 in Asien.

3) *Probleme des Technologietransfers*: Beratungen über einen „Kodex für Technologietransfer". Anspruch der EL auf Transfer moderner Technologie.

UNCTAD ist Hauptform der wirtschaftlichen Forderungen der Dritten Welt, hat Schlüsselrolle im Nord-Süd-Dialog, kann aber nur Resolutionen ohne Rechtswirksamkeit beschließen. Hauptergebnisse bestehen daher oft in Katalogisierung teilweise recht extremer Forderungen der Entwicklungsländer. Unter diesen v. a. „Gruppe der 77" (weil ursprünglich 77, heute über 100 EL) besonders radikal. Vor allem bei UNCTAD VI in Belgrad starke Spannungen, weil Gruppe der 77 versuchte, Entscheidungen durch Mehrheitsbeschluß durchzuboxen und damit den Grundsatz der einstimmigen Beschlüsse durchbrach.

## Literatur


*Allgemeine Wirtschaftsgeographie*

CARLSTEIN, Tommy, Don PARKES u. Nigel THRIFT (Hrsg.): Timing space and spacing time. 3 Bde. London 1978

DICKEN, Peter u. LLOYD, Peter E.: Die moderne westliche Gesellschaft. UTB Große Reihe, New York 1984

HAGGETT, Peter: Geographie. Eine moderne Synthese. New York 1983

HURST, Michael E. Eliot: A Geography of Economic Behavior. London 1974

ISARD, Walter: Introduction to Regional Science. New York 1975

KÖCK, Helmuth (Hrsg.): Grundlagen des Geographieunterrichts. Handb. d. Geographieunterrichts, Bd. 1, Köln 1986

JANDER, Lothar, SCHRAMKE, Wolfgang u. WENZEL, Hans-Joachim: Metzler Handbuch für den Geographieunterricht. Ein Leitfaden für Praxis und Ausbildung, Stuttgart 1982

PARKES, Don: Space and time. Timing space and spacing time. London 1978

RITTER, Wigand: Allgemeine Wirtschaftsgeographie. Eine systemtheoretisch orientierte Einführung, München-Wien 1991

ROHR, Hans-Gottfried von: Angewandte Geographie. Das Geographische Seminar, Braunschweig 1990

SCHACHTSCHABEL, Hans (Hrsg.): Wirtschaftsstufen und Wirtschaftsordnungen. Wege der Forschung, Darmstadt 1971

SCHÄTZL, Ludwig: Wirtschaftsgeographie 1, Theorie, 4. Aufl. UTB Nr. 782, Paderborn 1991

–: W.G. 2, Empirie, 2. Aufl., UTB Nr. 1052, Paderborn 1992

–: W.G. 3, Politik, 2. Aufl., UTB Nr. 1383, Paderborn 1991

SCOTT, Allen u. STORPER, Michael: Production, work, territory. The geographical anatomy of industrial capitalism. Boston 1986

SEDLACEK, Peter: Wirtschaftsgeographie. Eine Einführung, Darmstadt 1988

SEDLACEK, Peter (Hrsg.): Kultur- und Sozialgeographie. Beiträge zu ihrer wissenschaftstheoretischen Grundlegung, UTB Nr. 1053, Paderborn-München-Wien 1982

Sozial- und Wirtschaftsgeographie. Harms Handb. d. Geogr., 3 Bde., München 1982

STORKEBAUM, Werner (Hrsg.): Zum Gegenstand und zur Methode der Geographie. Wege der Forschung, Darmstadt 1967

WAGNER, Horst-Günter: Wirtschaftsgeographie. Braunschweig 1981

WINKLER, Ernst (Hrsg.): Probleme der Allgemeinen Geographie. Wege der Forschung, Darmstadt 1975

WIRTH, Eugen (Hrsg.): Wirtschaftsgeographie. Wege der Forschung, Darmstadt 1969

***Physische Geographie, Ökologie, Umwelt***

ADAM, Klaus: Stadtökologie in Stichworten, Unterägeri 1987

BUCHWALD, Konrad u. ENGELHARDT, Wolfgang (Hrsg.): Handbuch für Planung, Gestaltung und Schutz der Umwelt, 4 Bde., München-Wien-Zürich 1980

DRDOS, J. (Hrsg.): Landscape Synthesis. Geoecological Foundations of the Complex Landscape Management. Slovak Academy of Sciences, Preßburg 1983
FINKE, Lothar: Landschaftsökologie. Das Geographische Seminar, Braunschweig 1986
HEMPEL, Ludwig: Hydrogeographie. Wiesbaden 1974
KLUG, Heinz u. LANG, Robert: Einführung in die Geosystemlehre. Darmstadt 1983
LESER, Hartmut: Landschaftsökologie. 3. Aufl., UTB Nr. 521, Stuttgart 1991
MITCHELL, Bruce: Geography and Resource Analysis. London-New York 1979
MÜLLER, Paul: Tiergeographie. Teubner Studienbücher d. Geogr., Stuttgart 1977
MÜLLER-HOHENSTEIN, Klaus: Die Landschaftsgürtel der Erde. 2. Aufl., Teubner Studienbücher d. Geogr., Stuttgart 1981
NOLZEN, Heinz (Hrsg.): Physische Geofaktoren. Handb. d. Geographieunterrichts, Bd. 10, 2 Bde., Köln 1988 und 1989
REES, Judith: Natural Resources. Allocation, Economics and Policy. 2. Aufl., London-New York 1990
RICHTER, Dieter: Geofaktoren und Zonen. Westermann-Colleg H. 10, Braunschweig 1980
SCHAEFER, Matthias u. TISCHLER, Wolfgang: Ökologie. Wörterbücher der Biologie, 2. Aufl., UTB Nr. 430, Stuttgart 1983
SCHLICHTING, Ernst: Einführung in die Bodenkunde. Pareys Studientexte Nr. 58, 2. Aufl., Hamburg-Berlin 1986
SCHROEDER, Dietrich: Bodenkunde in Stichworten. 5. Aufl. von BLUM, Winfried E. H., Stuttgart 1992
SEMMEL, Arno: Grundzüge der Bodengeographie. Teubner Studienbücher d. Geogr., 2. Aufl. Stuttgart 1983
SIMMONS, I. G.: Biogeographical Processes. Processes in Physical Geography (Hrsg. Darrell Weyman), Bd. 5. London 1982
WALTER, Heinrich u. BRECKLE, Siegmar-W.: Ökologie der Erde. 4 Bde., UTB Große Reihe, Stuttgart 1991
WEISCHET, Wolfgang: Einführung in die Allgemeine Klimatologie. 2. Aufl., Teubners Studienbücher d. Geogr., Stuttgart 1979
WILHELM, Friedrich: Hydrogeographie. Das Geographische Seminar, Braunschweig 1987
WILHELMY, Herbert: Klimageomorphologie in Stichworten, Kiel 1974

### *Agrargeographie/Forstwirtschaftsgeographie*

ANDREAE, Bernd: Weltwirtschaftspflanzen im Wettbewerb. Berlin, New York 1980
–: Agrargeographie. 2. Aufl., Berlin-New York 1983
ARNOLD, Adolf: Agrargeographie, UTB Nr. 1380, Stuttgart 1985
DOPPLER, Werner: Landwirtschaftliche Betriebssysteme in den Tropen und Subtropen. Stuttgart 1991
GLATZLE, Albrecht: Weidewirtschaft in den Tropen und Subtropen. Stuttgart 1990
GRIGG, D. B.: The Agricultural Systems of the World. Cambridge Geographical Studies, Bd. 5, 1976
ILBERY, Brian W.: Agricultural Geography. Oxford 1985
MAYER, Hannes: Europäische Wälder. UTB Nr. 1386. Stuttgart 1986
PITT, D.C. (Hrsg.): Deforestation. Social Dynamics in Water and Mountain Ecosystems. Croom Helm 1988
RUTHENBERG, Hans: Farming systems in the tropics. 3. Aufl., Oxford 1980
SICK, Wolf-Dieter: Agrargeographie. Das geographische Seminar. Braunschweig 1983
SPIELMANN, Hans-O.: Agrargeographie in Stichworten. Unterägeri 1989
WINDHORST, H. W.: Geographie der Wald- und Forstwirtschaft. Teubner Studienbücher, Stuttgart 1978

ZUNDEL, Rolf: Einführung in die Forstwirtschaft. UTB Nr. 1557. Stuttgart 1990

### *Geographie des Bergbaus*

FRIEDENSBURG, Ferdinand u. DORSTEWITZ, Günter: Die Bergwirtschaft der Erde. 7. Aufl., Stuttgart 1976
HAAS, Hans-Dieter u. FLEISCHMANN, Robert: Geographie des Bergbaus. Erträge der Forschung. Bd. 273, Darmstadt 1991
REUTHER, Ernst-Ulrich: Einführung in den Bergbau. Verlag Glückauf GmbH, Essen 1982

### *Industriegeographie*

BALE, John: The Location of Manufacturing Industry. 2. Aufl. Edinburgh 1981
BÖVENTER, Edwin von: Theorie des räumlichen Gleichgewichts. Tübingen 1962
BRÜCHER, Wolfgang: Industriegeographie. Das Geographische Seminar, Braunschweig 1982
GAEBE, Wolf (Hrsg.): Industrie und Raum. Handbuch des Geographieunterrichts, Bd. 3, Köln 1988
HOTTES, K. (Hrsg.): Industriegeographie. Wege der Forschung Bd. 329, Darmstadt 1976
LEVER, William: Industrial Change in the United Kingdom. Harlow 1987
LINGE, Godfrey: Peripheralisation and Industrial Change. Croom Helm 1988
LÖSCH, August: Die räumliche Ordnung der Wirtschaft. 3. Aufl., Stuttgart 1962
PORTER, Michael: Globaler Wettbewerb. Strategien der neuen Internationalisierung, Wiesbaden 1989
VOPPEL, Götz: Die Industrialisierung der Erde. Teubner Studienbücher d. Geogr. Stuttgart 1990
WALKER, David F.: Canadas Industrial Space Economy. London 1980
WATTS, Doug: Industrial Geography. Harlow 1987
WEBBER, Michael J.: Industrial Location. Scientific Geography Series, Bd. 3, Beverly Hills, London, New Delhi 1984
WEBER, Peter (Hrsg.): Periphere Räume. Strukturen und Entwicklungen in europäischen Problemgebieten. Münstersche Geographie Arbeiten, H. 4, Paderborn 1979

### *Verkehrsgeographie*

GEBHARDT, Hans: Entwicklungsimpulse durch Verkehrserschließung. Jemen-Studien, Bd. 6, Wiesbaden 1987
HAY, Alan: Transport for the Space Economy. A geographical study, London 1973
HILSINGER, Horst: Das Flughafen-Umland. Bochumer Geographische Arbeiten, H. 23, Paderborn 1976
ROBINSON, H. u. BAMFORD, C.: Geography of Transport, Plymouth 1978
SIMONIS, Udo Ernst: Infrastruktur, Theorie und Politik. Köln 1977
VOPPEL, Götz: Verkehrsgeographie. Erträge der Forschung, Bd. 135, Darmstadt 1980

### *Dienstleistungen/Handelsgeographie*

BACON, Robert: Consumer Spatial Behaviour. London 1984
GIARINI, O. (Hrsg.): The Emerging Service Economy. Oxford 1987
GODDARD, J. B.: Office Location in Urban and Regional Development. London 1975
HEINRITZ, Günter: Zentralität und zentrale Orte. Teubners Studienbücher d. Geogr., Stuttgart 1979
MARSHALL, J. N.: Services and Uneven Development. London 1988
SCHUSTER, Helmut: Die Nahversorgung der Konsumenten mit Lebensmitteln. Veröffentlichungen des Institutes für gesellschaftspolitische Grundlagenforschung, Bd. 2, Linz 1978

***Geographie des Freizeitverhaltens***

CHUBB, Michael u. CHUBB, Holly: One Thord of Our Time? An Introduction to Recreation Behaviour and Resources. New York, Chichester 1981

GRÖTZBACH, Erwin (Hrsg.): Freizeit und Erholung als Probleme der vergleichenden Kulturgeographie. Eichstätter Beiträge, Bd. 1, Regensburg 1981

HARTMANN, Rudi: Freizeit-Reisen und Tourismus in Deutschland und in den Vereinigten Staaten von Amerika. Materialien zur Fremdenverkehrsgeographie. Geographische Gesellschaft Trier, 1984

PATRICK, Lavery: Recreational Geography. Problems in Modern Geography, Vancouver 1971

PEARCE, Douglas: Tourism Today. Harlow 1987

SMITH, Stephen: Recreation Geography. London-New York, 1983

WOLF, Klaus u. JURCZEK, Peter: Geographie der Freizeit und des Tourismus. UTB Nr. 1381, Stuttgart 1986

***Geographie des Welthandels***

HELLER, Robert H.: Internationaler Handel. Würzburg-Wien, 1975

JONES, Ronald u. KENEN, Peter (Hrsg.): International Trade. Handbook of International Economics, Bd. 1, Amsterdam-New York 1984

MENNES, L. B. M. u. KOL, Jacob: European Trade Policies and the Developing World. New York 1988

SIEBERT, Horst: Außenwirtschaft, 4. Aufl., UTB Nr. 212, Stuttgart 1989

WAGNER, N., KAISER, M. u. BEIMDIEK, F.: Ökonomie der Entwicklungsländer. 2. Aufl., UTB Nr. 1230, Stuttgart 1989

***Statistiken***

FAO-Trade Yearbook 1989, Bd. 43, Rom 1990

FISCHER Weltalmanach 1992, Frankfurt 1991

EFTA Trade 1989. EFTA, Economic Affairs Department, 1990

Energy Statistics Yearbook 1988, hrsg. vom Department of International Economic and Social Affairs, Statistical Office, UN, New York 1990

Energie. Statistisches Jahrbuch 1988. Amt für amtliche Veröffentlichungen der EG, Brüssel-Luxemburg 1990

Industrial Statistics Yearbook 1988. UN, 2 Bde., New York 1990

Energy Statistics of OECD Countries 1989–1989. International Energy Agency (Hrsg.) OECD, Paris 1991

Maritime Transport 1989, hrsg. von der OECD, Paris 1990

Yearbook of Labour Statistics 1989–90, hrsg. vom International Labour Office, 49. Bd., Genf 1990

The Europa World Yearbook 1990, hrsg. vom Europa Publications Limited, 2 Bde., London 1990

# Register wichtiger Sachbegriffe